8.4 混合实例：毛绒特效字

U0286557

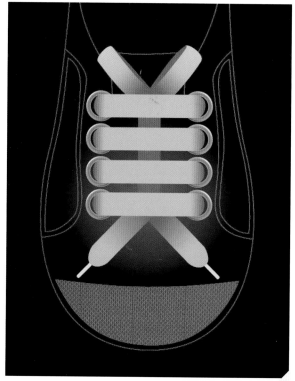

11.7 创意鞋带字：渐变与图案

SUNSHINE

11.13 山峦特效字：混合

11.18 折叠彩条字：变形与渐变 166页

3.9 变换实例：随机艺术纹样 40页

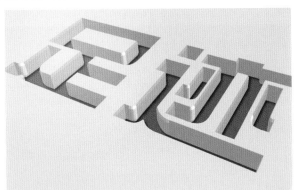

11.14 凹陷特效字：效果与混合模式 160页

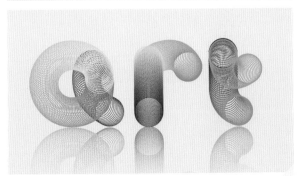

11.21 课后作业：弹簧字 171页

4.16 VI 设计实例：小鱼 Logo

59页

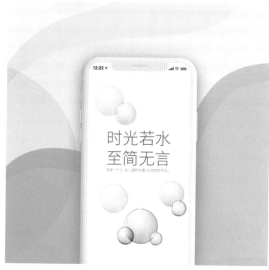

6.5 图案实例：四方连续图案

78页

7.6 不透明度蒙版实例：App 启动页设计

91页

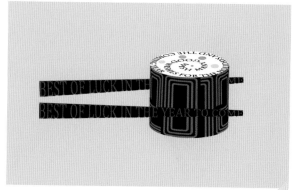

4.10 钢笔绘图实例：手绘时尚女孩

52页

11.6 舌尖上的美食：路径文字

150页

10.6 包装设计实例：制作包装瓶

136页

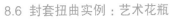

8.6 封套扭曲实例：艺术花瓶

106页

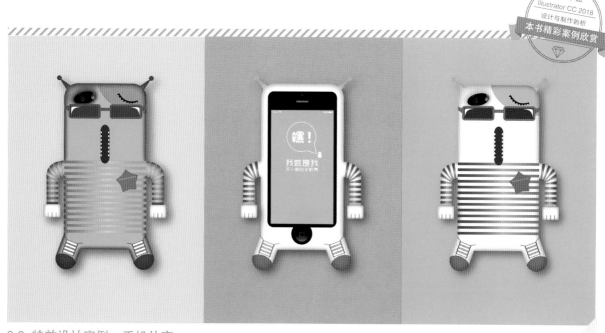

9.6 特效设计实例：手机外壳

114页

2.7 填色与描边实例：制作表情包

26页

13.6 图像描摹实例：将照片制作成艺术人像

196页

7.5 剪切蒙版实例：猫猫狗狗大联盟

90页

10.4 3D效果实例：制作3D可乐瓶

128页

11.5 化妆品 App：字体变形 148页

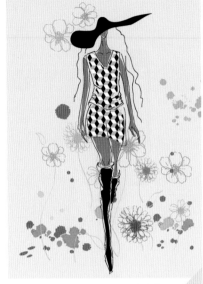

6.7 服装设计实例：绘制潮流女装 79页

12.9 插画设计实例：秘密花园 185页

4.17 VI设计实例：小鸟Logo 60页

2.6 绘图实例：时尚书签 24页

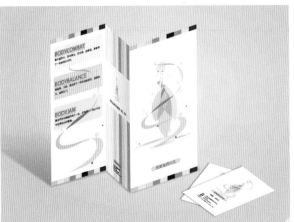

13.9 课后作业：制作名片和三折页 203页

11.9 奇妙字符画：不透明度蒙版 154页

参考素材

4.15　扁平化图标设计：单车联盟

58 页

8.5　混合实例：游戏 App 设计

104 页

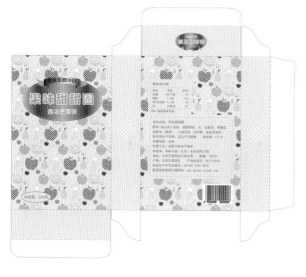

10.5　食品包装设计：果味甜甜圈

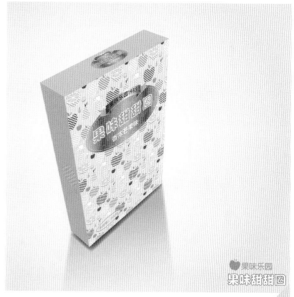

131 页

7.8　课后作业：百变贴图

95 页

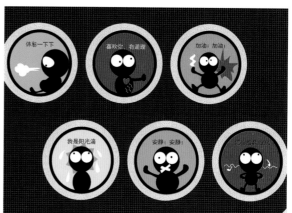

2.5　绘图实例：开心小贴士

24 页

5.4 渐变实例：玉玲珑

70页

11.12 线状特效字：混合

158页

11.22 课后作业：毛边字

171页

5.5 渐变网格实例：创意蘑菇灯

72页

4.8 铅笔绘图实例：变成猫星人

51页

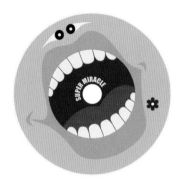

4.11 模板绘图实例：大嘴光盘设计 53页

4.12 编辑路径实例：条码灵感 55页

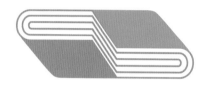

4.13 编辑路径实例：交错式幻象图 56页

4.14 路径运算实例：小猫咪 57页

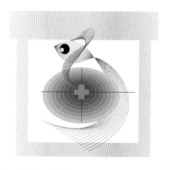

技巧放送：线的混合艺术 98页

13.5 色彩实例：使用全局色 196页

3.10 课后作业：妙手生花、纸钞纹样 41页

4.9 钢笔绘图实例：手绘可爱小企鹅 52页

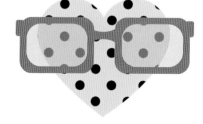

3.5 图形组合实例：眼镜图形 37页

3.6 图形组合实例：太极图 38页

7.7 封面设计：时尚杂志 ANNA
93页

6.6 特效实例：丝织蝴蝶结
78页

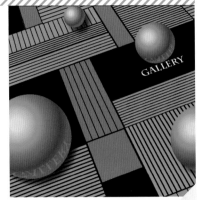

9.8 课后作业：金属球反射效果
121页

3.8 变换实例：制作小徽标
39页

11.16 图案艺术字：图案色板
163页

11.17　罗马艺术字：多重描边　164页

11.20　炫彩3D字：3D与钢笔工具　170页

11.11　彩虹特效字：自定义画笔　157页

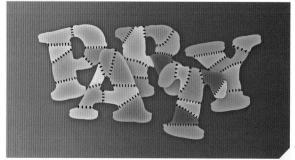

11.19　拼贴布艺字：效果与画笔　168页

11.8　时尚装饰字：剪切蒙版　152页

11.15　海报艺术字：图案库　161页

11.10　金属特效字：不透明度蒙版　155页

12.6 画笔实例：海报艺术字 182页

6.3 图案库实例：豹纹图案 76页

12.7 符号实例：花样高跟鞋 183页

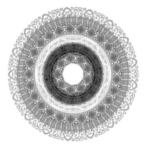

6.4 图案实例：单独纹样 77页

12.11 课后作业：水彩笔画 191页

技巧放送：用封套扭曲
制作鱼眼镜头效果 100页

3.7 变换实例：趣味纸牌 39页

技巧放送：制作有机玻璃裂痕　　50 页

10.7　课后作业：3D 棒棒糖　　141 页

13.8　卡通设计实例：平台玩具设计　　200 页

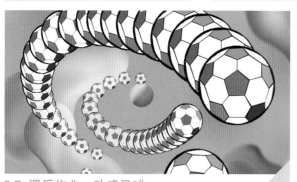

8.7　课后作业：动感足球　　107 页

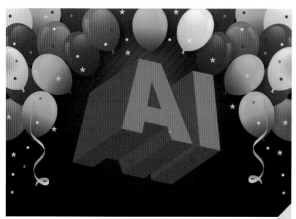

14.6　动画实例：动感立体字　　209 页

9.7　UI 设计实例：可爱的纽扣图标　　118 页

12.10 插画设计实例：唯美风格插画

187页

附赠	■■ AI 格式素材
	■■ EPS 格式素材
	◢ 7 本电子书

"形状库"文件夹中提供了几百种样式的矢量图形。

"画笔库"文件夹中提供了几百种样式的高清画笔。

附赠《UI 设计配色方案》《网店装修设计配色方案》《色彩设计》《图形设计》《创意法则》《CMYK 色谱手册》《色谱表》等 7 本电子书。

色谱表（电子书）

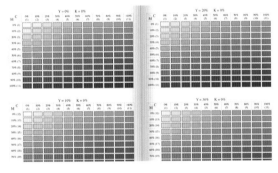

CMYK色谱手册（电子书）

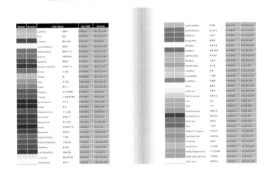

风格：冷静知性

风格：俏皮可爱

风格：温柔甜美

风格：温馨美好

风格：香甜富足

以上电子书为 pdf 格式，需要使用 Adobe Reader 观看。登录 http://get.adobe.com/cn/reader/ 可以下载免费的 Adobe Reader。

突破平面

李金蓉 / 编著

Illustrator CC 2018

设计与制作剖析

清华大学出版社

北京

内容简介

本书是初学者快速学习 Illustrator 的经典实战教程，书中采用从设计理论到软件讲解、再到实例制作的渐进方式，将 Illustrator 各项功能与平面设计工作紧密结合。全书实例多达 107 个，其中既有绘图、封套、符号、网格、效果、3D 等 Illustrator 功能学习型实例，也有 UI、VI、APP、POP、封面、海报、包装、插画、动漫、动画、CG 等设计项目实战型实例。书中技法全面、实例经典，具有较强的针对性和实用性。读者在动手实践的过程中，可以轻松掌握软件使用技巧，了解设计项目的制作流程，充分体验学习和使用 Illustrator 的乐趣，真正做到学以致用。

本书适合广大 Illustrator 爱好者，以及从事广告设计、平面创意、包装设计、插画设计、UI 设计、网页设计和动画设计人员学习参考，也可作为相关院校和培训机构的教材。

图书在版编目（CIP）数据

突破平面Illustrator CC 2018设计与制作剖析/李金蓉编著. -- 北京：清华大学出版社，2020.7
（平面设计与制作）

ISBN 978-7-302-55552-0

Ⅰ.①突… Ⅱ.①李… Ⅲ.①平面设计-计算机辅助设计-图形软件 Ⅳ.①TP391.412

中国版本图书馆CIP数据核字（2020）第087912号

责任编辑： 陈绿春
封面设计： 潘国文
责任校对： 胡伟民
责任印制： 宋　林

出版发行： 清华大学出版社
　　　　　　网　　　址：http://www.tup.com.cn，http://www.wqbook.com
　　　　　　地　　　址：北京清华大学学研大厦A座　　　邮　　编：100084
　　　　　　社 总 机：010-62770175　　　　　　　　　　邮　　购：010-62786544
　　　　　　投稿与读者服务：010-62776969，c-service@tup.tsinghua.edu.cn
　　　　　　质 量 反 馈：010-62772015，zhiliang@tup.tsinghua.edu.cn
印 装 者： 三河市龙大印装有限公司
经　　销： 全国新华书店
开　　本： 188mm×260mm　　　**印　张：** 14　　**插　页：** 8　　　**字　数：** 480千字
版　　次： 2020年9月第1版　　　**印　次：** 2020年9月第1次印刷
定　　价： 69.00元

产品编号：079213-01

PREFACE 前言

笔者非常乐于钻研 Illustrator，它就像是阿拉丁神灯，可以帮助我们实现自己的设计梦想，因而学习和使用 Illustrator 是一件令人愉快的事。

任何一个软件，要想学会并不难，而想要精通，却不容易。对于 Illustrator 也是如此。最有效率的学习方法，一是培养兴趣，二是多多实践。没有兴趣，就无法体验学习的乐趣；没有实践，则不能将所学知识应用于设计工作。

本书力求在一种轻松、快乐的学习氛围中，带领读者逐步深入了解 Illustrator 软件功能，通过实践掌握其在平面设计领域的应用。在内容的安排上，侧重于实用性强的功能；在技术的安排上，深入挖掘 Illustrator 使用技巧，并突出软件功能之间的横向联系，即综合使用多种功能进行平面设计创作的方法；在实例的安排上，确保每一个实例不仅有技术含量，有趣味性，还能够与软件功能完美结合，以便使读者的学习过程轻松、愉快、有收获。

本书在每一章的开始部分，首先介绍设计理论，并提供作品欣赏，然后讲解软件功能和实例，章节的结尾布置了课后作业和复习题。本书的实例都是针对软件功能的应用设计实例，读者在动手实践的过程中，可以轻松掌握软件使用技巧，了解设计项目的制作流程。107 个不同类型的设计实例和117 个视频教学录像，能够让读者充分体验 Illustrator 学习和使用乐趣，真正做到学以致用。相信通过本书的学习，大家也能够爱上 Illustrator！

本书的配套资源中包含了案例的素材文件、最终效果文件、部分案例的视频教学录像，同时还附赠了精美的矢量素材、电子书、"多媒体课堂 – 视频教学 74 讲"。本书的配套资源请扫描右侧的二维码进行下载，如果在下载过程中碰到问题，请联系陈老师，联系邮箱：chenlch@tup.tsinghua.edu.cn。

希望本书能帮助您更快地学会使用 Illustrator，同时了解相关的平面设计知识。由于作者水平有限，书中难免有疏漏之处。如果您有中肯的意见或者在学习中遇到问题，请通过出版社与作者联系。

作者
2020 年 5 月

目录 CONTENTS

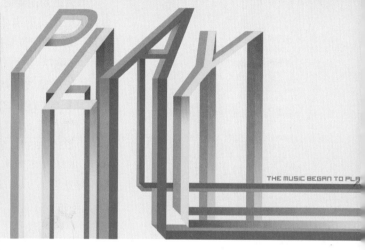

THE MUSIC BEGAN TO PLA

Illustrator 是 Adobe 公司推出的基于矢量的图形制作软件。它最初是为苹果公司麦金塔电脑设计开发的，于1987年1月发布。在此之前它只是 Adobe 内部的字体开发和 PostScript 编辑软件。经过二十多年的发展，现在的 Illustrator 已经成为最优秀的矢量软件之一，被广泛地应用于插画、包装、印刷出版、书籍排版、动画和网页制作等领域。最新版本的 Illustrator CC 2018 的性能有了巨大的提升，可以让用户体验更加流畅的创作流程，随着灵感快速地设计出色的作品。

扫描二维码，关注李老师的微博、微信。

1.1 创意方法

广告大师威廉·伯恩巴克曾经说过："**当全部人都向左转，而你向右转，那便是创意**"。 创意离不开创造性思维和独特的创意方法。

（1）夸张

夸张是为了表达上的需要，故意言过其实，对客观的人和事物尽力做扩大或缩小的描述。图1-1为生命阳光牛初乳广告——不可思议的力量（获戛纳广告节铜狮奖）。

（2）幽默

广告大师波迪斯说过："巧妙地运用幽默，就没有卖不出去的东西。"幽默的创意具有很强的戏剧性、故事性和趣味性，能够令人会心一笑，让人感到轻松愉快。图1-2为VUEGO SCAN扫描仪广告。图1-3为LG洗衣机广告（有些生活情趣是不方便让外人知道的，LG洗衣机可以帮你。不用再使用晾衣绳，自然也不用为生活中的某些情趣感到不好意思了）。

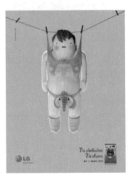

图1-1　　　　　　　图1-2　　　　　　　图1-3

（3）悬念

以悬疑的手法或猜谜的方式调动和刺激受众，使其产生疑惑、紧张、渴望、揣测、担忧、期待、欢乐等一系列心理，并持续和延伸，以达到释疑团而寻根究底的效果。图1-4为感冒药广告——没有任何疾病能够威胁到你。

（4）比较

通常情况下，人们在做出决定之前，都会习惯性地进行事物间的比较，以帮助自己做出正确的判断。通过比较得出的结论往往更加令人信服。图1-5为Ziploc保鲜膜广告。

（5）拟人

将自然界的事物进行拟人化处理，赋予其人格和生命力，能够让受众迅速地在心里产生共鸣，如图1-6所示。

图1-4　　　　　　　　　　图1-5

（6）比喻、象征

比喻和象征属于"婉转曲达"的艺术表现手法，能带给人以无穷的回味。比喻需要创作者借题发挥，进行延伸和转化。象征可以使抽象的概念形象化，使复杂的事理浅显化，引起人们的联想，提升作品的艺术感染力和审美价值。图1-7为Hall（瑞典）音乐厅海报——一个阉伶的故事。

（7）联想

联想表现法也是一种婉转的艺术表现方法，它通过两个在本质上不同、但在某些方面又有相似性的事物，给人以想象的空间，进而产生"由此及彼"的联想效果，意味深远，回味无穷。图1-8为消化药广告——快速帮助你的胃进行消化。

图1-6　　　　　　　图1-7　　　　　　　图1-8

1.2　数字化图形

在计算机世界里，图像和图形等都是以数字方式记录、处理和存储的。它们分为两大类，一类是位图，另一类是矢量图。

1.2.1　位图与矢量图

位图是由像素组成的，数码相机拍摄的照片、扫描的图像等都属于位图。位图的优点是可以精确地表现颜色的细微过渡，也容易在各种软件之间交换。缺点是占用的存储空间较大，而且受到分辨率的制约，进行缩放时图像的清晰度会下降。例如，图1-9为一张照片及放大后的局部细节，可以看到，图像已经变得有些模糊了。

矢量图由数学对象定义的直线和曲线构成，因而占的存储空间非常小，而且它与分辨率无关，任意旋转和缩放图形都会保持清晰、光滑，如图1-10所示。矢量图的这种特点非常适合制作图标、Logo等需要按照不同尺寸使用的对象。

常用的位图软件主要有Photoshop、Painter等。Illustrator是矢量图形软件，它也可以处理位图，而且还能够灵活地将位图和矢量图互相转换。矢量图的色彩虽然没有位图细腻，但其独特的美感是位图无法表现的。

图1-9

图1-10

tip　像素是组成位图图像最基本的元素，分辨率是指单位长度内包含的像素点的数量，它的单位通常为像素/英寸（ppi）。分辨率越高，单位面积中包含的像素越多，图像就越清晰。

1.2.2 颜色模式

颜色模式决定了用于显示和打印所处理的图稿的颜色方法。Illustrator 支持灰度、RGB、HSB、CMYK 和 Web 安全 RGB 模式。执行"窗口"|"颜色"命令,打开"颜色"面板,单击右上角的 ≡ 按钮,打开面板菜单,从中可以选择需要的颜色模式,如图 1-11 所示。

图 1-11

● 灰度模式:只有 256 级灰度颜色,没有彩色信息,如图 1-12 所示。

● RGB 模式:由红(Red)、绿(Green)和蓝(Blue)3 个基本颜色组成,每种颜色都有 256 种不同的亮度值,因此,可以产生约 1670 余万种颜色(256×256×256),如图 1-13 所示。RGB 模式主要用于屏幕显示,电视、电脑显示器等都采用该模式。

图 1-12

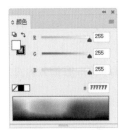

图 1-13

● HSB 模式:利用色相(Hue)、饱和度(Saturation)和亮度(Brightness)来表现色彩。其中 H 用于调整色相;S 可调整颜色的纯度;B 可调整颜色的明暗度。

● CMYK 模式:由青(Cyan)、品红(Magenta)、黄(Yellow)和黑(Black)4 种基本颜色组成,它是一种印刷模式,被广泛应用在印刷的分色处理上。

● Web 安全 RGB 模式:Web 安全色是指能在不同操作系统和不同浏览器之中同时安全显示的 216 种 RGB 颜色。进行网页设计时,需要在该模式下调色。

tip 执行"文件"|"新建"命令创建文档时,可以在打开的对话框中,为文档设置颜色模式。如果要修改一个现有文档的颜色模式,可以使用"文件"|"文档颜色模式"下拉菜单中的命令进行转换。标题栏的文件名称旁会显示文档所使用的颜色模式。

1.2.3 文件格式

文件格式决定了图稿的存储内容、存储方式,以及其是否能够与其他应用程序兼容。在 Illustrator 中编辑图稿时,可以执行"文件"|"存储"命令,将图稿存储为 4 种基本格式:AI、PDF、EPS 和 SVG,如图 1-14 所示。这些格式可以保留所有 Illustrator 数据,它们是 Illustrator 的本机格式。如果要以其他文件格式导出图稿,以便在其他程序中使用,可以执行"文件"|"导出"|"导出为"命令来选择文件格式,如图 1-15 所示。

图 1-14

图 1-15

tip 如果要将文件用于其他矢量软件,可以将其保存为 AI 或 EPS 格式,它们能够保留 Illustrator 创建的所有图形元素;如果要在 Photoshop 中对文件进行处理,可以保存为 PSD 格式,这样,将文件导入到 Photoshop 中后,图层、文字、蒙版等可以继续编辑。此外,PDF 格式主要用于网上出版;TIFF 是一种通用的文件格式,几乎所有的扫描仪和绘图软件都支持;JPEG 用于存储图像,可以压缩文件(有损压缩);GIF 是一种无损压缩格式,可以应用在网页文档中;SWF 是基于矢量的格式,被广泛地应用在 Flash 中。

1.3 Illustrator CC 2018 新增功能

Adobe 公司的 Illustrator 是目前使用最为广泛的矢量图形软件之一,深受艺术家、插画师以及电脑美术爱好者的青睐。最新版本的 Illustrator CC 2018,可以让用户体验到更加流畅的创作过程,随着迸发的灵感快速设计出出色的作品。

1.3.1 导入多页 Adobe PDF 文件

在 Illustrator CC 2018 中,可以使用"打开"命令,

将多页 Adobe PDF 文件导入 Illustrator 中。使用"导入 PDF 选项"对话框,可将所选 PDF 文件的单页、一定范围的页面或所有页面链接(嵌入)到 Illustrator 文档

中。在导入之前，还可以在此对话框中查看页面的缩览图。

1.3.2 调整锚点和手柄的显示

在使用高分辨率显示屏工作或创建复杂的图稿时，可以增加锚点和手柄的大小，使其更清晰可见，并易于控制。执行"编辑"|"首选项"|"选择和锚点显示"命令，在"锚点和手柄显示"区域中，可以调整锚点和手柄的大小，并指定手柄是以实心还是空心显示。

1.3.3 操控变形工具

使用操控变形工具 ✦，在图形上单击以添加控制点，通过拖动控制点，可以扭转或扭曲图形的某些部分。还可以旋转控制点，使变形看起来更加自然，如图1-16所示。

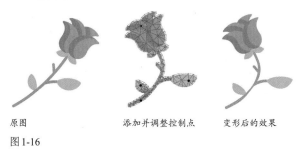

原图　　　　　添加并调整控制点　　　变形后的效果

图1-16

1.3.4 画板的增强功能

在 Illustrator CC 2018 中，画板更易于使用，可以在每个文档中创建1到1000个画板，具体取决于画板的大小。画板可以像图形一样，进行选取、排列和对齐。选择画板工具 ▭，按住Shift键的同时单击画板，可以选取多个画板。或者按住Shift键的同时，按住鼠标拖曳出一个矩形框，也能同时选取多个画板。按Ctrl+A快捷键可以选择所有画板，在"对齐"面板或"控制"面板中对齐或分布选定的画板。

1.3.5 "属性"面板

通过 Illustrator 中的新"属性"面板，可以根据当前任务或工作流程，查看相应设置和控件。该面板的设计考虑到了使用的便利性，可以在需要时随时访问适当的控件。默认情况下，"基本功能"工作区中将提供新"属性"面板。

当文档中没有选择任何对象时，如果当前为"选择"工具，"属性"面板中会显示与画板、标尺、网格、参考线、对齐和一些常用首选项相关的控件。还有一些快速操作按钮，可以使用这些按钮打开"文档设置"

和"首选项"对话框，并进入画板编辑模式，如图1-17所示。图1-18所示为选择路径图形时，"属性"面板显示的宽度、高度、填充、描边和不透明度等相应设置。

图1-17　　　　　　　　　　图1-18

在选择文本时，如图1-19所示。可以在"属性"面板中调整文本对象的字符和段落属性。单击 ••• 按钮，可以打开相应面板，查看更多的选项，如图1-20所示。对于图像对象，"属性"面板会显示裁剪、蒙版、嵌入或取消嵌入，以及图像描摹控件。

图1-19　　　　　　　　　　图1-20

1.3.6 使用"变量"面板合并数据

使用"变量"面板，可以将CSV数据源文件与Illustrator文档合并，以创建图稿的多个变化。例如，无须手动修改模板中的对象，使用数据合并功能即可快速、准确地为不同的输出表面生成数百个模板变化。

同样，可以更改 Web 横幅和明信片上的各种图像，而无须重新创建图稿。只需创建一个设计模板，然后从数据源文件中导入名称或图像，即可快速生成变化。

1.3.7 变量字体

Illustrator 现在支持变量字体，这是一种新的 OpenType 字体格式，可以对字体的粗细、宽度、倾斜度和视觉大小等属性进行自定。Illustrator 附带多个变量字体，只要在字体列表中搜索 variable，即可查找到变量字体。或者，直接选取名称后边带有 ❰Vian 图标的字体，如图 1-21 所示。输入变量字体，如图 1-22 所示。单击"控制"面板、"字符"面板、"字符样式"面板或"段落样式"面板中的 ❰ 按钮，即可使用便捷的滑块控件，调整这些变量字体的粗细、宽度和倾斜度。图 1-23 所示为用"字符"面板调整变量字体。

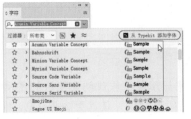

图 1-21　　　　　　　　　　　　　　　　图 1-22

图 1-23

1.4　Illustrator CC 2018 工作界面

Illustrator CC 2018 的工作界面由文档窗口、工具面板、控制面板、面板、菜单栏和状态栏等组件组成。

1.4.1 文档窗口

文档窗口包含画板和暂存区，如图 1-24 所示。黑色矩形框内部是画板，画板是绘图区域，也是可以打印的区域。画板外部为暂存区，暂存区也可以绘图，但这里的图稿在打印时是看不到的。执行"视图"|"显示 / 隐藏画板"命令，可以显示或隐藏画板。

图 1-24

> tip 执行"编辑"|"首选项"|"用户界面"命令，打开"首选项"对话框，在"亮度"选项中可以调整界面亮度（从黑色到浅灰色共 4 种）。

如果同时打开多个文档，就会创建多个文档窗口，它们停放在选项卡中。单击一个文件的名称，可将其设置为当前窗口，如图1-25所示。按Ctrl+Tab快捷键，可以循环切换各个窗口。将一个窗口从选项卡中拖出，它便成为可以任意移动位置的浮动窗口（拖动标题栏可移动），如图1-26所示。也可以将其拖回到选项卡中。如果要关闭一个窗口，可单击其右上角的 按钮；如果要关闭所有窗口，可在选项卡上单击鼠标右键，打开快捷菜单，选择"关闭全部"命令。

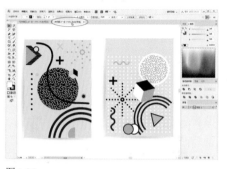
图1-25

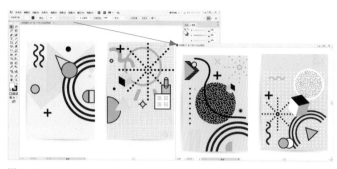
图1-26

1.4.2 工具面板

Illustrator的工具面板中包含用于创建和编辑图形、图像和页面元素的各种工具，如图1-27所示。单击工具面板顶部的 按钮，可将其切换为单排（或双排）显示，如图1-28所示。

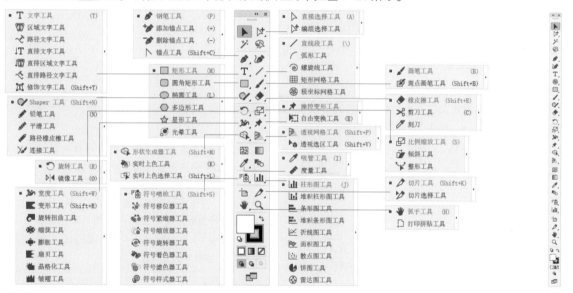
图1-27　　　　　　　　　　　　　　　　　　　　　　　　图1-28

单击一个工具即可选择该工具，如图1-29所示。右下角带有三角形图标的工具表示这是一个工具组，在这样的工具上按住鼠标左键，可以显示隐藏的工具，如图1-30所示。将光标移动到一个工具上，即可选择该工具，如图1-31所示。

单击工具右侧的拖出按钮，如图1-32所示，会弹出一个独立的工具组面板，如图1-33所示。将光标放在该面板的标题栏上，单击并向工具面板边界处拖动，可以将其与工具面板停放在一起，如图1-34所示。

图1-29　　图1-30　　　　　　图1-31　　　　　　　　图1-32　　　　　　图1-33　　图1-34

如果经常用到某些工具，可以将它们整合到一个新的工具面板中，以方便使用。操作方法很简单，只需执行

"窗口"|"工具"|"新建工具面板"命令，打开"新建工具面板"对话框，单击"确定"按钮，创建一个工具面板，如图1-35所示，然后将所需工具拖入该面板（加号处）即可，如图1-36、图1-37所示。

图1-35　　图1-36　　　　图1-37

> **tip** 在Illustrator中，还可以通过快捷键来选择工具，例如，按P键，可以选择钢笔工具 ✍ 。如果要了解某个工具的快捷键，可以将光标停放在相应的工具上，停留片刻就会显示工具名称和快捷键信息。此外，执行"编辑"|"键盘快捷键"命令还可以自定义快捷键。

1.4.3 控制面板

位于窗口顶部的控制面板集成了"画笔""描边"和"图形样式"等常用面板，如图1-38所示，因此用户不必打开这些面板，就可以在控制面板中完成相应的操作，而且控制面板还会随着当前工具和所选对象的不同而变换选项内容。

图1-38

单击带有下画线的蓝色文字，可以显示相关的面板或对话框，如图1-39所示。单击"菜单箭头"按钮 ✓ ，可以打开下拉菜单或下拉面板，如图1-40所示。

图1-39　　　　　　图1-40

1.4.4 其他面板

在Illustrator中，很多编辑操作需要借助于相应的面板才能完成。执行"窗口"菜单中的命令可以打开任意一个面板。默认情况下，面板都是成组停放在窗口的右侧，如图1-41所示。

- 折叠和展开面板：单击面板右上角的 ◀◀ 按钮，可以将面板折叠成图标状，如图1-42所示。单击一个图标，可以展开该面板，如图1-43所示。
- 分离与组合面板：将面板组中的一个面板向外侧拖动，如图1-44所示，可将其从组中分离出来，成为浮动面板。在一个面板的标题栏上单击，并将其拖动到另一个

面板的标题栏上，当出现蓝线时放开鼠标，可以将面板组合在一起，如图1-45、图1-46所示。

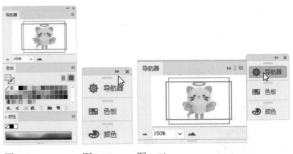

图1-41　　　图1-42　　　图1-43

图1-44　　　　图1-45　　　　图1-46

- 隐藏/显示面板选项：单击面板中的 ◷ 按钮，可以逐级隐藏/显示面板选项，如图1-47~图1-49所示。

图1-47　　　　图1-48　　　　图1-49

- 关闭面板：如果要关闭浮动面板，可单击它右上角的 ✕ 按钮。如果要关闭面板组中的面板，可在它上面单击鼠标右键，在弹出的菜单中选择"关闭"命令。
- 拉伸面板：将光标放在面板底部或右下角，单击并拖动鼠标可以将面板拉长、拉宽，如图1-50所示。
- 打开面板菜单：单击面板右上角的 ☰ 按钮，可以打开面板菜单，如图1-51所示。

图1-50　　　　图1-51

> **tip** 按Tab键，可以隐藏工具面板、控制面板和其他面板。按Shift+Tab快捷键，可以单独隐藏面板。再次按相应的按键，可重新显示被隐藏的组件。

1.4.5 菜单命令

Illustrator有9个主菜单，如图1-52所示，每个菜单中都包含不同类型的命令。例如，"文字"菜单中包

含的是与文字处理有关的命令，"效果"菜单中包含的是可以制作特效的各种效果。

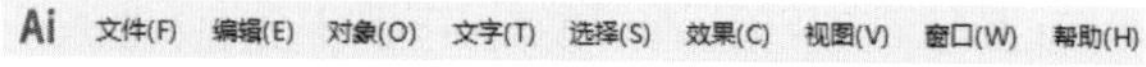

图1-53

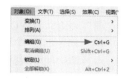

图1-54

图1-52

单击一个菜单的名称可以打开该菜单，带有黑色三角标记的命令还包含下一级的子菜单，如图1-53所示。选择菜单中的一个命令即可执行该命令。如果命令后面有快捷键，如图1-54所示，则可以通过快捷键来执行该命令。例如，按Ctrl+G快捷键，可以执行"对象"|"编组"命令。

在窗口的空白处、在对象上或面板的标题栏上单击鼠标右键，可以打开快捷菜单，如图1-55所示，它显示的是与当前工具或操作有关的各种命令，使用此快捷菜单可以节省操作时间。

图1-55

tip 在菜单中，有些命令右侧只有一些字母，这表示它们也可通过快捷方式执行。操作方法是按Alt键+主菜单的字母，打开主菜单，再按该命令的字母，执行这一命令。例如，按Alt+S+I快捷键，可以执行"选择"|"反向"命令。如果命令右侧有"…"标识，则表示执行该命令时会弹出对话框。

1.5 Illustrator CC 2018基本操作方法

Illustrator CC 2018基本操作方法主要包括文档操作、通过不同的方法查看图稿、撤销操作，以及使用辅助工具等。

1.5.1 文档的基本操作方法

（1）新建空白文档

启动Illustrator，最先映入眼帘的是"开始"工作区，如图1-56所示。最近打开的文档会以缩览图的形式，显示在工作区的中间位置。单击左侧的"新建"按钮，可以打开"新建文档"对话框。单击"打开"按钮，可以在"打开"对话框中选择文件。执行"编辑"|"首选项"|"常规"命令，打开"首选项"对话框，取消对"未打开任何文档时显示'开始'工作区"复选框的勾选，将不再显示"开始"工作区。

另外，执行"文件"|"新建"命令，或按Ctrl+N快捷键，也能打开"新建文档"对话框，如图1-57所示，输入文件的名称，设置大小和颜色模式等选项，单击"确定"按钮，即可创建一个空白文档。如果要制作名片、小册子、标签、证书、明信片、贺卡等，可执行"文件"|"从模板新建"命令，打开"从模板新建"对话框，如图1-58所示，选择Illustrator提供的模板文件，该模板中的字体、段落、样式、符号、裁剪标记和参考线等，都会加载到新建的文档中，这样可以节省创作时间，提高工作效率。

图1-56

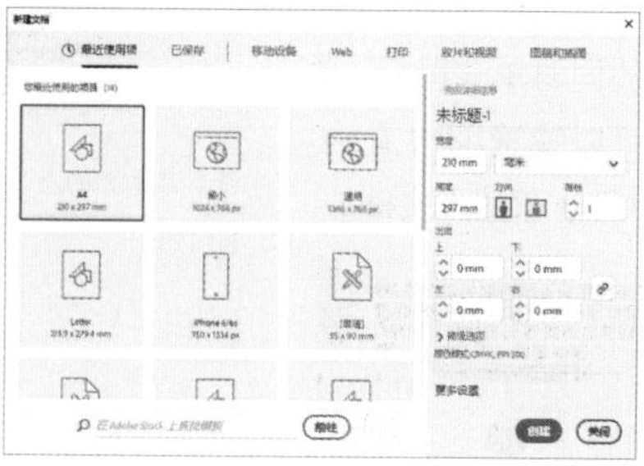

图1-57

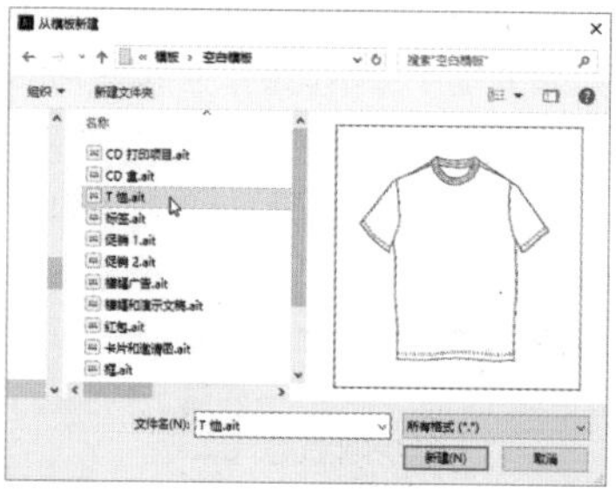

图1-58

（2）打开文件

如果要打开一个文件，可以执行"文件"|"打开"命令，或按Ctrl+O快捷键，在弹出的"打开"对话框中选择文件，如图1-59所示，单击"打开"按钮或按Enter键即可将其打开。

（3）保存文件

在Illustrator中绘图时，应该养成随时保存文件的良好习惯，以免因断电、死机等意外而丢失文件。

● 保存文件：编辑过程中，可随时执行"文件"|"存储"命令，或按 **Ctrl+S** 快捷键，保存对文件所做的修改。如果这是一个新建的文档，则会弹出的"存储为"对话框，如图 **1-60** 所示，在该对话框中可以为文件输入名称，选择文件格式和保存位置。

图 1-59　　　　　　　图 1-60

● 另存文件：如果要将当前文档以另外一个名称、另一种格式保存，或者保存在其他位置，可以执行"文件"|"存储为"命令来另存文件。

● 存储副本：如果不想保存对当前文档所做的修改，可执行"文件"|"存储副本"命令，基于当前编辑效果保存一个副本文件，再将原文档关闭。

● 存储为模板：执行"文件"|"存储为模板"命令，可以将当前文档保存为模板。文档中设定的尺寸、颜色模式、辅助线、网格、字符与段落属性、画笔、符号、透明度和外观等都可以存储在模板中。

1.5.2 查看图稿

绘图或编辑对象时，为了更好地观察和处理对象的细节，需要经常放大或缩小视图、调整对象在窗口中的显示位置。

（1）使用缩放工具

打开一个文件，如图 1-61 所示，使用缩放工具 🔍 在画面中单击，可放大视图的显示比例，如图 1-62 所示，如果要缩小显示比例，可按住 Alt 键的同时单击鼠标。单击并按住鼠标左键向左、右滑动，可以快速缩放文档。在一个位置单击并按住鼠标左键，则可动态放大文档。

图 1-61　　　　　　　图 1-62

（2）使用抓手工具

放大或缩小视图比例后，使用抓手工具 🖐，在窗口中单击并拖动鼠标可以移动画面，让对象的不同区域显示在画面的中心，如图 1-63 所示。使用绝大多数工具时，按住键盘中的空格键都可以切换为抓手工具 🖐。

（3）使用"导航器"面板

编辑对象细节时，"导航器"面板可以帮助用户快速定位画面位置，只需在该面板的对象缩览图上单击鼠标，就可以将单击点定位为画面的中心，如图 1-64 所示。此外，移动面板中的三角滑块，或在数值栏中输入数值，并按 Enter 键，可以对视图进行缩放。

图 1-63　　　　　　　图 1-64

（4）切换屏幕模式

单击工具面板底部的 🔲 按钮，可以显示一组用于切换屏幕模式的命令，如图 1-65 所示，屏幕效果如图 1-66~ 图 1-68 所示。也可以按 F 键，在各个屏幕模式之间循环切换。

切换屏幕模式　　　　　　正常屏幕模式
图 1-65　　　　　　　图 1-66

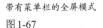

带有菜单栏的全屏模式　　　全屏模式
图 1-67　　　　　　　图 1-68

> **tip**　"视图"菜单中包含窗口缩放命令。其中，"画板适合窗口大小"命令可以将画板缩放至适合窗口显示的大小；"实际大小"命令可将画面显示为实际的大小，即缩放比例为100%。这些命令都有快捷键，可通过快捷键来操作，这要比直接使用缩放工具和抓手工具更加方便，例如，可以按Ctrl++或Ctrl+－快捷键，来调整窗口比例，然后按住空格键移动画面。

1.5.3 还原与重做

在编辑图稿的过程中，如果操作出现了失误，或

对创建的效果不满意，可以执行"编辑"|"还原"命令，或按Ctrl+Z快捷键，撤销最后一步操作。连续按Ctrl+Z快捷键，可连续撤销操作。如果要恢复被撤销的操作，可以执行"编辑"|"重做"命令，或按Shift+Ctrl+Z快捷键。

1.5.4 使用辅助工具

标尺、参考线和网格是Illustrator中的辅助工具，在进行精确绘图时，可以借助这些工具来准确定位和对齐对象，或进行测量操作。

（1）标尺

标尺可以帮助用户精确进行定位，也可测量画板中的对象。执行"视图"|"显示标尺"命令，在窗口顶部和左侧即可显示标尺，如图1-69所示。标尺上的0点位置称为原点。在原点单击并拖动鼠标可以拖出十字线，将它拖放在需要的位置，即可将该处设置为标尺的新原点，如图1-70所示。如果要将原点恢复到默认位置，可在窗口左上角水平标尺与垂直标尺的相交处双击鼠标。

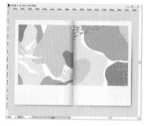
图1-69

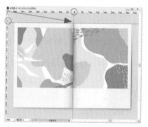
图1-70

> **tip** 在标尺上单击鼠标右键，即可打开下拉菜单，选择菜单中的选项可以修改标尺的单位，如英寸、毫米、厘米、像素等。

（2）参考线

参考线可以帮助用户对齐文本和图形。显示标尺后，将光标放在水平或垂直标尺上，单击并向画面中拖动鼠标，即可拖出水平或垂直参考线，如图1-71所示。如果按住Shift键的同时拖动鼠标，则可以使参考线与标尺上的刻度对齐。此外，在标尺上双击可在标尺的特定位置创建一个参考线；如果按住Shift键并

双击，则在该处创建的参考线会自动与标尺上最接近的刻度线对齐。

执行"视图"|"智能参考线"命令，启用智能参考线，当进行移动、旋转、缩放等操作时，它便会自动出现，从而显示变换操作的相关数据，如图1-72所示。

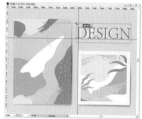
图1-71 图1-72

（3）网格

对称布置图形时，网格非常有用。打开一个文件，如图1-73所示。执行"视图"|"显示网格"命令，可以在图形后面显示网格，如图1-74所示。显示网格后，可以执行"视图"|"对齐网格"命令启用对齐功能，此后在创建图形或进行移动、旋转、缩放等操作时，对象的边界会自动对齐到网格点上。

如果要查看对象是否包含透明区域，以及透明程度如何，可以执行"视图"|"显示透明度网格"命令，将对象放在透明度网格上观察，如图1-75所示。

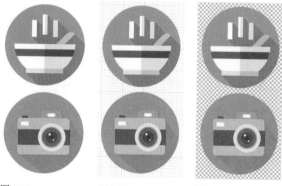
图1-73 图1-74 图1-75

> **tip** 按Ctrl+R快捷键，可显示或隐藏标尺；按Ctrl+; 快捷键，可显示或隐藏参考线；按Alt+Ctrl+; 快捷键，可锁定或解除锁定参考线；按Ctrl+U快捷键，可显示或隐藏智能参考线；按Ctrl+" 快捷键，可显示或隐藏网格。

1.6 复习题

1. 描述矢量图与位图的特点，以及主要用途。

2. 什么是Illustrator本机格式？有哪几种？

3. 图稿保存为哪种文件格式方便以后修改？与Photoshop交换文件时，哪几种格式最常用？

4. 创建文档时，怎样根据文档的用途选择配置文件？

第2章

绘图与上色

色彩设计：

在我们的生活中，任何复杂的图形都可以简化为最基本的几何形状。Illustrator 中的矩形、椭圆、多边形、直线段和网格等工具就是绘制基本几何图形的工具。而简单的几何图形，通过一些操作可以组合为复杂的图形，因此，不要忽视、也不要小看这些最基本的绘图工具。

在 Illustrator 中，上色是指为图形内部填充颜色、渐变和图案，以及为路径描边。

扫描二维码，关注李老师的微博、微信。

2.1 色彩的配置原则

德国心理学家费希纳提出，"美是复杂中的秩序"；古希腊哲学家柏拉图认为，"美是变化中表现统一"。在色彩方面同样如此，应强调色与色之间的对比和协调关系。

2.1.1 对比的色彩搭配

色彩对比是指两种或多种颜色并置时，因其性质不同而呈现出的一种色彩差别现象。它包括明度对比、纯度对比、色相对比、面积对比几种方式。

因色彩三要素中的明度差异而呈现出的色彩对比效果为明度对比。因色彩三要素中的纯度（饱和度）差异而呈现出的色彩对比效果为纯度对比。因色彩三要素中的色相差异而呈现出的色彩对比效果为色相对比。

色相对比的强弱取决于色相在色相环上的位置。以24色或12色色相环做对比参照，任取一色作为基色，则色相对比可以分为同类色对比、邻近色对比、对比色对比、互补色对比等基调。图2-1为12色色相环，图2-2为色相环对比基调示意图，图2-3~图2-6为各种色相对比效果。

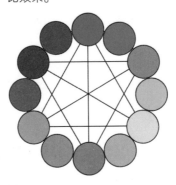

图 2-1

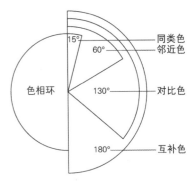

图 2-2

同类色对比
图 2-3

邻近色对比
图 2-4

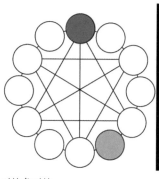

对比色对比

图2-5

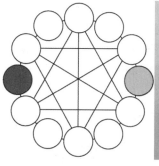

互补色对比

图2-6

面积对比是指色域之间大小或多少的对比现象。色彩面积的大小对色彩对比关系的影响非常大。如果画面中两块或更多的颜色在面积上保持近似大小，会让人感觉呆板，缺少变化。色彩面积改变以后，就会给人的心理遐想和审美观感带来截然不同的感受。

2.1.2 调和的色彩搭配

色彩调和是指两种或多种颜色秩序而协调地组合在一起，使人产生愉悦、舒适感觉的色彩搭配关系。色彩调和的常见方法是选定一组邻近色或同类色，通过调整纯度和明度来协调色彩效果，保持画面的秩序感、条理性，如图2-7、图2-8所示。

图2-7　　　　　　　　　　　　　图2-8

2.2 绘制基本图形

直线段工具、矩形工具和椭圆工具等是 Illustrator 中最基本的绘图工具，选择其中的一个工具后，只需在画板中单击并拖动鼠标，即可绘制相应的图形。如果想要按照指定的参数绘制图形，可在画板中单击鼠标，然后在弹出的对话框中进行设定。

2.2.1 绘制直线、弧线和螺旋线

（1）直线

直线段工具 用于创建直线，如图2-9所示。如果要精确定义直线的长度和角度，可以在画板中单击鼠标，打开"直线段工具选项"对话框，并在其中进行设置，如图2-10所示。

（2）弧线

弧形工具 用于创建弧线。在绘制的过程中可按 X 键，切换弧线的凹凸方向，如图2-11所示。按 C 键，可以在开放式图形与闭合图形之间切换，图2-12所示为创建的闭合图形。在画板中单击鼠标，可以打开"弧线段工具选项"对话框，如图2-13所示。

图2-9　　　　　　　　　　　　　　　　　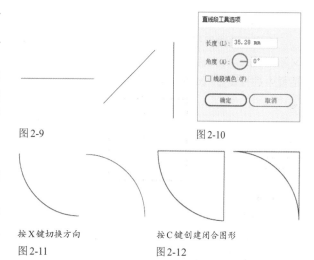

图2-10

按 X 键切换方向　　　　　　　按 C 键创建闭合图形

图2-11　　　　　　　　　　　图2-12

图2-13

（3）螺旋线

螺旋线工具◎用于创建螺旋线，如图2-14所示。在画板中单击，可以打开"螺旋线"对话框，如图2-15所示。其中，"衰减"参数用来指定螺旋线的每一螺旋相对于上一螺旋应减少的量，该值越小，螺旋的间距越小；"段数"参数决定了螺旋线路径段的数量，图2-16、图2-17所示是分别设置该值为5和10所创建的螺旋线。

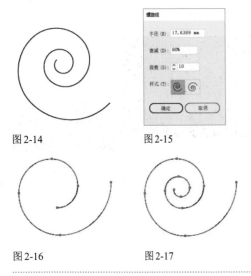

图2-14　　　　图2-15

图2-16　　　　图2-17

2.2.2　绘制矩形、椭圆和圆形

（1）矩形

矩形工具▣用于创建矩形和正方形。如果要自定义图形的大小，可在画板中单击，在打开的"矩形"对话框中进行设置，如图2-18、图2-19所示。

图2-18　　　　图2-19

（2）圆角矩形

圆角矩形工具▣用于创建圆角矩形，它的使用方法与矩形工具相同。绘制图形的过程中按"↑"键，可

增加圆角半径直至成为圆形，如图2-20所示。按"↓"键则减少圆角半径直至成为方形。如果要自定义图形参数，可在画板中单击，在打开的"圆角矩形"对话框中进行设置，如图2-21所示。

图2-20

图2-21

> **tip** 使用"变换"面板和选择工具▶，可以修改矩形和圆角矩形的转角。每个角都可以有独立的半径值，在缩放或旋转矩形时也会保留所有属性。

（3）椭圆形和圆形

椭圆工具◯可以绘制椭圆形，如图2-22所示。按住Shift键操作可创建圆形，如图2-23所示。如果要自定义图形大小，可在画板中单击，在打开的"椭圆"对话框中进行设置，如图2-24所示。

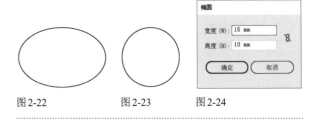

图2-22　　　　图2-23　　　　图2-24

2.2.3　绘制多边形和星形

（1）多边形

多边形工具◯用于创建三边和三边以上的多边形，如图2-25所示。如果要自定义多边形的边数，可在画板中单击，在打开的"多边形"对话框中进行设置，如图2-26所示。

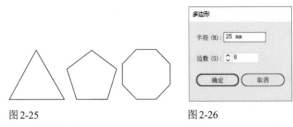

图2-25　　　　图2-26

（2）星形

星形工具☆用于创建各种形状的星形，操作时可通过相应的按键来调整边数和角度，如图2-27~图2-30所示。如果要自定义星形的大小和角点数，可在希望作为星形中心的位置单击鼠标，在打开的"星形"对话框中进行设置。

按↑键增加边数

图2-27

按↓键减少边数

图2-28

按住Shift键锁定角度

图2-29

按住Shift+Alt快捷键

图2-30

2.2.4 绘制网格

（1）矩形网格

矩形网格工具▦用于创建网格状矩形。如果要自定义网格大小和分割线间距，可在画板中单击，在打开的"矩形网格工具选项"对话框中进行设置，如图2-31、图2-32所示。如果选择"填色网格"复选项，则可以使用"工具"面板中的当前颜色填充网格，如图2-33所示。

图2-31　　　　图2-33

图2-32

（2）极坐标网格

极坐标网格工具⊛用于创建带有分隔线的同心圆。如果要自定义极坐标网格的大小、同心圆和分隔线的数量，可在画板中单击，在打开的"极坐标网格工具选项"对话框中进行设置，如图2-34、图2-35所示。

tip 当"同心圆分隔线"选项中的"倾斜"数值为0%时，同心圆的间距相等；该值大于0%时，同心圆向边缘聚拢；小于0%时，同心圆向中心聚拢。当"径向分隔线"选项中的"倾斜"的数值为0%时，分隔线的间距相等；该值大于0%时，分隔线会逐渐向逆时针方向聚拢；小于0%时，分隔线会逐渐向顺时针方向聚拢。

图2-34　　　　图2-35

2.2.5 绘制光晕图形

光晕工具🔆可以创建由射线、光晕、闪光中心和环形等组件组成的光晕图形，如图2-36所示。光晕图形中还包含中央手柄和末端手柄，手柄可以定位光晕和光环，中央手柄是光晕的明亮中心，光晕路径从该点开始。

光晕的创建方法是：首先在画面中单击，放置光晕中央手柄，然后拖曳鼠标，设置中心的大小和光晕的大小，并旋转射线角度（按"↑"键或"↓"键可以添加或减少射线）；放开鼠标按键，在画面的另一处再次单击并拖曳鼠标，添加光环并放置末端手柄（按"↑"键或"↓"键可以添加或减少光环）；最后，放开鼠标按键，即可创建光晕图形，如图2-37、图2-38所示。

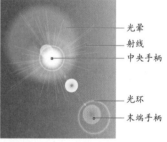

———光晕
———射线
———中央手柄

———光环
———末端手柄

图2-36

图2-37 　　　　图2-38

基本绘图工具使用技巧见下表。

工具	使用技巧
直线段工具 ╱	按住Shift键，可创建水平、垂直或以45度角方向为增量的直线；按住Alt键，直线会以单击点为中心向两侧延伸
弧线工具 ╭	按X键，可切换弧线的凹凸方向；按C键，可在开放式图形与闭合图形之间切换；按住Shift键，可保持固定的角度；按"↑""↓""←""→"键可调整弧线的斜率
螺旋线工具 ◎	按R键，可以调整螺旋线的方向；按住Ctrl键可调整螺旋线的紧密程度；按"↑"或"↓"键，可增加或减少螺旋；移动光标，可以旋转螺旋线
矩形工具 ▢	单击并拖动鼠标，可以创建任意大小的矩形；按住Alt键(光标变为╬状)，可由单击点为中心向外绘制矩形；按住Shift键，可创建正方形；按住Shift+Alt快捷键，可由单击点为中心向外创建正方形
圆角矩形工具 ▢	按住"↑"键，可增加圆角半径直至成为圆形；按住"↓"键则减少圆角半径直至成为方形；按"←"或"→"键，可在方形与圆形之间切换
椭圆工具 ◯	按住Shift键可创建圆形；按住Alt键，可由单击点为中心向外绘制椭圆形；按住Shift+Alt快捷键，则由单击点为中心向外绘制圆形
多边形工具 ⬡	按"↑"键或"↓"键，可增加或减少边数；移动光标可以旋转多边形；按住Shift键操作可以锁定一个不变的角度
星形工具 ☆	按"↑"键和"↓"键可增加和减少星形的角点数；拖动鼠标可旋转星形；按住Shift键，可锁定图形的角度；按Alt键，可以调整星形拐角的角度
矩形网格工具 ▦	按住Shift键，可以创建正方形网格；按住Alt键，则会以单击点为中心向外绘制网格；按F键，水平网格线间距由下至上以10%的倍数递减；按V键，水平网格线的间距由上至下以10%的倍数递减；按X键，垂直网格线的间距由左至右以10%的倍数递减；按C键，垂直网格线的间距由右至左以10%的倍数递减；按"↑"键或"↓"键，可以增加或减少网格中直线的数量；按"→"键或"←"键，可以增加或减少垂直的数量
极坐标网格工具 ◉	按住Shift键可创建圆形网格；按住Alt键，会以单击点为中心向外绘制极坐标网格；按"↑"键或"↓"键，可增加或减少同心圆的数量；按"→"键或"←"键，可增加或减少分隔线的数量；按X键，同心圆会向网格中心聚拢；按C键，同心圆会向边缘聚拢；按V键，分隔线会沿顺时针方向聚拢；按F键，分隔线会沿逆时针方向聚拢
光晕工具 ◎	使用选择工具 ▶ 选择光晕图形，再选择光晕工具 ◎，拖动中央手柄或末端手柄，可以调整光晕方向和长度。如果双击光晕工具 ◎，则可在打开"光晕工具选项"对话框中修改光晕参数

2.3 对象的基本操作方法

在Illustrator中创建图形对象后，可以移动位置、调整堆叠顺序、编组，以及进行对齐和分布操作。

2.3.1 选择与移动

（1）选择对象

矢量图形由锚点、路径或成组的路径构成，编辑这些对象前，需要先将其准确选择。Illustrator针对不同的对象提供了相应的选择工具。

● 选择工具 ▶：将光标放在对象上方（光标变为 ▶ 状），如图2-39所示，单击鼠标即可将其选择，所选对象周围会出现一个定界框，如图2-40所示。如果单击并拖出矩形选框，则可以选择矩形框内的所有对象，如图2-41所示。如果要取消选择，可在空白区域单击鼠标即可。

图2-39

图2-40

图2-41

● 魔棒工具 ⚡：在一个对象上单击，即可选择与其具有相同属性的所有对象，具体属性可以在"魔棒"面板中设置。例如，勾选"混合模式"复选项后，如图2-42所示，在一个图形上单击，如图2-43所示，可同时选择与该图形混合模式相同的所有对象，如图2-44所示。

图2-42　　　　　　　图2-43　　　　　　　图2-44

> **tip** "容差"值决定了范围的大小，该值越高，对图形相似性的要求程度越低，因此，选择范围就越广。

● 编组选择工具 ▶：当图形数量较多时，通常会将多个对象编到一个组中。如果要选择组中的一个图形，可以使用该工具单击它；双击则可选择对象所在的组。

- "选择"菜单命令："选择"|"对象"下拉菜单中包含选择命令，可以选择文档中特定类型的对象。
- 锚点和路径选择工具：套索工具 和直接选择工具 可以选择锚点和路径。在"4.6.1 选择与移动锚点和路径"中会对这两个工具进行详细介绍。

技巧放送 | 选择多个对象

使用选择工具 、编组选择工具 选择对象后，如果要添加选择其他对象，可按住Shift键并分别单击它们；如果要取消某些对象的选择，可按住Shift键单击。此外，选择对象后，按Delete键可将其删除。

| 选择一个对象 | 按住 Shift 键，单击其他对象 | 按住 Shift 键，单击选中的对象 |

（2）移动对象

使用选择工具 在对象上单击并拖动鼠标即可移动对象，如图 2-45、图 2-46 所示。按住 Shift 键操作，可沿水平、垂直或对角线方向移动。按键盘中的→、←、↑、↓键，可以将所选对象朝相应方向轻微移动 1 个点的距离；如果按住 Shift 键并按方向键，则可移动 10 个点的距离。按住 Alt 键（光标变为 状）并拖动鼠标，可以复制对象，如图 2-47 所示。

图 2-45　　　　　图 2-46　　　　　图 2-47

2.3.2 调整图形的堆叠顺序

绘制图形时，先创建的图形总是被放置在最底层，以后创建的对象会依次堆叠在它上方，如图 2-48 所示。如果要调整堆叠顺序，可以选择图形，如图 2-49 所示，然后执行"对象"|"排列"菜单中的命令进行调整，如图 2-50 所示，图 2-51 为执行"置于顶层"命令后的排列效果。

图 2-48　　　　　　　　　　图 2-49

图 2-50　　　　　　　　　　图 2-51

2.3.3 切换绘图模式

Illustrator 提供了 3 种绘图模式，如图 2-52 所示。分别是正常绘图模式 、背面绘图模式 和内部绘图模式 。默认情况下，Illustrator 显示为正常绘图模式。要切换绘图模式，可以单击"工具"面板底部的绘图模式图标，如图 2-53 所示，或者按 Shift+D 快捷键，循环切换绘图模式。

正常绘图　　　　背面绘图　　　　内部绘图

图 2-52　　　　　　　　　　图 2-53

tip "粘贴""就地粘贴"和"在所有画板上粘贴"选项均遵循绘图模式。但"贴在前面"和"贴在后面"命令不受绘图模式的影响。

背面绘图模式可以在当前图层的所有图形后面绘图。选择"图层 1"，如图 2-54 所示。单击"工具"面板中的背面绘图模式图标 ，使用椭圆工具 创建一个蓝色的圆形，圆形会自动位于小狗的后面，如图 2-55 所示。

图 2-54　　　　　　　　　　图 2-55

tip 能够使用背面绘图模式的操作及命令包括：创建新图层、置入符号、从"文件"菜单置入文件、按住 Alt 键拖动并复制对象、使用"就地粘贴"和"在所有画板上粘贴"选项等。

内部绘图模式可以在所选对象的内部绘图，效果类似"剪切蒙版"。选择蓝色圆形，单击"工具"面板中的内部绘图模式图标 ◉，圆形周围会出现一个虚线框，如图2-56所示。再绘制一个紫色的圆形，可以看到，超出蓝色圆形的部分被隐藏，如图2-57所示。"内部绘图"与"剪切蒙版"的区别在于能够保留剪切路径（蓝色圆形）的外观，而"剪切蒙版"（快捷键为Ctrl+7）则会抹去剪切路径的外观，如图2-58所示，创建"剪切蒙版"后，蓝色圆形以路径方式显式，没有了填充的属性。

图2-56　　　　　　图2-57

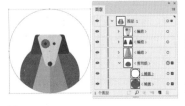

tip 内部绘图模式仅在选定单个对象（路径、复合路径或文本）时才能启用。

图2-58

在使用"内部绘图"模式创建剪切蒙版时，必须先选择要在其中绘制的路径，然后切换到"内部绘图"模式，此时所选的路径将剪切后续绘制的路径，直到切换为"正常绘图"模式（按Shift+D快捷键或双击）为止。

2.3.4 编组

复杂的图稿往往由许多个图形组成，如图2-59、图2-60所示。为了便于选择和管理，可以选择多个对象，执行"对象"|"编组"命令（快捷键为Ctrl+G），将它们编为一组。进行移动或变换操作时，组中的对象会一同变化，如图2-61所示。编组后对象还可以与其他对象再次编组，这样的组称为嵌套结构的组。

tip 编组有时会改变图形的堆叠顺序。例如，将位于不同图层上的对象编为一个组时，这些图形会调整到同一个图层中。关于图层的内容，请参阅"7.2图层"。

图2-59

图2-60　　　　　　图2-61

如果要移动组中的对象，可以使用编组选择工具 ▷，在对象上单击并拖动鼠标。如果要取消编组，可以选择组对象，然后执行"对象"|"取消编组"命令（快捷键为Shift+Ctrl+G）。对于包含多个组的编组对象，则需要多次执行该命令才能解散所有的组。

技巧放送 在隔离模式下编辑图形

使用选择工具 ▷ 双击编组的对象，可进入隔离模式。在隔离状态下，当前对象（称为"隔离对象"）以全色显示，其他内容则变暗，此时可轻松选择和编辑组中的对象，而不受其他图形的干扰。如果要退出隔离模式，可单击文档窗口左上角的 ◁ 按钮。

使用选择工具 ▷ 双击编组的对象　　　进入隔离模式

2.3.5 对齐与分布

如果要对齐多个图形，或者让它们按照一定的规则分布，可先将其选择，再单击"对齐"面板中的按钮，如图2-62所示。这些按钮分别是："水平左对齐"按钮 ▤、"水平居中对齐"按钮 ▤、"水平右对齐"按钮 ▤、"垂直顶对齐"按钮 ▥、"垂直居中对齐"按钮 ▥、"垂直底对齐"按钮 ▥、"垂直顶分布"按钮 ▤、"垂直居中分布"按钮 ▤、"垂直底分布"按钮 ▤、"水平左分布"按钮 ▥、"水平居中分布"按钮 ▥、"水平右分布"按钮 ▥。图2-63所示分别为图形的对齐和分布效果。

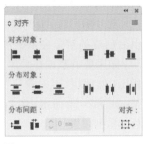

图2-62

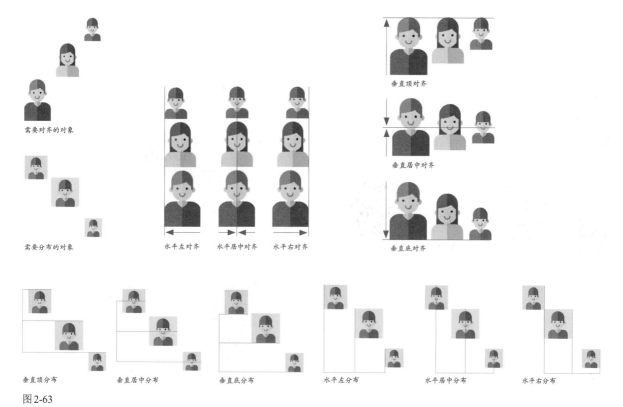

图 2-63

如果想要按照设定的距离均匀分布对象，可以选择多个对象，如图 2-64 所示，然后单击其中的一个图形，如图 2-65 所示，在"分布间距"选项中输入数值，如图 2-66 所示，此后单击"垂直分布间距"按钮 ，效果如图 2-67 所示，或单击"水平分布间距"按钮 ，效果如图 2-68 所示。

图 2-64　　　　　　图 2-65　　　　　　图 2-66　　　　　　图 2-67　　　　　　图 2-68

2.4 填色与描边

填色是指在图形内部填充颜色、渐变或图案，描边则是指将路径设置为可见的轮廓，使其呈现不同的外观。

2.4.1 填色与描边设置方法

要为对象设置填色或描边，首先应选择对象，然后单击"工具"面板底部的填色或描边图标 ，或者直接单击"色板""颜色"和"渐变"面板的 图标，将其中的一项设置为当前编辑状态，此后便可在"色板""渐变""描边"等面板中设置填色和描边内容，如图 2-69 所示。

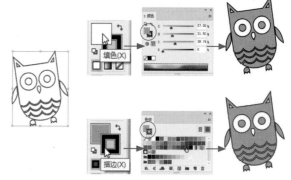

图 2-69

单击"默认填色和描边"按钮 ，可以将填色和描边颜色设置为默认的颜色（黑色描边、填充白色），如图2-70所示。单击"互换填色和描边"按钮 ，则可以互换填色和描边，如图2-71所示。单击"颜色"按钮 ，可以使用单色进行填色或描边；单击"渐变"按钮 ，可以用渐变色进行填色或描边；单击"无"按钮 ，可以删除填色或描边的内容。

图2-70　　　　　　　　图2-71

> **tip** 按X键，可以将"工具"面板中的填色或描边切换为当前编辑状态；按Shift+X快捷键，可以互换填色和描边。例如，填色为白色，描边为黑色，按Shift+X快捷键后，填色会变为黑色，描边变为白色。

> **技巧放送｜拾取其他图形的填色和描边**
>
> 选择一个对象，使用吸管工具 在另外一个对象上单击，可拾取该对象的填色和描边属性，并将其应用到所选对象上。如果没有选择任何对象，则使用吸管工具 在一个对象上单击（可拾取填色和描边属性），然后按住Alt键单击其他对象，可将拾取的属性应用到该对象中。
>
>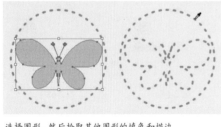
>
> 选择图形，然后拾取其他图形的填色和描边
>
>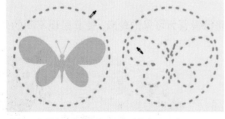
>
> 在图形上单击，然后按住Alt键并单击另一图形

2.4.2 色板面板

　　"色板"面板中包含了Illustrator预置的颜色、渐变和图案，如图2-72所示。选择对象后，单击一个色板，即可将其应用到对象的填色或描边中。用户自己

调出的颜色、渐变或绘制的图案也可以保存到该面板中。例如，创建一个图案后，如图2-73所示，将其选中，单击"新建色板"按钮 ，或直接将其拖动到"色板"面板中，即可保存该图案，如图2-74所示。

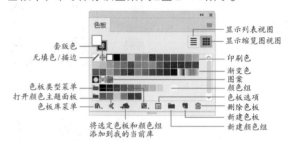

显示列表视图
显示缩览图视图
套版色
无填色/描边
印刷色
渐变色
图案
颜色组
色板选项
色板类型菜单
打开颜色主题面板
删除色板
色板库菜单
新建色板
新建颜色组
将选定色板和颜色组添加到我的当前库

图2-72

　　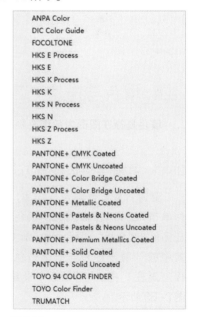

图2-73　　　　　　　　图2-74

　　为方便用户使用，Illustrator还提供了大量的色板库、渐变库和图案库。单击"色板"面板底部的 按钮，打开下拉菜单，在其中即可找到它们，如图2-75所示。其中，"色标簿"下拉菜单中包含了印刷中常用的PANTONE颜色，如图2-76所示。打开一个色板库后，单击面板底部的 或 按钮，可切换到相邻的色板库中，如图2-77、图2-78所示。

存储色板...

VisiBone2
Web
中性
儿童物品
公司
图案
大地色调
庆祝
渐变
科学
系统 (Macintosh)
系统 (Windows)
纺织品
肤色
自然
色标簿
艺术史
金属
颜色属性
食品
默认色板
用户定义
其它库(O)...

ANPA Color
DIC Color Guide
FOCOLTONE
HKS E Process
HKS E
HKS K Process
HKS K
HKS N Process
HKS N
HKS Z Process
HKS Z
PANTONE+ CMYK Coated
PANTONE+ CMYK Uncoated
PANTONE+ Color Bridge Coated
PANTONE+ Color Bridge Uncoated
PANTONE+ Metallic Coated
PANTONE+ Pastels & Neons Coated
PANTONE+ Pastels & Neons Uncoated
PANTONE+ Premium Metallics Coated
PANTONE+ Solid Coated
PANTONE+ Solid Uncoated
TOYO 94 COLOR FINDER
TOYO Color Finder
TRUMATCH

图2-75　　　　　　　　图2-76

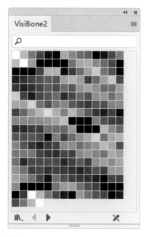
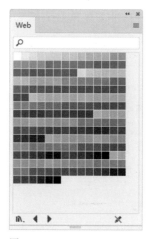

图 2-77　　　　　　　　图 2-78

单击"色板"面板右上角的 ≡ 按钮，会以列表的形式显示不同类型的颜色，如图 2-79 所示。单击 ⊞ 按钮则切换为缩览图视图。在"色板"面板菜单中可以选择缩览图和列表显示的大小，如图 2-80 所示。

图 2-79　　　　　　　　图 2-80

● 套版色色板：使用它填色或描边的对象可以从 PostScript 打印机进行分色打印。例如，套准标记使用"套版色"，印版就可以在印刷机上精确对齐。

● CMYK符号：该符号代表了印刷色，它是使用4种标准的印刷色油墨组合成的颜色，这4种油墨是青色、洋红色、黄色和黑色。在默认情况下，Illustrator 会将新色板定义为印刷色。

● 专色：多指 CMYK 四色油墨无法混合出一些特殊的油墨，如金属色、荧光色、霓虹色等。

● 全局色：将一种颜色定义为全局色后，编辑该颜色时，所有使用它的对象都会自动更新。在 Illustrator 中，所有专色都是全局色。

2.4.3 颜色面板

在"颜色"面板中，单击填色或描边图标，将其设置为当前编辑状态，如图 2-81 所示，然后拖动滑块即可调整颜色，如图 2-82 所示。如果知道颜色的数值，则可以在文本框中输入颜色值，并按 Enter 键来精确定义颜色。如果要将颜色调深或调浅，可以按住 Shift 键，并拖动一个颜色滑块，其他滑块会同时移动。

图 2-81　　　　　　　　图 2-82

调整颜色时，如果出现溢色警告 ⚠，如图 2-83 所示，就表示当前颜色超出了 CMYK 色域范围，不能被准确打印。单击 ⚠ 图标或其右侧的颜色块，Illustrator 会使用与其最为接近的 CMYK 颜色来替换溢色，如图 2-84 所示。如果出现超出 Web 颜色警告 ⬢，如图 2-85 所示，则表示当前颜色超出了 Web 安全色的颜色范围，不能在网上正确显示，单击 ⬢ 图标或其右侧的颜色块，Illustrator 会使用与其最为接近的 Web 安全色来替换溢色，如图 2-86 所示。

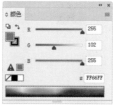
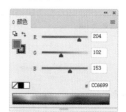

图 2-83　　　　　　　　图 2-84

图 2-85　　　　　　　　图 2-86

拖动面板底部可将面板拉长，如图 2-87 所示。在色谱上（光标变为 ✐ 状）单击可以拾取颜色，如图 2-88 所示。如果要取消填色或描边，可以单击面板左下角的 ▣ 图标。

图 2-87　　　　　　　　图 2-88

2.4.4 颜色参考面板

在"色板"面板中选择一个色板，或使用"颜色"面板调出一种颜色后，"颜色参考"面板会自动生成一系列与之协调的颜色方案，可作为激发颜色灵感的工具。例如，图2-89所示为当前设置的颜色，单击"颜色参考"面板右上角的 ˅ 按钮，打开下拉菜单，选择"单色"选项，即可生成包含所有相同色相，但饱和度级别不同的颜色组，如图2-90所示。选择"高对比色"选项，则可以生成一个包含对比色、视觉效果更加强烈的颜色组，如图2-91所示。

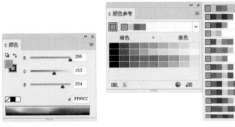

图 2-89　　　　　图 2-90

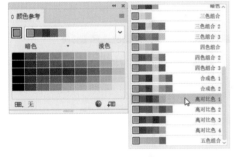

图 2-91

2.4.5 描边面板

对图形应用描边之后，可以在"描边"面板中设置路径的宽度（粗细）、端点类型、边角样式等属性，如图2-92所示。

（1）基本选项

- 粗细：用来设置描边线条的宽度，该值越高，描边宽度越粗。

- 端点：可以设置开放式路径两个端点的形状。单击"平头端点"按钮 ，路径会在终端锚点处结束，如图2-93所示。如果要准确对齐路径，该选项非常有用；单击"圆头端点"按钮 ，路径末端呈半圆形的圆滑效果，如图2-94所示。单击"方头端点"按钮 ，会向外延长到描边"粗细"值一半的距离结束描边，如图2-95所示。

- 边角：用来设置直线路径中边角处的连接方式，包括"斜接连接"按钮 、"圆角连接"按钮 、"斜角连接"按钮 ，如图2-96所示。

图 2-92　　　　　　　　　　　图 2-93

图 2-94　　　　　　　　　　　图 2-95

斜接连接　　　　　圆角连接　　　　　斜角连接

图 2-96

- 限制：用来设置斜角的大小，范围为1~500。

- 对齐描边：如果对象是封闭的路径，可单击相应的按钮，来设置描边与路径对齐的方式，包括"使描边居中对齐"按钮 、"使描边内侧对齐"按钮 、"使描边外侧对齐"按钮 ，如图2-97所示。

使描边居中对齐　　　使描边内侧对齐　　　使描边外侧对齐

图 2-97

（2）用虚线描边

- 虚线：选择图形，如图2-98所示，勾选"虚线"选项，然后在"虚线"文本框中设置虚线线段的长度，在"间隙"文本框中设置虚线线段的间距，即可用虚线描边路径，如图2-99、图2-100所示。创建虚线描边后，在"端点"选项中可以修改虚线的端点，使其呈现不同的外观。单击 ■ 按钮，可创建具有方形端点的虚线，如图2-101所示。单击 ■ 按钮，可创建具有圆形端点的虚线，如图2-102所示。单击 ■ 按钮，可扩展虚线的端点。

点添加箭头，如图2-105、图2-106所示。单击 ⇄ 按钮，可互换起点和终点箭头。如果要删除箭头，可在"箭头"下拉列表中选择"无"选项。

图2-98　　　　　　　　图2-99

图2-100　　　　图2-101　　　　图2-102

● 单击 ■ 按钮，可以保留虚线和间隙的精确长度，如图2-103所示。单击 ■ 按钮，可以使虚线与边角和路径终端对齐，并调整到适合的长度，如图2-104所示。

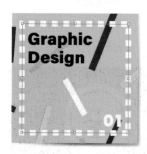

图2-103　　　　　　　　图2-104

（3）为路径起点和终点添加箭头
● 添加箭头：在"箭头"选项中可以为路径的起点和终

图2-105　　　　　　　　图2-106

● 缩放箭头：在"缩放"选项中可以调整箭头的缩放比例，单击 按钮，可以同时调整起点和终点箭头比例。

● 定义箭头终点：单击 ➡ 按钮，箭头会超出路径的末端，如图2-107所示。单击 ➡ 按钮，可以将箭头放置于路径的终点处，如图2-108所示。

图2-107　　　　　　　　图2-108

● 配置文件：选择一个配置文件，可以让描边的宽度发生变化。单击 ◄ 按钮，可以进行纵向翻转。单击 ▼ 按钮，可以进行横向翻转。

技巧放送 | **自由调整描边宽度**

使用宽度工具 ，可以自由调整描边宽度，让描边呈现粗细变化。选择该工具后，将光标放在图形的轮廓上，单击并拖动鼠标，即可将描边拉宽、拉窄，还可以移动描边的变化位置。

将光标放在轮廓上　　　将描边拉宽　　　将描边拉窄　　　移动位置

2.5 绘图实例：开心小贴士

01 选择极坐标网格工具 ⊛，在画面中单击并拖动鼠标，创建网格图形。在拖动过程中，按"←"键可以减少径向分隔线的数量，按"↑"键可以增加同心圆分隔线的数量，直至呈现图2-109所示的外观。不要放开鼠标，按住Shift键，以使网格图形成为圆形。放开鼠标，在控制面板中设置描边的粗细为0.525pt，如图2-110所示。单击"路径查找器"面板中的 按钮，对图形进行分割。

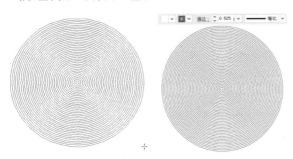

图 2-109　　　　　　　　　图 2-110

02 选择椭圆工具 ○，按住Shift键的同时拖曳鼠标，创建一个圆形，填充黄色，设置描边的粗细为7pt，颜色为黑色，如图2-111所示。按Ctrl+A快捷键，选取这两个图形，单击控制面板中的"水平居中对齐"按钮 ♣、"垂直居中对齐"按钮 ♣♣，使两个图形居中对齐。使用文字工具 T 输入文字，再分别使用椭圆工具 ○、铅笔工具 ✎ 根据主题绘制有趣的图形，效果如图2-112所示。

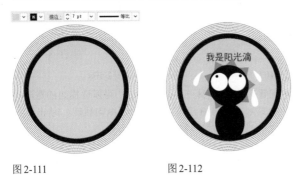

图 2-111　　　　　　　　　图 2-112

03 采用同样的方法，制作出不同主题的小贴示，效果如图2-113所示。

图 2-113

04 选择矩形网格工具 ▦，在画面中拖动鼠标创建网格，在拖动的过程中按"↑"键以增加水平分隔线，按"→"键以增加垂直分隔线，放开鼠标完成网格的创建。填充黑色，然后在"色板"中拾取深灰色作为描边颜色，如图2-114所示。按Shift+Ctrl+[快捷键，将网格图形移至底层，作为背景，效果如图2-115所示。

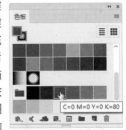

图 2-114

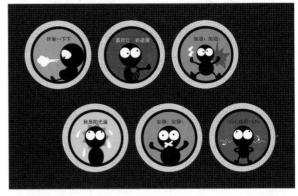

图 2-115

2.6 绘图实例：时尚书签

01 选择矩形工具 ▢，创建一个深灰色矩形。选择圆角矩形工具 ▢，在它上面创建一个白色圆角矩形（可按"↑"键和"↓"键调整圆角），如图2-116所示。选择矩形网格工具 ▦，创建一个矩形网格，在绘制时按"←"键，删除垂直网格线，按"↑"键，增加水平网格线。在控制面板中修改它的描边粗细和颜色，如图2-117、图2-118所示。

图 2-116　　　　图 2-117　　　　　　　　　图 2-118

02 选择极坐标网格工具◉，创建一个极坐标网格，在绘制时按住"↓"键，删除同心圆，按"→"键，增加分隔线的数量，如图2-119所示。在它下面再创建一个极坐标网格（可按键盘中的方向键来调整同心圆的数量），如图2-120所示。

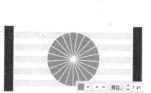

图2-119   图2-120

03 选择钢笔工具✐，绘制一个水滴形状的图形，填充线性渐变。使用椭圆工具⬭，按住Shift键的同时拖曳鼠标，分别创建两个圆形，作为水滴的高光，如图2-121所示。使用选择工具▶，同时按住Shift键，单击这3个图形，将它们选中，按Ctrl+G快捷键编组。然后按住Alt键，拖动图形进行复制。使用直接选择工具▷，选择水滴状图形，在"渐变"面板中修改它的渐变颜色，如图2-122所示，然后按住Shift键，并拖动定界框中的控制点，对图形进行缩放，如图2-123所示。

图2-121   图2-122   图2-123

04 使用圆角矩形工具▢，创建一个圆角矩形，如图2-124所示。使用星形工具☆，在它上面创建一个星形，填充线性渐变，如图2-125所示。再绘制几个圆形作为人偶的头和眼睛，如图2-126所示。使用直线段工具╱创建两条直线，并将其作为人偶的眼眉，如图2-127所示。

图2-124   图2-125

图2-126   图2-127

05 使用极坐标网格工具◉，在画面的下方创建一个网格，如图2-128所示。在它上面创建一个白色的矩形。选择文字工具Ｔ，在矩形上单击，然后输入文字，设置文字的描边为1px，颜色为绿色，如图2-129所示。选择这3个对象，按Ctrl+G快捷键，进行编组。

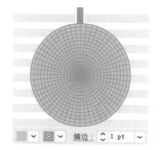

图2-128   图2-129

06 使用极坐标网格工具◉，分别创建几组不同颜色的同心圆，如图2-130所示。使用星形工具☆，在人偶的头顶创建两个星形，填充线性渐变。再用极坐标网格工具◉创建几个极坐标网格，绘制时按"↓"键和"→"键，可以删除同心圆，增加分隔线的数量，如图2-131所示。图2-132为采用同样的方法，制作出的不同颜色的书签。

图2-130   图2-131   图2-132

2.7 填色与描边实例 : 制作表情包

01 选择椭圆工具 ◯，创建一个椭圆形，填充白色，设置描边的粗细为1pt，颜色为深棕色，如图2-133所示。按住Shift键拖曳鼠标，创建一个圆形，作为眼睛，填充皮肤色，设置描边的粗细为2pt，如图2-134所示。

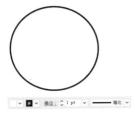
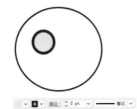

图2-133 图2-134

02 创建一个小一点的圆形，作为眼珠，如图2-135所示。使用选择工具 ▶，按住Shift键的同时单击眼睛图形，将它与眼珠一同选取。按住Alt键的同时向右拖曳鼠标，复制图形，在放开鼠标前，按Shift键以锁定水平方向，如图2-136所示。

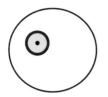

图2-135 图2-136

03 使用钢笔工具 ✐，绘制出嘴巴和头发，如图2-137、图2-138所示。

图2-137 图2-138

04 帽子由两个图形组成，分别是帽顶和帽沿，如图2-139、图2-140所示。选择帽沿图形，按Shift+Ctrl+[快捷键，将其移至底层，如图2-141所示。

图2-139 图2-140 图2-141

05 使用铅笔工具 ✐，分别绘制出手臂和身体，如图2-142、图2-143所示。

图2-142 图2-143

06 执行"窗口"|"字符"命令，打开"字符"面板，设置字体、大小及字间距，如图2-144所示。选择文字工具 T，在画板中单击输入文字，如图2-145所示。

图2-144 图2-145

07 双击"工具"面板中的旋转工具 ⟳，打开"旋转"对话框，设置"角度"为15度，如图2-146所示。单击"确定"按钮，将文字旋转，显得更活泼一些，如图2-147所示。用同样的方法，绘制出其他表情，有乖萌、惊讶、愤怒等，如图2-148所示。

图2-146 图2-147

图2-148

2.8 课后作业：制作星星图案

本章学习了基本的绘图与上色方法。下面通过课后作业来强化学习效果。如果有不清楚的地方，请看视频教学录像。

选择极坐标工具 ⊛，在画板中单击鼠标，弹出"极坐标网格工具选项"对话框，设置参数，创建一个圆环形状的图形。使用编组选择工具 ↳ 在圆环上单击，可将其单独选取，然后重新填色。执行"效果"|"扭曲和变换"|"波纹效果"命令，对图形进行变形处理，制作出星星图案。

极坐标网格工具选项　　　为圆环填色　　　添加"波纹效果"

选择矩形工具 ▢，按住Shift键的同时拖曳鼠标，创建一个矩形。按Shift+Ctrl+[快捷键，将矩形移至星星图形下面，作为背影。复制星星图案并填充不同的颜色。

2.9 复习题

1. 通过什么方法可以绘制出具有精确尺寸的直线、矩形、椭圆、圆形和星形？
2. 绘图时，可以使用哪些工具对齐图稿？

在 Illustrator 中，看似简单的几何图形通过"路径查找器"面板可以组合为复杂的图形。使用该面板分割和组合图形，能确保对象的结构完整并可恢复，它是一种非破坏性的编辑工具。此外，用户也可以对现有的图形进行编辑，通过旋转、缩放、镜像、倾斜和自由扭曲等变换操作方法，改变其形状，进而得到所需图形。

扫描二维码，关注李老师的微博、微信。

3.1 图形的创意方法

图形是一种说明性的视觉符号，是介于文字和绘画艺术之间的视觉语言形式。人们常把图形喻为"世界语"，因为它能普遍被人们看懂。其原因在于，图形比文字更形象、更具体、更直接，它超越了地域和国家，无须翻译，便能实现广泛的传播效应。

（1）同构图形

所谓同构图形，指的是两个或两个以上的图形组合在一起，共同构成一个新图形，这个新图形并不是原图形的简单相加，而是一种超越或突变，形成强烈的视觉冲击力，如图3-1所示。

（2）置换同构图形

置换同构是将对象的某一特定元素与另一种本不属于其物质的元素进行非现实的构造（偷梁换柱），产生一个新意的、奇特的图形，如图3-2所示。

（3）异影同构图形

客观物体在光的作用下，会产生与之对应的投影，如果投影产生异常的变化，呈现出与原物不同的对应物就叫作异影图形，如图3-3所示。

wella 美发连锁店广告
图 3-1

evian 矿泉水广告
图 3-2

乐高玩具广告
图 3-3

（4）肖形同构图形

所谓"肖"即为相像、相似的意思。肖形同构是以一种或几种物形的形态去模拟另一种物形的形态，如图3-4所示。

（5）解构图形

解构图形是指将物象分割、拆解，使其化整为零，再进行重新排列组合，产生新的图形，如图3-5所示。

（6）减缺图形

减缺图形是指用单一的视觉形象去创作简化的图形，使图形在减缺形态下，仍能充分体现其造型特点，并利用图形的缺失、不完整，来强化想要突出的特征，如图3-6所示。

（7）正负图形

正负图形是指正形与负形相互借用，造成在一个大图形结构中隐含着其他小图形的情况，如图3-7所示。

Jornal O Popular 广告

图3-4

音乐厅海报：一个阉伶的故事

图3-5

法国公益广告

图3-6

二手书交换中心广告

图3-7

（8）双关图形

双关图形是指一个图形可以解读为两种不同的物形，并通过这两种物形直接的联系产生意义，传递高度简化的视觉信息，如图3-8所示。

（9）文字图形

文字图形是指分析文字的结构，进行形态的重组与变化，以点、线、面方式让文字构成抽象或具象的有某种意义的图形，使其产生新的含义，如图3-9所示。

（10）叠加图形

将两个或多个图形以不同的形式进行叠加处理，产生不同效果的手法称为叠加，如图3-10所示。经过叠合后的图形能彻底打破现实视觉与想象图形间的沟通障碍，让人们在对图形的理性辨识中去理解图形所表现的含义。

（11）矛盾空间图形

矛盾空间是创作者刻意违背透视原理，利用平面的局限性以及视觉的错觉，制造出的实际空间中无法存在的空间形式。在矛盾空间中出现的、同视觉空间毫不相干的矛盾图形，称为矛盾空间图形，如图3-11所示。

Arte&Som 音乐学院广告

图3-8

JAPENGO 餐厅广告

图3-9

双立人刀具广告

图3-10

Pepsodent 牙刷广告

图3-11

tip 矛盾空间的构成方法主要有：共用面、矛盾连接、交错式幻象图和边洛斯三角形等。

共用面　　　　　　　矛盾连接

交错式幻象图　　　　边洛斯三角形

3.2 组合图形

　　在 Illustrator 中，很多看似复杂的图稿，往往是由多个简单的图形组合而成的，这要比直接绘制复杂对象简单得多。

3.2.1 路径查找器面板

　　选择两个或多个图形以后，单击"路径查找器"面板中的按钮，即可组合对象，如图 3-12 所示。

● 联集 ▣：将选中的多个图形合并为一个图形。合并后，轮廓线及其重叠的部分融合在一起，最前面对象的颜色决定了合并后的对象的颜色，如图 3-13、图 3-14 所示。

图 3-12　　　　　图 3-13　　　　　图 3-14

● 减去顶层 ▣：用最后面的图形减去它前面的所有图形，可保留后面图形的填色和描边，如图 3-15、图 3-16 所示。

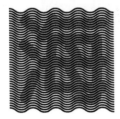

图 3-15　　　　　　　　图 3-16

● 交集 ▣：只保留图形的重叠部分，删除其他部分，重叠部分显示为最前面图形的填色和描边，如图 3-17、图 3-18 所示。

图 3-17　　　　　　　　图 3-18

● 差集 ▣：只保留图形的非重叠部分，重叠部分被挖空，最终的图形显示为最前面图形的填色和描边，如图 3-19、图 3-20 所示。

图 3-19　　　　　　　　图 3-20

● 分割 ▣：对图形的重叠区域进行分割，使之成为单独的图形，分割后的图形可保留原图形的填色和描边，并自动编组。图 3-21 所示为在图形上创建的多条路径，图 3-22 所示为对图形进行分割后填充不同颜色的效果。

图 3-21　　　　　　　　图 3-22

● 修边 ▣：将后面图形与前面图形重叠的部分删除，保留对象的填色，无描边，如图 3-23、图 3-24 所示。

图 3-23　　　　　　　　图 3-24

● 合并 ▣：不同颜色的图形合并后，最前面的图形保持形状不变，与后面图形重叠的部分将被删除。图 3-25 为原图形，图 3-26 为合并后将图形移开的效果。

图 3-25　　　　　　　　图 3-26

● 裁剪 ▣：只保留图形的重叠部分，最终的图形无描边，并显示为最后面图形的颜色，如图 3-27、图 3-28 所示。

图 3-27　　　　　图 3-28

图 3-35　　　　　图 3-36

● 轮廓 [icon]：只保留图形的轮廓，轮廓的颜色为它自身的填色，如图 3-29、图 3-30 所示。

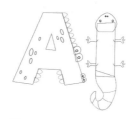

图 3-29　　　　　图 3-30

● 减去后方对象 [icon]：用最前面的图形减去它后面的所有图形，保留最前面图形的非重叠部分及描边和填色，如图 3-31、图 3-32 所示。

图 3-31　　　　　图 3-32

3.2.2 复合形状

在"路径查找器"面板中，最上面一排是"形状模式"按钮。打开一个文件，如图 3-33 所示，选择所有图形以后，单击这些按钮，即可组合对象并改变图形的结构。例如单击"联集"按钮 [icon] 后，如图 3-34 所示，它们会合并为一个图形，如图 3-35 所示。

如果按住 Alt 键并单击"联集"按钮 [icon]，则可以创建复合形状。复合形状能够保留原图形各自的轮廓，因而它对图形的处理是非破坏性的，如图 3-36 所示。可以看到，整个图形的外观虽然组合在一起，但其中各个图形的轮廓都完好无损。

图 3-33　　　　　图 3-34

创建复合形状后，单击"扩展"按钮，可以删除多余的路径。如果要释放复合形状，即将原有图形重新分离出来，可以选择对象，打开"路径查找器"面板菜单，选择其中的"释放复合形状"命令即可。

> **tip** "效果"菜单中包含各种"路径查找器"效果，使用它们组合对象以后，也可以选择和编辑原始对象，并且可通过"外观"面板修改或删除效果。但这些效果只能应用于组、图层和文本对象。

3.2.3 复合路径

复合路径是由一条或多条简单的路径组合而成的图形，可以产生挖空效果，即路径的重叠处会呈现孔洞。例如，图 3-37 所示为两个图形，将它们选中，执行"对象" | "复合路径" | "建立"命令，即可创建复合路径，它们会自动编组，并应用最后面对象的填充内容和样式，如图 3-38 所示。

图 3-37　　　　　图 3-38

使用直接选择工具 [icon] 或编组选择工具 [icon]，选择部分对象进行移动时，复合路径的孔洞也会随之变化，如图 3-39 所示。如果要释放复合路径，可以选择对象，执行"对象" | "复合路径" | "释放"命令。

> **tip** 创建复合路径时，所有对象都使用最后面的对象的填充内容和样式。此时不能改变单独一个对象的外观属性、图形样式和效果，也无法在"图层"面板中单独处理对象。用文字创建复合路径时，需先将文字转换为图形（快捷键为 Shift+Ctrl+O）。

图 3-39

技巧
放送 | **复合形状与复合路径的区别**

打开素材，分别创建复合形状和复合路径，通过实际操作可以更加直观地了解它们的区别。

    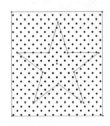

原图形　　　　　　　复合形状生成的挖空效果　　复合路径生成的挖空效果　　释放复合形状　　　　　释放复合路径

● 复合形状是通过"路径查找器"面板组合而成的图形，可以生成相加、相减、相交等不同的运算结果，而复合路径只能创建挖空效果。

● 图形、路径、编组对象、混合、文本、封套、变形、复合路径，以及其他复合形状都可以用来创建复合形状，复合路径则只能由一条或多条简单的路径组成。

● 由于要保留原始图形，复合形状要比复合路径的文件更大，屏幕的刷新速度也会变慢。如果要制作简单的挖空效果，可以用复合路径代替复合形状。

● 释放复合形状时，其中的各个对象可恢复为创建前的效果，释放复合路径时，所有对象可恢复为原来各自独立的状态，但它们不能恢复为创建复合路径前的填充内容和样式。

3.2.4　形状生成器工具

　　形状生成器工具 可以合并或删除图形。选择多个图形后，如图3-40所示，使用该工具在一个图形上方单击，然后向另一个图形拖动光标，即可将这两个图形合并，如图3-41、图3-42所示。按住Alt键的同时单击一个图形，则可将其删除，如图3-43所示。

图3-40　　　　　　　　图3-41　　　　　　　　图3-42　　　　　　　　图3-43

3.3　变换操作

　　变换操作是指对图形进行移动、旋转、缩放、镜像和倾斜等操作。如果要进行自由变换，拖动对象的定界框即可；如果要精确变换，则可以通过各种变换工具的选项对话框或"变换"面板来完成。

3.3.1　定界框、中心点和参考点

　　使用选择工具 单击对象时，其周围会出现一个定界框，如图3-44所示。定界框四周的小方块是控制点，拖动控制点可以旋转或缩放对象，图3-45所示为旋转效果。

　　当选择旋转工具 、镜像工具 、比例缩放工具 和倾斜工具 时，对象中心还会出现 状的中心点，对象都是以该点为中心旋转、镜像或缩放的。此外，使用

图3-44　　　　　　　　　　　　图3-45

以上这些工具时，如果在中心点以外的区域单击，则可设置一个参考点（参考点为◇状），如图3-46所示，这时进行变换操作，对象会以该点为基准产生变换，图3-47所示为以参考点为基准的旋转效果。如果按住Alt键并单击，则会弹出一个对话框，在对话框中可以设置缩放比例、旋转角度等选项，从而实现精确变换。

图3-46　　　　　　　　　　图3-47

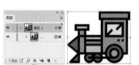 

技巧放送｜定界框操作技巧

●移动参考点的位置后，如果要将其重新恢复到对象的中心，可双击旋转、比例缩放等变换工具，在打开的对话框中单击"取消"按钮。

●定界框的颜色取决于图形所在图层是什么样的颜色。因此，修改图层的颜色时，定界框的颜色也会随之改变。关于图层颜色的设置方法，请参阅"7.2.1图层面板"。如果要隐藏定界框，可以执行"视图"|"隐藏定界框"命令。

图层和定界框同为蓝色　　　双击图层修改定界框颜色

3.3.2 移动对象

使用选择工具▶在对象上方单击并拖动鼠标，即可移动对象，如图3-48、图3-49所示。同时按住Shift键，可沿水平、垂直或对角线方向移动对象。如果要精确定义移动的距离和角度，可以先选择对象，再双击选择工具▶，打开"移动"对话框进行设置，如图3-50所示。

图3-48　　　　　图3-49　　　　　图3-50

3.3.3 旋转对象

（1）使用选择工具操作

使用选择工具▶选择对象，如图3-51所示，将光标放在定界框外，当光标变为↺状时，单击并拖动鼠标即可旋转对象，如图3-52所示。

图3-51　　　　　　　　　图3-52

（2）使用旋转工具操作

选择对象后，使用旋转工具↻在窗口中单击并拖动鼠标可以旋转对象。如果要精确定义旋转角度，可双击该工具，在打开"旋转"对话框中进行设置，如图3-53所示。

图3-53

tip 进行旋转操作后，对象的定界框也会发生旋转。如果要复位定界框，可执行"对象"|"变换"|"重置定界框"命令。

3.3.4 缩放对象

（1）使用选择工具操作

使用选择工具▶单击对象后，如图3-54所示，将光标放在定界框边角的控制点上，当光标变为↔、↕、⤢、⤡状时，单击并拖动鼠标可以拉伸对象；按住Shift键操作可进行等比缩放，如图3-55所示。

图3-54　　　　　　　　　图3-55

（2）使用比例缩放工具操作

选择对象后，使用比例缩放工具🔲在窗口中单击并拖曳鼠标，可以拉伸对象。同时按住Shift键操作，可进行等比缩放。如果要精确定义缩放比例，可双击该工具，打开"比例缩放"对话框进行设置，如图3-56

所示。

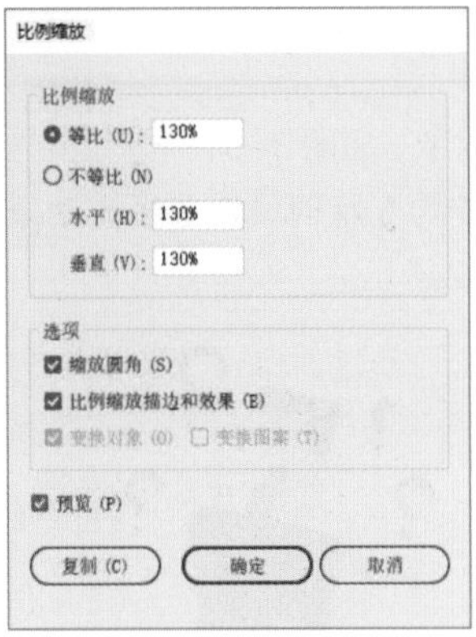

图 3-56

3.3.5 镜像对象

（1）使用选择工具操作

使用选择工具▶选择对象后，将光标放在定界框中央的控制点上，单击并向图形另一侧拖动鼠标，即可翻转对象。

（2）使用镜像工具操作

选择对象后，使用镜像工具▷◁在窗口中单击，指定镜像轴上的一点（不可见），如图3-57所示，放开鼠标按键，在另一处位置单击，确定镜像轴的第二个点，此时所选对象便会基于定义的轴进行翻转；按住Alt键操作可复制对象，制作出倒影效果，如图3-58所示。按住Shift键并拖动鼠标，则可限制角度保持45度。如果要准确定义镜像轴或旋转角度，可双击该工具，打开“镜像”对话框进行设置，如图3-59所示。

图 3-57

图 3-58

图 3-59

3.3.6 倾斜对象

选择对象，如图3-60所示，使用倾斜工具在窗口中单击，向左、右拖动鼠标（按住Shift键可保持其原始高度）可沿水平轴倾斜对象，如图3-61所示。上、下拖动鼠标（按住Shift键可保持其原始宽度）可沿垂直轴倾斜对象，如图3-62所示。按住Alt键操作可以复制对象，这种方法特别适合制作投影效果，如图3-63所示。如果要精确定义倾斜方向和角度，可以双击该工具，在打开的“倾斜”对话框中进行设置，如图3-64所示。

图 3-60

图 3-61

图 3-62

图 3-63

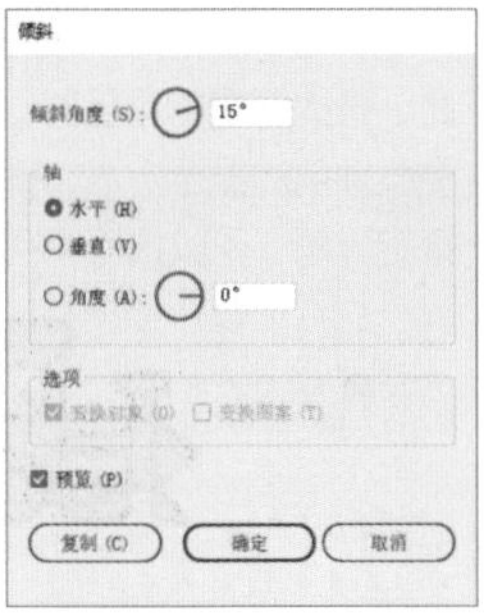

图 3-64

3.3.7 使用操控变形工具

使用操控变形工具✱，在图形上单击，可以添加图钉形状的控制点，通过移动和旋转控制点，可以将图形平滑地转换到不同的位置，变换成不同的姿态。控制点还起到固定位置的作用，以减小图形扭曲时对其他位置的影响。对于复杂的变形效果，往往要添加多个控制点。选择猫咪图形，如图3-65所示。使用操控变形工具✱，分别在猫咪的头、身体和尾巴上单击，添加控制点，如图3-66所示。然后，在头部控制点上单击，将其选取，将光标放在控制点的圆圈虚线上，当光标呈现▶状态时，如图3-67所示。按住鼠标的同时左拖动，控制点会沿逆时针方向旋转，猫咪的头会歪向左侧，如图3-68所示。

图 3-65　　　　　　　图 3-66

图 3-67　　　　　　　图 3-68

向右拖动鼠标（控制点会沿顺时针方向旋转），猫咪的头则歪向右侧，如图 3-69 所示。将光标放在控制点上，按住鼠标拖动，可以调整头部的位置，如图 3-70 所示。

图 3-69　　　　　　　图 3-70

在"控制"面板或"属性"面板中可以对控制点和网格进行设置，如图 3-71、图 3-72 所示。

图 3-71　　　　　　　图 3-72

● 扩展网格：扩大网格范围，将分散的对象整合起来，以便使用操控变形工具对它们进行变换。

● 显示网格：在图形上显示网格。取消该选项后，会只显示控制点。

● 选择所有点：选择图形上添加的所有控制点。

> **tip** 要选择多个控制点，可以按住 Shift 键的同时单击这些控制点。要删除控制点，可以按 Delete 键。要限制围绕控制点进行变换，其他控制点不受影响，可以在调整控制点时按住 Alt 键。

技巧放送｜单独变换图形、图案、描边和效果

如果对象设置了描边、填充了图案或添加了效果，可以在"移动""旋转""比例缩放"和"镜像"对话框中设置选项，单独对描边、图案和效果应用变换而不影响图形，也可单独变换图形，或者同时变换所有内容。

圆形添加了图案和描边　　　　"比例缩放"对话框

● 比例缩放描边和效果：选择该复选项后，描边和效果会与对象一同变换。

● 变换对象/变换图案：选择"变换对象"复选项时，仅变换对象，图案保持不变；选择"变换图案"复选项时，仅变换图案，对象保持不变；若两项都选择，则对象和图案会同时变换。

仅缩放圆形图形　　缩放描边和图案　　同时缩放所有内容

3.3.8 使用自由变换工具

自由变换工具可以灵活地对所选对象进行变换操作。在移动、旋转和缩放时，与通过定界框操作完全相同。该工具的特别之处是可以进行斜切、扭曲和透视变换。

● 斜切：单击边角的控制点，然后按住 Ctrl+Alt 快捷键并拖动鼠标。

● 扭曲：在边角的控制点上单击，然后按住 Ctrl 键并拖动鼠标。

● 透视扭曲：在边角的控制点上单击，然后按住 Shift+Alt+Ctrl 快捷键并拖动鼠标。

3.3.9 使用变换面板

使用"变换"面板可以进行精确的变换操作，如图 3-73 所示。选择对象后，只需在该面板的选项中输入数值，并按 Enter 键即可进行变换处理。此外，使用面板菜单中的命令可以对图案、描边等单独应用变换，如图3-74所示。

图3-73

图3-74

● 参考点定位器▦：进行移动、旋转或缩放操作时，对

象以参考点为基准进行变换。在默认情况下，参考点位于对象的中心，如果要改变它的位置，可单击参考点定位器上的空心小方块。

● X/Y：分别代表了对象在水平和垂直方向上的位置。在这两个选项中输入数值，可精确定位对象在文档窗口中的位置。

● 宽/高：分别代表了对象的宽度和高度。在这两个选项中输入数值，可以将对象缩放到指定的宽度和高度。如果按选项右侧的▤按钮，则可进行等比缩放。

● 旋转△：可输入对象的旋转角度。

● 倾斜▰：可输入对象的倾斜角度。

● 缩放矩形圆角：缩放圆角矩形时，可同时缩放矩形的圆角。

● 缩放描边和效果：对描边和效果应用变换。

● 对齐像素网格：将对象对齐到像素网格上，使对齐效果更加精准。

3.4 变形操作

　　Illustrator的工具面板中有7种液化类工具，可以进行变形操作。使用这些工具时，在对象上单击或单击并拖动鼠标涂抹，即可按照特定的方式扭曲对象，如图3-75所示。

液化类工具

选择一个图形

用变形工具▰处理

用旋转扭曲工具▰处理

用缩拢工具▰处理

用膨胀工具▰处理

用扇贝工具▰处理

用晶格化工具▰处理

用皱褶工具▰处理

图3-75

● 变形工具▰：可自由扭曲对象。

● 旋转扭曲工具▰：可以产生漩涡状的变形效果。

● 缩拢工具▰：可以使对象产生向内收缩效果。

● 膨胀工具▰：可以使对象产生向外膨胀效果。

● 扇贝工具 ： 可以向对象的轮廓添加随机弯曲的细节，创建类似贝壳表面的纹路效果。

● 晶格化工具 ： 可以向对象的轮廓添加随机锥化的细节。该工具与扇贝工具的作用相反，扇贝工具产生向内的弯曲，而晶格化工具产生向外的尖锐凸起。

● 皱褶工具 ： 可以向对象的轮廓添加类似于皱褶的细节，使之产生不规则的起伏。

tip 使用任意一个液化类工具时，在文档窗口中，按住Alt键并拖动鼠标可以调整工具的大小。使用液化类工具时，不必选择对象便可直接进行处理。如果要将扭曲限定为一个或者多个对象，可以先选择这些对象，然后再对其进行扭曲。使用除变形工具 以外的其他工具时，在对象上方单击后，按住鼠标按键的时间越长，扭曲效果越强烈。需要注意的是，液化类工具不能扭曲链接的文件或包含文本、图形以及符号的对象。

3.5 图形组合实例：眼镜图形

① 按Ctrl+O快捷键，打开素材。使用选择工具 ▶ 选取心形。按Ctrl+C快捷键，复制图形，按Ctrl+F快捷键，将图形粘贴到前面。执行"窗口"|"色板库"|"图案"|"基本图形"|"基本图形_点"命令，打开该面板。单击图3-76所示的图案，为图形填充该图案，如图3-77所示。

图3-76　　　　　　图3-77

② 双击比例缩放工具 ，打开"比例缩放"对话框，设置缩放数值，并勾选"变换图案"复选项，如图3-78所示。将图案放大，如图3-79所示。

图3-78　　　　　　图3-79

③ 选择圆角矩形工具 ，创建一个圆角矩形，如图3-80所示，在它旁边再创建一个大一些的圆角矩形，如图3-81所示。使用选择工具 ▶ 选取这两个图形，单击"路径查找器"面板中的 按钮，将它们合并，如图3-82所示。

图3-80　　图3-81　　　　图3-82

④ 再创建一个圆角矩形，如图3-83所示，按Ctrl+C快捷键，复制该图形。使用选择工具 ▶ 选取图形，如图3-77所示，单击"路径查找器"面板中的 按钮，进行相减运算，如图3-84、图3-85所示。

图3-83　　　　图3-84　　　　图3-85

⑤ 按Ctrl+F快捷键，粘贴图形，如图3-86所示。使用选择工具 ▶ 选取图形，选择镜像工具 ，将光标放在图3-87所示的位置，按住Alt键并单击鼠标，弹出"镜像"对话框，选择"垂直"选项，如图3-88所示，单击"复制"按钮，复制图形，如图3-89所示。

⑥ 选择直线段工具 ，按住Shift键的同时拖曳鼠标，创建一条直线，如图3-90所示。选择宽度工具 ，将光标放在直线中央，如图3-91所示，单击并拖曳鼠标，将直线中央的宽度调窄，如图3-92所示。

图3-86　　　　　图3-87

图3-88　　　　　图3-89

图3-90　　　　　　图3-91

图3-92

⑦ 执行"对象"|"路径"|"轮廓化描边"命令，将路径创建为轮廓，如图3-93所示。使用选择工具 ▶，按住Shift键，并单击两个眼镜框图形，将这两个图形与横梁同时选取，如图3-94所示。单击"路径查找器"面板中的 ■ 按钮，将它们合并，如图3-95所示。

图3-93

图3-94

图3-95

⑧ 选取眼镜片图形，如图3-96所示，在"透明度"面板中设置不透明度为40%，如图3-97所示，最后将眼镜拖动到心形图形上，如图3-98所示。

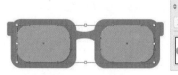

图3-96

图3-97

图3-98

3.6 图形组合实例：太极图

① 选择椭圆工具 ◯，按住Shift键并拖曳鼠标，创建一个圆形，如图3-99所示。使用选择工具 ▶，按住Alt+Shift快捷键并拖曳图形进行复制，如图3-100所示。

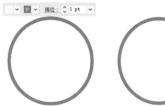

图3-99

图3-100

② 在这两个圆形的外侧创建一个大圆，如图3-101所示。按Shift+Ctrl+[快捷键，将大圆移动到最底层，如图3-102所示。

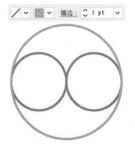

图3-101

图3-102

③ 执行"视图"|"智能参考线"命令，启用智能参考线。选择直接选择工具 ▷，将光标放在路径上捕捉锚点，如图3-103所示，单击鼠标以选取锚点，如图3-104所示，按Delete键删除，如图3-105所示。选取另一个圆形的锚点并删除，如图3-106、图3-107所示。

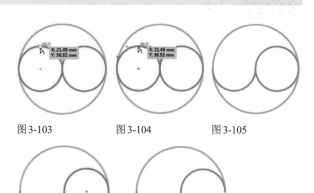

图3-103　　　　图3-104　　　　图3-105

图3-106　　　　图3-107

④ 使用选择工具 ▶，按住Shift键，并单击这两个半圆图形，将它们选中，如图3-108所示，按Ctrl+J快捷键，将路径连接在一起。按住Shift键，并单击外侧的大圆，将它同时选取，如图3-109所示，单击"路径查找器"面板中的 ▣ 按钮，用线条分割圆形，如图3-110所示。

图3-108　　　　图3-109　　　　图3-110

⑤ 使用编组选择工具 ▷，单击下方的图形，将其选择，如图3-111所示，修改它的填充颜色，如图3-112、图3-113

所示。最后，使用
选择工具 ▶ 将上一
个实例中的心形拖
到该文档中，完成
太极图形的制作，
如图3-114所示。

图3-111 　　　　　　图3-112 　　　　　　图3-113 　　　　　　图3-114

3.7 变换实例：趣味纸牌

01 打开素材。使用选择工具 ▶ 选取纸牌中的图案，如图
3-115所示。执行"视图"|"参考线"|"显示参考线"
命令，在画板中显示参考线。选择旋转工具 ↻，将光标
放在纸牌中心的参考线上，如图3-116所示。按住Alt键
并单击鼠标，弹出"旋转"对话框，设置"角度"为180
度，单击"复制"按钮，旋转并复制图案，如图3-117、
图3-118所示。

02 使用选择工具 ▶，双击该图案，进入隔离模式。选取
背景的火焰图形，填充深棕色，再将天空填充为蓝色，
如图3-119所示。对于图3-120所示颜色较多的图形（猪
八戒的皮肤部分），可以使用魔棒工具 ✨，在皮肤上单
击，将所有的皮肤色图形一同选取，然后统一修改颜
色，如图3-121所示。调整完颜色后，单击文档窗口左上
角的 ◁ 按钮，退出隔离模式，效果如图3-122所示。

图3-115 　　　　　　图3-116

图3-119 　　　　　　图3-120

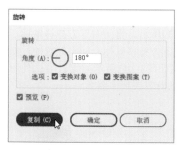

图3-117

图3-118

图3-121

图3-122

3.8 变换实例：制作小徽标

01 按Ctrl+N快捷键，新建一个空白文档。选择星形工具
☆，在画板中心单击鼠标，弹出"星形"对话框，设置
的参数如图3-123所示，创建一个星形，设置填充颜色为
黄色、描边宽度为5pt，如图3-124所示。

图3-123

图3-124

02 保持图形的选取状态，按Ctrl+C快捷键复制，按Ctrl+B快捷键，将其贴在原图形后面。按住Alt+Shift快捷键并拖动控制点，将图形等比例放大，如图3-125所示，再进行旋转，如图3-126所示。

图 3-125　　　　　　　　　图 3-126

03 将图形的填充颜色设置为蓝色，如图3-127所示。采用相同的方法再复制出一个图形，即按Ctrl+C快捷键，复制图形，按Ctrl+B快捷键，将其贴在原图形后面，再放大并旋转。设置填充颜色为红色，如图3-128所示。

图 3-127　　　　　　　　　图 3-128

04 使用椭圆工具◯，按住Shift键创建一个圆形，设置描边颜色为红色，宽度为4pt，无填色，如图3-129所示。勾选"描边"面板中的"虚线"复选项并设置参数，创建虚线描边效果，如图3-130、图3-131所示。

05 按Ctrl+A快捷键，选择所有图形，单击"对齐"面板中的水平居中对齐 ♣ 和垂直居中对齐 ♣ 按钮，将图形对齐。最后，可以用矩形工具▢创建一个矩形作为背景，打开素材，将装饰图形加入画面中，效果如图3-132所示。

图 3-129　　　　图 3-130　　　　图 3-131

图 3-132

3.9　变换实例：随机艺术纹样

01 按Ctrl+N快捷键，新建一个文档。选择多边形工具◯，下面的操作要一气呵成，中间不能放开鼠标。先拖动鼠标创建一个六边形（可按"↑"键增加边数，按"↓"键减少边数），如图3-133所示。不要放开鼠标，按~键，然后迅速向外、向下拖动鼠标形成一条弧线，随着鼠标的移动会产生更多的六边形，如图3-134所示。继续拖动鼠标，使鼠标的移动轨迹呈螺旋状向外延伸，这样就可以得到图3-135所示的图形。按Ctrl+G快捷键编组。

02 将描边的宽度设置为0.2pt，如图3-136所示。

03 用同样的方法制作出另一种效果。选择椭圆工具◯，先创建一个椭圆形，如图3-137所示。按~键向左上方拖动鼠标，鼠标的移动轨迹类似菱形，产生图3-138所示的图形，拖移鼠标的速度越慢，生成的图形越多。再向右上方拖移鼠标，如图3-139所示。再向右下方拖移鼠标，如图3-140所示。再向左下方拖移鼠标，回到起点处，如图3-141所示，最终效果如图3-142所示。可以尝试使用三角形、螺旋线等不同的对象来制作图案。

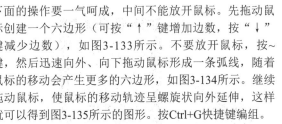

图 3-133　　　　　　　　　图 3-134

图 3-137　　　　图 3-138　　　　图 3-139

图 3-135　　　　　　　　　图 3-136

图 3-140　　　　图 3-141　　　　图 3-142

3.10 课后作业：妙手生花、纸钞纹样

本章学习了图形的变换操作方法。下面通过课后作业来强化学习效果。如果有不清楚的地方，请看视频教学录像。

首先打开图形素材，将它选择，通过"对象"|"变换"|"分别变换"命令将图形旋转并缩小，然后连续按Ctrl+D快捷键，就可以得到一个完整的花朵图形。对它应用效果还可以制作出更多类型的花朵。

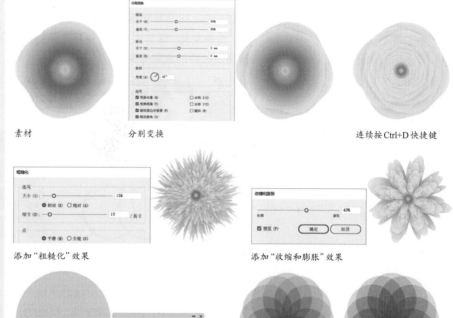

素材　　分别变换　　连续按Ctrl+D快捷键

添加"粗糙化"效果　　添加"收缩和膨胀"效果

使用椭圆工具 ⬭ 创建一个圆形，在"透明度"面板中调整它的不透明度和混合模式。采用"分别变换"的方法复制图形，当图形堆叠在一起时，会呈现出特殊的花纹效果。也可以修改花朵颜色。

调整不透明度和混合模式　　复制图形

使用极坐标网格工具 ⊛ 在画板中单击，在弹出的对话框中设置参数以创建网格图形。选择旋转工具 ↻，将光标放在网格图形的底边，按住Alt键并单击，弹出"旋转"对话框，设置"角度"为45度，单击"复制"按钮以复制图形，关闭对话框后连续按Ctrl+D快捷键，变换并复制图形，即可制作出纸钞纹样。

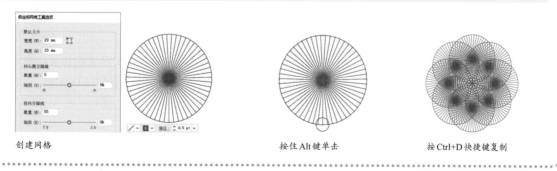

创建网格　　　　　　　按住Alt键单击　　　　　　　按Ctrl+D快捷键复制

3.11 复习题

1. 使用"路径查找器"面板合并图形与创建复合形状有什么区别？

2. 当需要单独变换（如旋转）对象的填色图案或描边图案时，可以采取哪些方法？

3. 与选择工具 ▶ 相比，自由变换工具 ⛶ 除了可以进行移动、旋转和缩放外，还能进行哪些变换操作？

第4章

VI设计：
钢笔工具与路径

Illustrator 中最强大、最重要的绘图工具是钢笔工具，它可以绘制直线和任何形状的平滑曲线。用钢笔工具绘制的曲线叫作贝塞尔曲线，它是由法国的计算机图形学大师皮埃尔·贝塞尔于1962年开发的。贝塞尔曲线是电脑图形学中重要的参数曲线，它使得无论是直线还是曲线都能够在数学上予以描述，从而奠定了矢量图形学的基础。贝塞尔曲线具有精确和易于修改的特点，被广泛地应用于计算机图形领域。像 Photoshop、CorelDRAW、FreeHand、Flash 和 3ds Max 等软件中都有可以绘制贝塞尔曲线的工具。

扫描二维码，关注李老师的微博、微信。

4.1 VI设计

V I（企业视觉识别系统）是 CIS（企业识别系统）的重要组成部分，它以标志、标准字和标准色为核心，如图4-1、图4-2所示，将企业理念、企业文化、服务内容、企业规范等抽象概念转化为具体符号，从而塑造出独特的企业形象。

标志
图4-1

标准色
图4-2

VI由基础设计系统和应用设计系统两部分组成。基础设计系统包括标志、企业机构简称、标准字体、标准色、辅助图形（企业造型、象征图案和版面编排）、象征造型符号和宣传标语口号等基础设计要素。应用设计系统是基础设计系统在所有视觉项目中的应用设计开发，主要包括办公事务用品、产品、包装、标识、环境、交通运输工具、广告、公关礼品、制服、展示陈列设计等。

tip 标准色是企业为塑造独特的企业形象而确定的某一特定的色彩或一组色彩系统。在应用上，通常会设定标准的色彩数值并提供色样。

4.2 认识锚点和路径

矢量图形是由称作矢量的数学对象定义的直线和曲线构成的，每一段直线和曲线都是一段路径，所有的路径通过锚点连接。

4.2.1 锚点和路径

路径可以是直线，也可以是曲线，如图4-3所示。可以是开放式的路径段，如图4-4所示，也可以是闭合式的矢量图形，如图4-5所示。可以是一条单独的路径段，也可以包含多个路径段。

路径段由锚点连接，形状也由锚点控制。锚点分为两种，一种是平滑点，一种是角点。平滑的曲线由平滑点连接而成，图4-6所示为平滑点连接成的曲线；直线和转角曲线由角点连接而成，图4-7所示为角点连接而成的直线，图4-8所示为角点连接成的转角曲线。

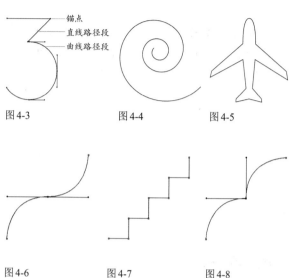

图4-3　　　　　　　图4-4　　　　　　　图4-5

4.2.2 贝塞尔曲线

　　Illustrator中的曲线也称作贝塞尔曲线，它是由法国工程师皮埃尔·贝塞尔于1962年开发的。这种曲线的锚点上有一到两根方向线，方向线的端点处是方向点（也称手柄），如图4-9所示，拖动方向点可以调整方向线的角度，进而影响曲线的形状，如图4-10、图4-11所示。

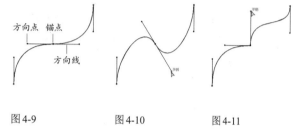

图4-6　　　　　　图4-7　　　　　　图4-8　　　　　　图4-9　　　　　图4-10　　　　　图4-11

4.3 使用铅笔工具绘图

　　铅笔工具 ✎ 可以徒手绘制路径，就像用铅笔在纸上画画一样。它适合绘制比较随意的路径，不能用于创建精确的直线和曲线。

4.3.1 用铅笔工具徒手绘制路径

　　选择铅笔工具 ✎，在画板中单击并拖动鼠标即可绘制路径，如图4-12所示。拖动鼠标时按住Alt键，可以绘制直线；按住Shift键，可以绘制以45度角为增量的斜线。如果要绘制闭合的路径，可以双击铅笔工具 ✎，打开"铅笔工具选项"对话框，勾选"当终端在此范围内时闭合路径"复选项，此后绘制路径时，将光标移动到路径的起点处然后放开鼠标，可以闭合路径，如图4-13所示。

4.3.2 用铅笔工具编辑路径

　　双击铅笔工具 ✎，打开"铅笔工具选项"对话框，勾选"编辑所选路径"复选项，如图4-14所示，此后便可使用铅笔工具修改路径。

● 改变路径形状：选择一条开放式路径，将铅笔工具 ✎ 放在路径上（当光标右侧的" * "状符号消失时，表示工具与路径非常接近），如图4-15所示，此时单击并拖动鼠标可以改变路径的形状，如图4-16、图4-17所示。

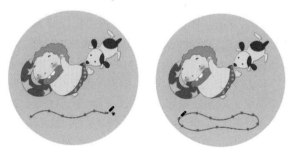

图4-12　　　　　　　图4-13

图4-14

图4-15

图4-16　　　　　　　图4-17

● 延长与封闭路径： 在路径的端点上单击并拖动鼠标，可以延长该段路径，如图4-18、图4-19所示。如果拖至路径的另一个端点上，则可以封闭路径。

图4-18　　　　　　　图4-19

● 连接路径： 选择两条开放式路径，使用铅笔工具 ✐，将光标放在一条路径上的端点，如图4-20所示，然后按住鼠标，拖至另一条路径的端点上，即可将两条路径连接在一起，如图4-21所示。

图4-20　　　　　　　图4-21

tip 使用铅笔、画笔、钢笔等绘图工具时，大部分工具的光标在画板中都有两种显示状态，一是显示为工具的形状，另外则显示为"×"状。按键盘中的Caps Lock键，可在这两种显示状态间切换。

工具状光标　　　　　　　"×"状光标

4.4　使用钢笔工具绘图

钢笔工具 ✐ 是 Illustrator 中最重要的工具，它可以绘制直线、曲线和各种形状的图形。尽管初学者最初学习它时会感到有些困难，但能够灵活、熟练地使用钢笔工具 ✐ 进行绘图，是每一个 Illustrator 用户必须掌握的技能。

4.4.1　绘制直线

选择钢笔工具 ✐，在画板中单击鼠标以创建锚点，如图4-22所示。将光标移至其他位置单击，可以创建由角点连接的直线路径，如图4-23所示。按住Shift键单击，可以绘制出水平、垂直或以45度角为增量的直线，如图4-24所示。如果要结束开放式路径的绘制，可以按住Ctrl键（切换为直接选择工具 ▷）并在远离对象的位置单击，或者选择工具面板中的其他工具；如果要封闭路径，可以将光标放在第一个锚点上（光标变为 ✐。状），如图4-25所示，然后单击鼠标，如图4-26所示。

图4-25　　　　　　　图4-26

4.4.2　绘制曲线

使用钢笔工具 ✐ 单击并拖动鼠标以创建平滑点，如图4-27所示。在另一处单击并拖动鼠标即可创建曲线，在拖动鼠标的同时还可以调整曲线的斜度。如果向前一条方向线的相反方向拖动鼠标，可以创建"C"形曲线，如图4-28所示。如果按照与前一条方向线相同的方向拖动鼠标，则可以创建"S"形曲线，如图4-29所示。绘制曲线时，锚点越少，曲线越平滑。

tip 使用钢笔工具 ✐ 绘制曲线时，会显示橡皮筋预览，即前一个锚点到光标当前位置会显示一段路径，此时单击鼠标，可以按照当前预览绘制路径；单击并拖动鼠标，则可以根据需要改变路径形状。

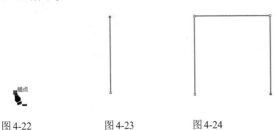

图4-22　　　　　图4-23　　　　　图4-24

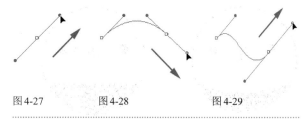

图4-27　　　　　图4-28　　　　　图4-29

4.4.3 绘制转角曲线

如果要绘制与上一段曲线之间出现转折的曲线（即转角曲线），就需要在创建新的锚点前改变方向线的方向。

使用钢笔工具✐，绘制一段曲线，将光标放在方向点上，单击并按住Alt键向相反的方向拖动，如图4-30、图4-31所示，这样操作是通过拆分方向线的方式将平滑点转换成角点（方向线的长度决定了下一条曲线的斜度）；释放Alt键和鼠标按键，在其他位置单击并拖动鼠标创建一个新的平滑点，即可绘制出转角曲线，如图4-32所示。

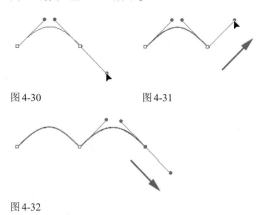

图4-30　　　　　　图4-31

图4-32

4.4.4 在直线后面绘制曲线

用钢笔工具✐绘制一段直线路径后，如图4-33所示，如果要绘制曲线，可以在其他位置单击并拖动鼠标，如图4-34所示。

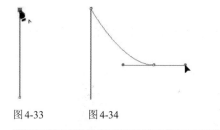

图4-33　　　图4-34

4.4.5 在曲线后面绘制直线

用钢笔工具✐绘制一段曲线路径，将光标放在最后一个锚点上（光标会变为✎状），如图4-35所示，单

击鼠标，将该平滑点转换为角点，如图4-36所示。在其他位置单击（不要拖动鼠标），即可在曲线后面绘制直线，如图4-37所示。

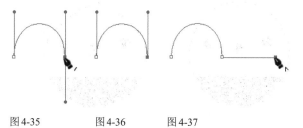

图4-35　　　　图4-36　　　　图4-37

4.4.6 钢笔工具光标观察技巧

使用钢笔工具✐绘图时，光标在画板、路径和锚点上会呈现不同的显示状态，通过对光标的观察可以判断出钢笔工具此时具有何种功能。

● ✎ₓ状光标：选择钢笔工具后，光标在画板中会显示为✎ₓ状，此时单击可创建一个角点，单击并拖动鼠标可创建一个平滑点。

● ✎₊/✎₋状光标：选择一条路径，将光标放在路径上，光标会变为✎₊状，此时单击可以添加锚点。将光标放在锚点上，光标会变为✎₋状，此时单击可以删除锚点。

● ✎₀状光标：绘制路径的过程中，将光标放在起始位置的锚点上，光标变为✎₀状时单击可以闭合路径。

● ✎ᵤ状光标：绘制路径的过程中，将光标放在另外一条开放式路径的端点上，光标会变为✎ᵤ状，如图4-38所示，单击鼠标可以连接这两条路径，如图4-39所示。

图4-38　　　　　　　图4-39

● ✎ᵥ状光标：将光标放在一条开放式路径的端点上，光标会变为✎ᵥ状，如图4-40所示，单击鼠标，然后便可以继续绘制该路径，如图4-41所示。

图4-40　　　　　　图4-41

4.4.7 钢笔工具路径修改技巧

使用钢笔工具✐时，可以通过快捷键切换为锚点工具▷或直接选择工具▷，在绘制路径的同时编辑路径。放开快捷键后，可以恢复为钢笔工具✐，继续绘制图形，而不必中断操作。

● 按住Alt键可以切换为锚点工具▷，此时在平滑点上单击，可以将其转换为角点，如图4-42、图4-43所示。在角点上单击并拖动鼠标，可以将其转换为平滑点，如图4-44、图4-45所示。

图4-42

图4-43

图4-44

图4-45

● 按住Alt键（切换为锚点工具 ▷）拖动曲线的方向点，可以调整方向线一侧的曲线的形状，如图4-46所示。按住Ctrl键（切换为直接选择工具 ▷）拖动方向点，可以同时调整方向线两侧的曲线，如图4-47所示。

图4-46

图4-47

● 将光标放在路径段上，按住Alt键（光标变为 ▷状），单击并拖动鼠标，可以将直线路径转换为曲线路径，如图4-48所示。也可以调整曲线的形状，如图4-49所示。

图4-48

图4-49

● 在默认情况下，使用钢笔工具 ✎绘制平滑点时，方向线的长度始终相等，如图4-50所示。按住Ctrl键并拖动一侧的方向点，可以创建长度不等的方向线，如图4-51所示。

图4-50

图4-51

4.4.8 钢笔工具与快捷键配合技巧

● 使用钢笔工具 ✎时，按住Ctrl键（切换为直接选择工具 ▷）并单击锚点可以选择锚点；按住Ctrl键单击并拖动锚点可以移动其位置。

● 绘制直线时，按住Shift键可以创建水平、垂直或以45度角为增量的直线。

● 选择一条开放式路径，使用钢笔工具 ✎在它的两个端点上单击，可以封闭路径。

● 如果要结束开放式路径的绘制，可以按住Ctrl键（切换为直接选择工具 ▷）在远离对象的位置单击。

● 使用钢笔工具 ✎，在画板中按住鼠标按键不放，然后按住键盘中的空格键，同时拖动鼠标，可以重新定位锚点的位置。

4.5 使用曲率工具绘图

曲率工具 ✐可以创建、切换、编辑、添加和删除平滑点或角点，简化路径的创建方法，使绘图变得简单、直观。

● 绘制平滑点：在画板的不同区域单击鼠标以创建两个点，再移动光标时会出现橡皮筋预览，如图4-52所示，此时单击鼠标可以根据预览生成曲线，如图4-53所示。

● 绘制角点：绘制路径时双击或按住Alt键单击鼠标，可以创建角点。

● 转换角点和平滑点：双击一个角点，可以将其转换为平滑点；双击一个平滑点，可以将其转换为角点。

● 添加锚点：在路径上单击可以添加锚点。

图4-52

图4-53

- 删除锚点：单击一个锚点后，按 Delete 快捷键可将其删除，此时曲线不会断开。
- 移动锚点：将光标放在一个锚点上，如图 4-54 所示，单击并拖动鼠标可将其移动，如图 4-55 所示。
- 结束绘制：如果要结束路径的绘制，可以按 Esc 键。

图 4-54　　　　　　　图 4-55

4.6 编辑路径

使用椭圆、矩形、铅笔、钢笔等工具绘制图形和路径后，可随时对锚点和路径形状进行编辑修改。

4.6.1 选择与移动锚点和路径

（1）选择与移动锚点

直接选择工具 ▷ 用于选择锚点。将该工具放在锚点上方，光标会变为 ▷. 状，如图 4-56 所示，单击鼠标即可选择锚点（选中的锚点为实心方块，未选中的为空心方块），如图 4-57 所示。单击并拖出一个矩形选框，可以将选框内的所有锚点选中。在锚点上单击以后，按住鼠标按键并拖动，即可移动锚点，如图 4-58 所示。

如果需要选择的锚点不在一个矩形区域内，则可以使用套索工具 ⬭，单击并拖动出一个不规则选框，将选框内的锚点选中，如图 4-59 所示。

图 4-56　　　　　　　图 4-57

图 4-58　　　　　　　图 4-59

> **tip** 使用直接选择工具 ▷ 和套索工具 ⬭ 时，如果要添加选择其他锚点，可以按住Shift键并单击它们（套索工具 ⬭ 为绘制选框）。按住Shift键并单击（绘制选框）选中的锚点，则可取消对其的选择。

（2）选择与移动路径段

使用直接选择工具 ▷ 在路径上单击，即可选择路径段，如图 4-60 所示。单击路径段并按住鼠标按键拖动，可以移动路径，如图 4-61 所示。

图 4-60　　　　　　　图 4-61

> **tip** 如果对路径进行了填充，使用直接选择工具 ▷ 在路径内部单击，可以选中所有锚点。选择锚点或路径后，按 →、←、↑、↓ 键可以轻移所选对象；如果同时按方向键和 Shift 键，则会以原来的10倍距离轻移对象；按 Delete 键，可将它们删除。

（3）用整形工具移动锚点

如果想要最大限度地保持路径的原有形状，可以使用直接选择工具 ▷ 选择锚点，如图 4-62 所示，然后使用整形工具 ⤴ 调整锚点的位置，如图 4-63 所示。如果用直接选择工具 ▷ 移动锚点，则对路径形状的改变会比较大，如图 4-64 所示。

图 4-62　　　　　　图 4-63　　　　　　图 4-64

调整曲线路径时，整形工具 ⤴ 与直接选择工具 ▷ 也有很大的区别。例如，图 4-65 所示为原图形，用直接选择工具 ▷ 移动曲线的端点时，只影响该锚点一侧的路径段，如图 4-66 所示。如果用选择工具 ▶ 选择图形，再用整形工具 ⤴ 移动锚点，则可动态拉伸曲线图形，如图 4-67 所示。

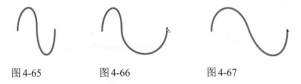

图4-65　　　图4-66　　　图4-67

4.6.2　添加与删除锚点

选择一条路径，如图4-68所示，使用钢笔工具 ✎ 在路径上单击，可添加一个锚点。如果这是一条直线路径，添加的锚点是角点，如图4-69所示。如果是曲线路径，则添加的是平滑点，如图4-70所示。使用钢笔工具 ✎ 单击锚点，可删除锚点。此外，使用添加锚点工具 ✎ 在路径上单击可添加锚点；使用删除锚点工具 ✎ 单击锚点，可删除锚点。如果要在所有路径段的中间位置添加锚点，可以执行"对象"|"路径"|"添加锚点"命令。

图4-68　　　　图4-69　　　　图4-70

> **tip** 绘图时，操作不当会产生一些没有用处的独立的锚点，这样的锚点称为游离点。例如，使用钢笔工具在画板中单击，然后又切换为其他工具，就会生成单个锚点。另外，在删除路径和锚点时，如果没有完全删除对象，也会残留一些锚点。游离点会影响对图形的编辑并很难选择。执行"对象"|"路径"|"清理"命令可以将它们清除。

4.6.3　平均分布锚点

选择多个锚点，如图4-71所示，执行"对象"|"路径"|"平均"命令，打开"平均"对话框，如图4-72所示。

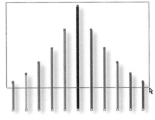 

图4-71　　　　　　　　图4-72

● 水平：锚点沿同一水平轴均匀分布，如图4-73所示。
● 垂直：锚点沿同一垂直轴均匀分布，如图4-74所示。
● 两者兼有：锚点集中到同一个点上，如图4-75所示。

图4-73　　　　图4-74　　　　图4-75

4.6.4　使用直接选择工具和锚点工具修改曲线

选择曲线上的锚点时，会显示方向线和方向点，拖动方向点可以调整方向线的方向和长度。方向线的方向决定了曲线的形状，如图4-76、图4-77所示。方向线的长度决定了曲线的弧度。当方向线较短时，曲线的弧度较小，如图4-78所示。方向线越长，曲线的弧度越大，如图4-79所示。

图4-76　　　图4-77　　　图4-78　　　图4-79

在使用直接选择工具 ▷ 移动平滑点中的一条方向线时，会同时调整该点两侧的路径段，如图4-80、图4-81所示。使用锚点工具 ⌐ 移动方向线时，只调整与该方向线同侧的路径段，如图4-82所示。

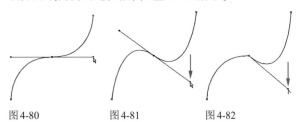

图4-80　　　　图4-81　　　　图4-82

平滑点始终有两条方向线，而角点可以有两条、一条或者没有方向线，具体取决于它分别连接两条、一条还是没有连接曲线段。角点的方向线无论是用直接选择工具 ▷ 还是锚点工具 ⌐ 调整，都只影响与该方向线同侧的路径段，如图4-83~图4-85所示。

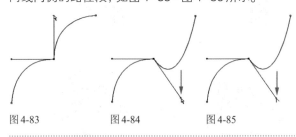

图4-83　　　　图4-84　　　　图4-85

4.6.5　使用连接工具连接路径

连接工具 ✐ 可以在3种情况下连接两条路径，一是连接路径并删除重叠的部分，如图4-86所示。二是连接路径并扩展缺失的部分，如图4-87所示。三是删除多余的路径并扩展另一条路径，然后连接，如图4-88所示。使用该工具时，不必选择路径，只需将光标放在一条路径的端点，单击并拖动鼠标至另一条路径的端点即可，整个过程不会变动或修改原始路径的形状。

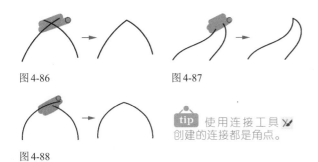

图4-86   图4-87

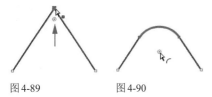

图4-88

tip 使用连接工具 🖋 创建的连接都是角点。

4.6.6 实时转角

使用直接选择工具 ▷ 单击位于转角上的锚点时，会显示实时转角构件，如图4-89所示。将光标放在实时转角构件上，单击并拖动鼠标，可将转角转换为圆角，如图4-90所示。

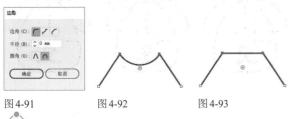

图4-89   图4-90

双击实时转角构件，打开"边角"对话框，如图4-91所示。单击 ⌐ 按钮，可以将转角改为反向圆角，如图4-92所示。单击 ⌐ 按钮，可以将转角改为倒角，如图4-93所示。

图4-91   图4-92   图4-93

tip 使用直接选择工具 ▷ 时，若不想查看实时转角构件，可以执行"视图"|"隐藏边角构件"命令，将其关闭。

4.6.7 偏移路径

选择一条路径，执行"对象"|"路径"|"偏移路径"命令，可基于它偏移出一条新的路径。当要创建同心圆或制作相互之间保持固定间距的多个对象时，偏移路径特别有用。图4-94所示为"偏移路径"对话框，"连接"选项用来设置拐角的连接方式，如图4-95~图4-97所示。"斜接限制"用来设置拐角的变化范围。

偏移路径选项   斜接   圆角   斜角
图4-94   图4-95   图4-96   图4-97

4.6.8 平滑路径

选择一条路径，使用平滑工具 🖋 在路径上单击并反复拖动鼠标，可以对路径进行平滑处理，Illustrator会删除部分锚点，并且尽可能地保持路径原有的形状，如图4-98、图4-99所示。双击该工具，可以打开"平滑工具选项"对话框，如图4-100所示。"保真度"滑块越靠近"平滑"一端，平滑效果越明显，但路径形状的改变也就越大。

图4-98   图4-99   图4-100

4.6.9 简化路径

当锚点数量过多时，曲线会变得不够光滑，也给选择与编辑带来不便。选择此类路径，如图4-101所示，执行"对象"|"路径"|"简化"命令，打开"简化"对话框，调整"曲线精度"值，可以对锚点进行简化，如图4-102、图4-103所示。调整时，可勾选"显示原路径"复选项，在简化的路径背后显示原始路径，以方便观察图形的变化程度。

图4-101

图4-102   

图4-103

4.6.10 裁剪路径

使用剪刀工具 ✂ 在路径上单击可以剪断路径，如图4-104、图4-105所示。用直接选择工具 ▷ 将锚点移开，可观察路径的分割效果，如图4-106所示。

tip 使用直接选择工具 ▷ 选择锚点，单击控制面板中的 ⊷ 按钮，可在当前锚点处剪断路径，原锚点会变为两个，其中的一个位于另一个的正上方。

图4-104　　　　　图4-105　　　　　图4-106

使用刻刀工具 ✎ 在图形上单击并拖动鼠标，可以将图形裁切开。如果是开放式的路径，经过裁切后会成为闭合式路径，如图4-107、图4-108所示。

图4-107　　　　　　　图4-108

技巧放送　**制作有机玻璃裂痕**

用刻刀工具 ✎ 裁剪填充了渐变颜色的对象时，如果渐变的角度为0度，则每裁切一次，Illustrator就会自动调整渐变角度，使之始终保持0度，因此，裁切后对象的颜色会发生变化。通过这种方法可生成碎玻璃效果。

图形素材　　　　渐变角度为0度

裁剪图形　　　　裁剪效果

4.6.11　分割对象

选择一个图形，如图4-109所示，执行"对象"|"路径"|"分割下方对象"命令，可以用该图形分割它下方的图形，如图4-110所示。这种方法与刻刀工具 ✎ 产生的效果相同，但要比刻刀工具 ✎ 更容易控制形状。

选择一个图形，如图4-111所示，执行"对象"|"路径"|"分割为网格"命令，打开"分割为网格"对话框，

设定矩形网格的大小和间距，可以将其分割为网格，如图4-112、图4-113所示。

图4-109　　　　　　　　　　图4-110

 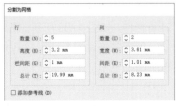

图4-111　　图4-112　　　　　　　　　　图4-113

4.6.12　擦除路径

选择一个图形，如图4-114所示，使用路径橡皮擦工具 ✎ 在路径上涂抹可以擦除路径，如图4-115、图4-116所示。如果要将擦除的部分限定为一个路径段，可以先选择该路径段，然后再使用路径橡皮擦工具 ✎ 擦除。

图4-114　　　　　图4-115　　　　　图4-116

使用橡皮擦工具 ◆ 在图形上涂抹可以擦除对象，如图4-117所示。按住Shift键操作，可以将擦除方向限制为水平、垂直或对角线方向；按住Alt键操作，可以绘制一个矩形区域，并擦除该区域内的图形，如图4-118、图4-119所示。

图4-117　　　　　图4-118　　　　　图4-119

4.7　改变对象形状

4.7.1　整形器工具

选择整形器工具 ✔，随意绘制一条直线，如图4-120所示，松开鼠标后，线条会自动调整为完美的直线，如图4-121所示。

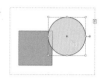

图4-120　　　　　　　图4-121

　　使用整形器工具 ✔ 还可以快速绘制几何图形，即使徒手绘制的形状极为不规则，也能自动转换为清晰明确的几何图形，如图4-122所示。整形器工具 ✔ 的另一功能是刻画形状。方法是在要合并或删除的区域内涂抹出类似"Z"字形的路径，如图4-123所示。操作时应注意的是，涂抹的路径不能仅为一条线段，那样的话，软件会误认为要绘制直线。

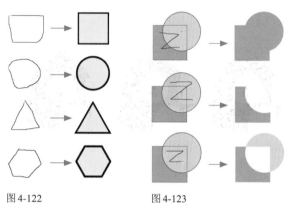

图4-124　　　图4-125　　　图4-126

4.7.2　形状生成器工具

　　图4-127所示的花朵由5个花瓣组成，先使用选择工具 ▶ 选取它们，如图4-128所示，再选择形状生成器工具 ⛯ ，此时，光标会显示为 ▶ 状态，在花瓣上按住鼠标，拖出一个圆形路径，使之覆盖所有花瓣，如图4-129所示，松开鼠标后，花瓣会自动合并在一起，如图4-130所示。

图4-127　　　图4-128　　　图4-129　　　图4-130

　　形状生成器工具 ⛯ 默认的工作状态是"合并"模式，如果要使用它的"抹除"模式，可以按住Alt键（光标显示为 ▶ 状态）单击所选图形中要删除的区域，如图4-131~图4-134所示。

图4-131　　　图4-132　　　图4-133　　　图4-134

　　使用整形器工具 ✔ ，在形状组上单击，可以选择形状组，如图4-124所示，在形状组被选取的状态下，继续在形状上单击，可以选取组中的形状，如图4-125所示，按住鼠标拖动可以调整位置，如图4-126所示。按Delete键可以删除形状。

4.8　铅笔绘图实例：变成猫星人

01 新建一个文档。执行"文件"|"置入"命令，置入图像素材，如图4-135所示。选择铅笔工具 ✐ ，在嘴巴上面绘制小猫脸的轮廓，两个鼻孔正好是小猫的耳朵，如图4-136所示。

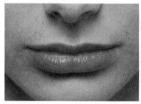
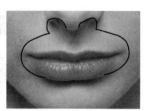

图4-135　　　　　　　图4-136

02 绘制小猫的胡须、身体和尾巴，如图4-137所示。绘制眼睛、鼻子和头发时，图形都填充了不同的颜色。小猫的牙齿是开放式路径，如图4-138所示。

03 在小猫的尾巴上绘制一个紫色的图形，无描边颜色，如图4-139所示。继续绘制，以不同颜色的图形填满尾巴，如图4-140所示。

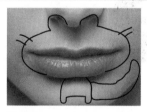

图4-137　　　　　　　图4-138

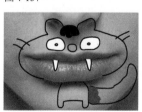
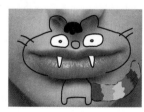

图4-139　　　　　　　图4-140

04 选取组成尾巴的彩色图形，按Ctrl+G快捷键进行编组。打开"透明度"面板，设置混合模式为"正片叠底"，如图4-141、图4-142所示。

图4-141　　　　　　　　　图4-142

绘制一个粉红色的背景和一个不规则的黑色描边作为装饰，如图4-144所示。

图4-143　　　　　　　　图4-144

⑤ 在小猫的身上绘制一些粉红色的圆点，设置混合模式为"正片叠底"。在脸上绘制紫色花纹和黄色的圆脸蛋，如图4-143所示。在画面左下角输入文字，并为文字

4.9 钢笔绘图实例：手绘可爱小企鹅

① 选择钢笔工具 ，在画板中单击并拖曳鼠标，创建平滑点，绘制出一个图形，填充黑色，无描边，如图4-145所示。按住Ctrl键并在空白处单击，取消图形的选取状态。再绘制3个图形，填充白色，如图4-146所示。

② 用钢笔工具 和椭圆工具 绘制小企鹅的眼睛，如图4-147所示。

图4-145　　　　图4-146　　　　图4-147

③ 按住Ctrl键并单击企鹅的身体图形，将它选择，用钢笔工具 在图4-148所示的路径上单击，添加锚点。用直接选择工具 向左侧拖动锚点，改变路径形状，如图4-149所示。

图4-148　　　　　图4-149

④ 选择铅笔工具 ，在图4-150所示的路径上单击并拖动鼠标，改变原路径的形状，绘制出小企鹅的头发，如图4-151所示。在放开鼠标前，一定要沿小企鹅身体的路径拖动鼠标，使新绘制的路径与原路径重合，以便路径能更好地对接在一起，效果如图4-152所示。

图4-150　　　　图4-151　　　　图4-152

⑤ 绘制一条路径，设置描边颜色为白色，无填充，如图4-153所示。再绘制一个图形，作为小企鹅的围巾，如图4-154所示。

图4-153　　　　　　图4-154

⑥ 执行"窗口"|"色板库"|"图案"|"自然"|"自然_动物皮"命令，打开该色板库，单击图4-155所示的图案，围巾效果如图4-156所示。使用椭圆工具 ，绘制两个椭圆形，并将其作为投影，填充浅灰色。选择这两个椭圆形，按Shift+Ctrl+[快捷键，将它们移动到企鹅的后面，如图4-157所示。

图4-155　　　　图4-156　　　　图4-157

4.10 钢笔绘图实例：手绘时尚女孩

① 选择钢笔工具 ，先绘制女孩的眼眉和眼睛，填充黑色，无描边，如图4-158所示。

图4-158

⓶ 绘制鼻子，是一条开放式路径，如图4-159所示。设置描边为1pt，无填充。单击控制面板中的∨按钮，在打开的下拉列表中选择"宽度配置文件1"，如图4-160、图4-161所示。

图4-159　　　　图4-160　　　　图4-161

⓷ 绘制嘴唇和脸部轮廓，如图4-162所示。再绘制出身体部分，将裙子填充黑色，如图4-163、图4-164所示。

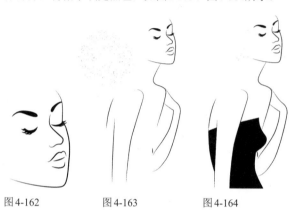

图4-162　　　　图4-163　　　　图4-164

⓸ 选择铅笔工具 ✏️，绘制发丝，设置描边粗细为4pt，选择"宽度配置文件1"，如图4-165、图4-166所示。

图4-165　　　　　　图4-166

⓹ 继续绘制发丝，组成蓬松的发型。使用钢笔工具 ✒️ 绘制一顶礼帽，填充黑色，如图4-167所示。图4-168所示为将插画应用到纸袋上的效果。

图4-167　　　　　　　图4-168

4.11 模板绘图实例：大嘴光盘设计

⓵ 打开素材，如图4-169所示。这是一个光盘模板（参考线），盘面是先用椭圆工具 ⬭ 绘制，再用"视图"|"参考线"|"建立参考线"命令创建为参考线的。参考线位于"图层1"中，并处于锁定状态，如图4-170所示。下面，根据参考线绘制光盘。

图4-169　　　　　　　图4-170

⓶ 单击"图层"面板底部的 ▦ 按钮，新建"图层2"，如图4-171所示。先来绘制光盘盘面上的圆形，根据参考线的位置，使用椭圆工具 ⬭，按住Shift键绘制两个圆形，分别为它们填充浅黄色和橙黄色，如图4-172、图4-173所示。

图4-171　　　　　图4-172　　　　　图4-173

⓷ 使用钢笔工具 ✒️ 绘制一个嘴巴图形，如图4-174所示。在里面绘制一个深棕色的圆形，如图4-175所示。根据参考线的位置，绘制出光盘中心最小的圆形，填充白色，如图4-176所示。

图4-174　　　　　图4-175　　　　　图4-176

⓸ 按Ctrl+A快捷键全选，如图4-177所示，单击"路径查找器"面板中的"分割"按钮 ▣，如图4-178所示。使用

直接选择工具 ▷ 单击最小的白色圆形，如图4-179所示，按Delete快捷键删除。

图4-177　　　　　　图4-178　　　　　　图4-179

05 新建一个图层，如图4-180所示。使用钢笔工具 ✏ 绘制舌头，如图4-181所示。

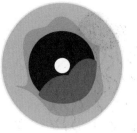

图4-180　　　　　　　　图4-181

06 绘制牙齿，如图4-182、图4-183所示。使用选择工具 ▶，按住Shift键选取所有牙齿图形，按Ctrl+G快捷键编组。按住Alt键向上拖动编组图形进行复制，如图4-184所示。将光标放在定界框的一角，拖动鼠标调整图形角度，使它符合上嘴唇的弧度，如图4-185所示。

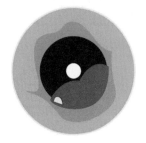

图4-182　　　　　　　　图4-183

图4-184　　　　　　　　图4-185

07 使用编组选择工具 ▷ 单击深棕色图形，将其选取，如图4-186所示，此时会自动跳转到该图形所在的图层，如图4-187所示。

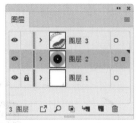

图4-186　　　　　　　图4-187

08 按Ctrl+C快捷键，复制该图形，在空白处单击，取消图形的选取状态，在"图层"面板中单击"图层3"，按Ctrl+F快捷键，将复制的图形粘贴到"图层3"中，如图4-188、图4-189所示。

图4-188　　　　　　　图4-189

09 单击"图层"面板底部的 ◨ 按钮，创建剪切蒙版，深棕色圆形会变为无填充和描边的对象，超出其范围以外的图形被隐藏，牙齿就这样被装进嘴巴里了，如图4-190、图4-191所示。

图4-190　　　　　　　图4-191

10 新建一个图层。使用多边形工具 ⬡ 绘制一个六边形，如图4-192所示。执行"效果"|"扭曲和变换"|"收缩和膨胀"命令，设置参数为62%，如图4-193所示，使图形膨胀，形成花瓣一样的效果，如图4-194所示。在图形中间绘制一个白色的圆形，如图4-195所示。

图4-192　　　　　　图4-193

图4-194　　　　　　图4-195

⑪ 使用钢笔工具 ✐ 绘制眼睛图形，如图4-196所示。使用椭圆工具 ⬭ 画出黑色的眼珠和浅黄色的高光，如图4-197、图4-198所示。

图4-196　　　　图4-197　　　　图4-198

⑫ 选取组成眼睛的3个图形，按Ctrl+G快捷键编组。双击镜像工具 ▷|◁，打开"镜像"对话框，选择"垂直"选项，单击"复制"按钮，如图4-199所示，复制图形并做镜像处理，如图4-200所示。按住Shift键并将图形向右侧拖动，如图4-201所示。

⑬ 将花朵和眼睛放在光盘的相应位置。再用钢笔工具 ✐ 绘制出嘴角的纹理，根据光盘结构设计出的卡通人物就完成了，如图4-202所示。

图4-199

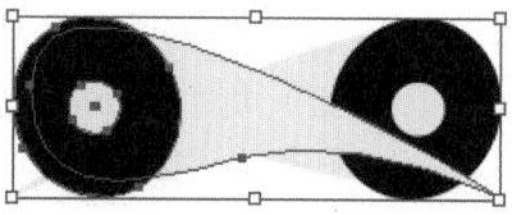

图4-200

⑭ 在嘴巴里绘制一个圆形，如图4-203所示。选择路径文字工具 ⤳，在"字符"面板中设置字体及大小，如图4-204所示。将光标放在圆形上，单击设置插入点，如图4-205所示，输入文字，效果如图4-206所示。

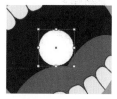

图4-203　　　　　　图4-204

图4-205　　　　　　图4-206

> **tip** 在图形或路径上输入文字，按Esc键结束文字的编辑后，将光标放在文字框的一角，可以通过拖动鼠标调整文字框的角度，从而改变文字的位置。

⑮ 可以尝试改变卡通人的表情，填充不同的颜色，制作出图4-207、图4-208所示的效果。

图4-201

图4-202

图4-207

图4-208

4.12 编辑路径实例：条码灵感

① 选择矩形工具 ▢，创建一个矩形，填充黑色，无描边。使用选择工具 ▶，按住Alt+Shift快捷键的同时，将矩形沿水平方向移动并复制，如图4-209所示。使用椭圆工具 ⬭ 创建一个椭圆形，填充白色，无描边，如图4-210所示。

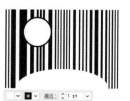

② 按住Shift键，创建一个圆形，填充白色，描边为黑色，以此作为眼睛，如图4-211所示。再创建一个圆形，填充黑色，无描边，以此作为鼻孔，如图4-212所示。

图4-209　　　　　　　图4-210

图4-211　　　　　　图4-212

③ 创建一个黑色的圆形，如图4-213所示。用钢笔工具 ✐ 创建一个三角形。按住Ctrl键并单击圆形，将它与三

角形同时选中，如图4-214所示。单击"路径查找器"面板中的▣按钮，得到图4-215所示的图形。

图4-213　　　　　图4-214　　　　　图4-215

04 将图形拖动到条码上，作为眼珠，如图4-216所示。使用选择工具▶，按住Ctrl键并单击眼睛和鼻孔图形，将它们选中，如图4-217所示，按住Shift+Alt快捷键，并沿水平方向拖动，进行复制，如图4-218所示。

图4-216　　　　　图4-217　　　　　图4-218

05 使用椭圆工具◯创建两个椭圆形，填充白色，黑色描边，如图4-219所示。使用选择工具▶将它们选中，单击"路径查找器"面板中的▣按钮，得到牛角状图形，设置该图形的填充颜色为黑色，无描边，如图4-220所示。

图4-219　　　　　　　　　图4-220

06 使用选择工具▶将图形放到条码上方，如图4-221所示。使用钢笔工具✐绘制一条曲线，以此作为眼眉，如图4-222所示。

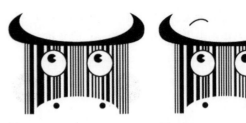

图4-221　　　　　　　　图4-222

07 保持眼眉的选取状态，选择镜像工具◁▷，按住Alt键并在图形中央单击，如图4-223所示，弹出"镜像"对话框，选择"垂直"选项，单击"复制"按钮，如图4-224所示，复制路径，如图4-225所示。

图4-223　　　　　图4-224　　　　　图4-225

08 选择文字工具**T**，打开"字符"面板，选择黑体字体，并设置大小为9.5pt，如图4-226所示，在条码底部输入一行数字，如图4-227所示。

图4-226　　　　　　　　图4-227

4.13　编辑路径实例：交错式幻象图

01 选择圆角矩形工具▢，创建3个圆角矩形，如图4-228所示。选取这几个图形，单击"对齐"面板中的▤按钮和▥按钮，将它们对齐。

02 保持图形的选取状态，执行"对象"|"路径"|"添加锚点"命令，在路径的中央添加锚点，如图4-229所示。再执行两遍该命令，继续添加新的锚点，如图4-230、图4-231所示。

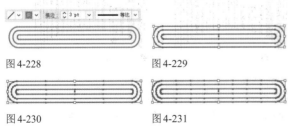

图4-228　　　　　　　　图4-229

图4-230　　　　　　　　图4-231

03 选择删除锚点工具✐，将光标放在路径中间的锚点上，如图4-232所示，单击鼠标，删除该锚点，如图4-233所示。

图4-232　　　　　　　图4-233

04 按住Ctrl键的同时单击中间的圆角矩形，将其选取，如图4-234所示，放开Ctrl键，单击中间的锚点，删除该锚点，如图4-235所示。采用同样的方法，将下面几条路径中央的锚点删除，如图4-236所示。

05 使用直接选择工具▷单击并拖出一个选框，选取图形右半边的锚点，如图4-237所示，将光标放在路径上，如图4-238所示，按住Shift键并向下拖曳鼠标，移动锚点的位置，如图4-239所示。

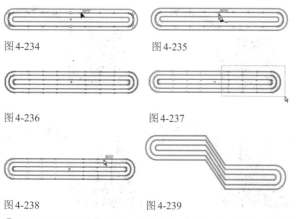

图4-234　　　　　　　　图4-235

图4-236　　　　　　　　图4-237

图4-238　　　　　　　　图4-239

06 使用钢笔工具 ✎ 绘制一个图形，如图4-240所示。使用选择工具 ▶，按住Alt键并拖动该图形进行复制。选择镜

像工具 ◿◣，按住Shift键，单击并向左侧拖动图形，将其沿水平方向翻转，如图4-241所示。放开鼠标，然后重新按住Shift键，单击并向下方拖动图形，将其垂直翻转，如图4-242所示。将该图形放在如图4-243所示的位置。

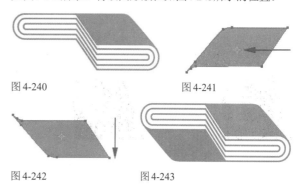

图4-240　　　　　　　　图4-241

图4-242　　　　　　　　图4-243

4.14 路径运算实例：小猫咪

01 使用钢笔工具 ✎，绘制小猫图形，如图4-244所示。选择椭圆工具 ◯，创建一个椭圆形，如图4-245所示。使用选择工具 ▶，按住Alt+Shift快捷键并拖曳椭圆进行复制，制作出猫咪的眼睛，如图4-246所示。

图4-244　　　　图4-245　　　　图4-246

02 在猫咪身上创建几个椭圆形，如图4-247所示。用选择工具 ▶，按住Shift键并单击小猫和这几个图形，将它们选中（不要选择眼睛），如图4-248所示，单击"路径查找器"面板中的 ▣ 按钮，如图4-249、图4-250所示。

图4-247 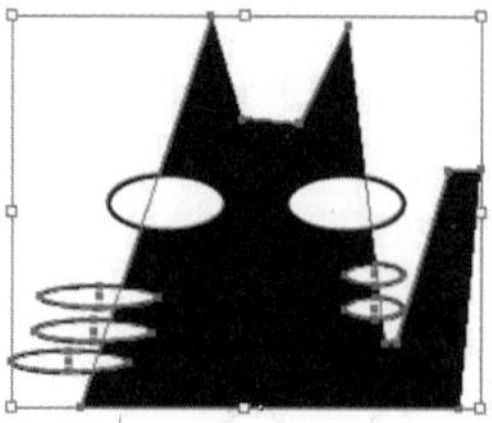　　　　　　　　图4-248

图4-249 　　　　　　　　图4-250

03 按Ctrl+A快捷键选择所有图形，如图4-251所示，单击

▣ 按钮，对图形进行分割，如图4-252、图4-253所示。

图4-251 　　　图4-252 　　　图4-253

04 使用编组选择工具 ▷，选择图4-254所示的图形，按Delete键删除，如图4-255所示。将另一侧的图形也删除，如图4-256所示。

图4-254 　　　图4-255 　　　图4-256

05 选择剩余的两个图形，设置填充颜色为黑色，无描边，如图4-257所示。按住Ctrl键，切换为选择工具 ▶，拖动控制点以缩小图形，如图4-258所示。放开Ctrl键以恢复为编组选择工具 ▷，移动图形的位置，如图4-259所示。

图4-257 　　　图4-258　　　图4-259

06 使用钢笔工具 ✎ 绘制一个云朵图形，如图4-260所示。使用选择工具 ▶，按住Alt键并拖动图形进行复制，

如图4-261所示。调整前方云朵的填充颜色，再绘制出小猫的眼珠，如图4-262所示。

07 使用椭圆工具 ⬭，在云朵上绘制几个白色的圆形，如图4-263所示。绘制一个圆形作为猫咪的鼻子，如图4-264所示。最后用钢笔工具 ✏ 绘制两条路径，作为猫咪的嘴巴，如图4-265所示。

图 4-262　　　　　　　图 4-263

图 4-260

图 4-261

图 4-264

图 4-265

4.15 扁平化图标设计：单车联盟

01 打开素材，如图4-266所示，双击"图层3"，如图4-267所示，打开"图层选项"对话框，勾选"变暗图像至"复选项，默认参数值为50%（可以根据自己的需要进行调整），如图4-268所示，单击"确定"按钮，降低图像的显示程度，如图4-269所示。

图 4-266 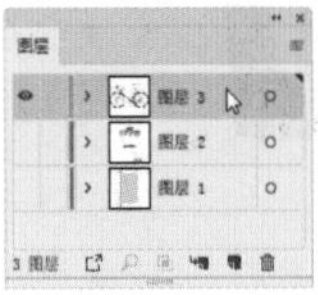　　　　　　　图 4-267

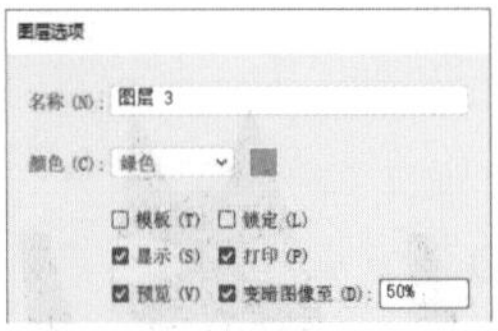

图 4-268　　　　　　　图 4-269

02 在图层的眼睛图标 ◉ 右侧单击鼠标，锁定该图层。单击"图层"面板底部的 ◪ 按钮，新建一个图层。使用钢笔工具 ✏ 基于图像绘制自行车的轮廓图，为了便于观察，将描边粗细设置为2pt，如图4-270所示。单击"图层3"前面的眼睛图标 ◉，隐藏图层，只显示自行车路径，效果如图4-271所示。

图 4-270

图 4-271

03 调整自行车的结构，将车座与车身用三角形来表现，车把手则用3/4圆形来概括，如图4-272所示。选取所有路径，在"描边"面板中分别单击 ◪ 按钮和 ◪ 按钮，去

掉了三角形锋利的尖角，如图4-273、图4-274所示。

04 先将图形填充为白色，车把手除外。再调整三角形的结构，尽量使水平边之间保持平行，斜边也是这样，使图形整体上看起来更协调，如图4-275所示。

图 4-272 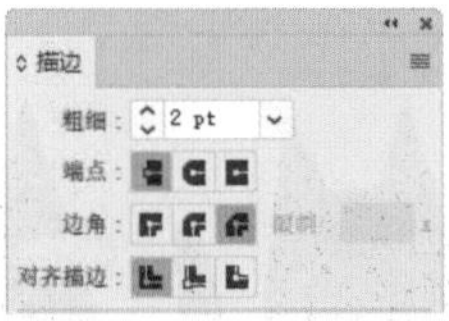　　　　　　　图 4-273

图 4-274 　　　　　　　图 4-275

05 设置描边粗细为3pt，如图4-276所示。为图形填色，一款自行车的扁平化图标就诞生了，如图4-277所示。最后，在"图层"面板中将隐藏的手机和界面图层显示出来，效果如图4-278所示。

图 4-276

图 4-277

图 4-278

4.16 VI设计实例：小鱼Logo

① 使用钢笔工具 ✏，绘制小鱼图形，填充青蓝色，无描边，如图4-279所示。绘制尾巴，颜色略深一些。按Ctrl+[快捷键，将该图形向后移动，如图4-280所示。

图4-279　　　　　　　　图4-280

② 继续绘制图形，组成小鱼的尾巴。外形像浪花一样翻卷起来，如图4-281所示。绘制鱼鳍，如图4-282、图4-283所示。绘制小鱼的嘴巴。使用椭圆工具 ⬭，按住Shift键的同时拖曳鼠标创建圆形，绘制出小鱼的眼睛和气泡，如图4-284所示。按Ctrl+A快捷键，选择所有图形，按Ctrl+G快捷键编组。

图4-281　　　　　　　　图4-282

图4-283　　　　　　　　图4-284

③ 创建一个圆形，填充深蓝色，设置描边颜色为白色，粗细为1.5pt，如图4-285、图4-286所示。

图4-285　　　　　　　　图4-286

④ 选择星形工具 ☆，在画板中单击，打开"星形"对话框，设置参数如图4-287所示，单击"确定"按钮，创建图形，如图4-288所示。

⑤ 保持图形的选取状态，选择"工具"面板中的直接选择工具 ▷，此时，在图形上会显示控件，将光标放在控件上，如图4-289所示，按住鼠标并拖曳，图形的所有边角都会随之改变，如图4-290所示。

图4-287　　　　　　　　图4-288

图4-289　　　　　　　　图4-290

⑥ 按Shift+X快捷键，将填充颜色转换为描边颜色，设置描边粗细为2pt，如图4-291、图4-292所示。按Ctrl+C快捷键，复制该图形，按Shift+Ctrl+B快捷键，将复制的图形粘贴到后面，填充青蓝色，无描边，如图4-293所示。

⑦ 将光标放在定界框的一角，按住鼠标拖曳，旋转图形，使之与前面的图形位置错开，呈现有如浪花般的波纹效果，如图4-294所示。

图4-291　　　　　　　　图4-292

 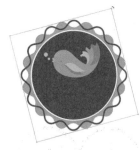

图4-293　　　　　　　　图4-294

⑧ 打开文字素材，复制并粘贴到当前的文档中，效果如图4-295所示。图4-296所示为将小鱼Logo应用在不同商品上的效果。

图4-295   图4-296

4.17 VI设计实例：小鸟Logo

① 先制作小鸟的眼睛。使用椭圆工具 ◯，按住Shift键拖曳鼠标，分别创建3个圆形，如图4-297所示。

图4-297

② 按Ctrl+A快捷键，选择所有图形，单击"对齐"面板中的 ➰ 按钮和 ➰ 按钮，将图形居中对齐，如图4-298所示。绘制一个白色的圆形，作为小鸟的瞳孔，如图4-299所示。

图4-298   图4-299

③ 按Ctrl+A快捷键，选择所有图形，按Ctrl+G快捷键编组。使用选择工具 ▶，按住Alt+Shift快捷键并拖动鼠标，沿水平方向复制图形，如图4-300所示。创建一个椭圆形，填充橙色，无描边，如图4-301所示。

图4-300   图4-301

④ 选择锚点工具 ⌐，将光标放在椭圆上方以捕捉锚点，如图4-302所示，单击鼠标将其转换为角点，如图4-303所示。

图4-302   图4-303

⑤ 捕捉下方的锚点，如图4-304所示，通过单击将其转换为角点，如图4-305所示。

图4-304   图4-305

⑥ 选择刻刀工具 ✐，在图形上单击并拖动光标，将图形分割为两块，如图4-306所示。使用选择工具 ▶ 单击下面的图形，如图4-307所示，修改它的填充颜色，如图4-308所示。

⑦ 使用圆角矩形工具 ▢ 创建圆角矩形，如图4-309所示。按Shift+Ctrl+[快捷键，将它移动到最底层，如图4-310所示。

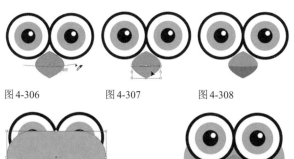

图4-306　　　　　图4-307　　　　　图4-308

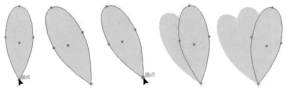

图4-309　　　　　　　　图4-310

08 选择钢笔工具 ✐，绘制一个柳叶状的图形。选择旋转工具 ↻，在图形底部单击，将参考点定位在此处，如图4-311所示，在其他位置单击并拖动鼠标以旋转图形，如图4-312所示。再将参考点定位在图形底部，如图4-313所示。将光标移开，按住Alt键的同时，单击并拖动鼠标复制出一个图形，如图4-314所示。采用同样的方法再复制出一个图形，如图4-315所示。

图4-311　　图4-312　　图4-313　　图4-314　　图4-315

09 选择柳叶图形，并调整它们的填充颜色，如图4-316所示。按住Shift键并拖动控制点，以将它们放大，如图4-317所示。将这组图形放在小鸟头上，完成制作，如图4-318所示。图4-319、图4-320所示为将小鸟Logo应用在不同商品上的效果。

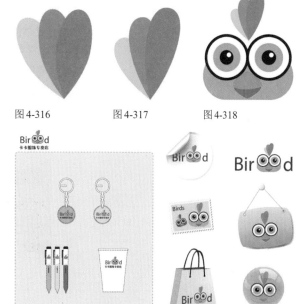

图4-316　　　　　图4-317　　　　　图4-318

图4-319　　　　　　　　图4-320

4.18 课后作业：基于网格绘制图形

本章学习了钢笔工具以及路径的创建与编辑方法。下面通过课后作业来强化学习效果。如果有不清楚的地方，请看视频教学录像。

使用钢笔工具 ✐ 绘制一个心形图形。绘制时，为了使图形左右两侧对称，可以执行"视图"|"智能参考线"命令和"视图"|"显示网格"命令，以网格线为参考进行绘制，当光标靠近网格线时，智能参考线会帮助用户将锚点定位到网格点上。

心形图形

锚点及方向线状态

为图形填充图案

4.19 复习题

1. 分别使用直接选择工具 ▷、锚点工具 ⌐ 移动平滑点中的一条方向线时，会出现什么样的情况？

2. 怎样关闭钢笔工具 ✐ 和曲率工具 ✐ 的橡皮筋预览？

3. 通过哪些方法可以将角点转换为平滑点？

5.1 关于产品设计

工业设计（Industrial Design）起源于包豪斯，它是指以工学、美学、经济学为基础对工业产品进行设计，分为产品设计、环境设计、传播设计、设计管理4类。产品设计即工业产品的艺术设计，通过产品造型的设计可以将功能、结构、材料和生成手段、使用方式等统一起来，实现具有较高质量和审美的产品目的，如图5-1、图5-2所示。

怪兽洗脸盆
图5-1

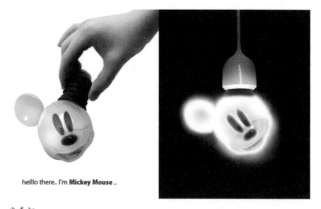

hello there.. I'm **Mickey Mouse** ..

米奇灯
图5-2

产品的功能、造型和产品生产的物质基础条件是产品设计的基本要素。在这3个要素中，功能起着决定性作用，它决定了产品的结构和形式，体现了产品与人的关系；造型是功能的体现媒介，并具有一定的多样性；物质条件则是实现功能与造型的根本条件，是构成产品功能与造型的媒介。

> tip 包豪斯（Bauhaus，1919.4.1—1933.7）——德国魏玛市"公立包豪斯学校"（Staatliches Bauhaus）的简称。包豪斯是世界上第一所完全为发展现代设计教育而建立的学院，它的成立标志着现代设计的诞生，对世界现代设计的发展产生了深远的影响。

在 Illustrator 中，渐变网格是表现真实效果的最佳工具，无论是复杂的人像、汽车、电器，还是简单的水果、杯子、鼠标，使用渐变网格都可以惟妙惟肖地将其表现出来，其真实效果甚至可以与照片相媲美。渐变网格通过网格点控制颜色的范围和混合位置，具有灵活度高、可控性强等特点。但使用者必须能够熟练编辑锚点和路径。对路径还没有完全掌握的读者，可以先看"第4章 VI设计：钢笔工具与路径"，再学习本章内容。

扫描二维码，关注李老师的微博、微信。

5.2　渐变

　　渐变是一种填色方法，可以创建两种或多种颜色相互平滑过渡的填色效果，各种颜色之间可以非常自然地衔接，过渡效果十分流畅。

5.2.1　渐变面板

　　选择一个图形对象，单击工具面板底部的"渐变"按钮█，即可为它填充默认的黑白线性渐变，如图5-3所示，同时还会弹出"渐变"面板，如图5-4所示。

● 渐变填色框：显示了当前渐变的颜色。单击它可以用渐变填充当前选择的对象。

● 渐变菜单：单击ˇ按钮，可以在打开的下拉菜单中选择一个预设的渐变。

● 类型：在该下拉列表中可以选择渐变类型，包括线性渐变（如图5-3所示）和径向渐变，如图5-5所示。

图5-3　　　　　　　　　　图5-4

图5-5

● 反向渐变▥：单击该按钮，可以反转渐变颜色的填充顺序，如图5-6所示。

● 描边：如果使用渐变色对路径进行描边，则单击▥按钮，可以在描边中应用渐变，如图5-7所示。单击▥按钮，可以沿描边应用渐变，如图5-8所示。单击▥按钮，可以跨描边应用渐变，如图5-9所示。

图5-6

图5-7

图5-8

图5-9

● 角度▱：用来设置线性渐变的角度，如图5-10所示。

● 长宽比▧：填充径向渐变时，可以在该栏中输入数值以创建椭圆渐变，如图5-11所示，也可以修改椭圆渐变的角度来使其倾斜。

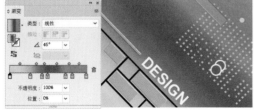

图5-10

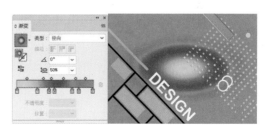

图5-11

● 中点/渐变滑块/删除滑块：渐变滑块用来设置渐变颜色和颜色的位置，中点用来定义两个滑块之间的颜色的混合位置。如果要删除滑块，可以单击它，将其选择，然后单击🗑按钮。

● 不透明度：单击一个渐变滑块，调整不透明度值，可以使颜色呈现透明效果。

● 位置：选择中点或渐变滑块后，可以在该文本框中输入 0 到 100 之间的数值来定位其位置。

5.2.2 调整渐变颜色

在线性渐变中，渐变颜色条最左侧的颜色为渐变色的起始颜色，最右侧的颜色为渐变色的终止颜色。在径向渐变中，最左侧的渐变滑块定义了颜色填充的中心点，它呈辐射状向外逐渐过渡到最右侧的渐变滑块颜色。

● 用"颜色"面板调整渐变颜色：单击一个渐变滑块将其选择，如图 5-12 所示，拖动"颜色"面板中的滑块即可调整颜色，如图 5-13、图 5-14 所示。

图 5-12　　　　图 5-13

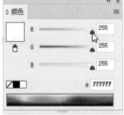

tip 编辑渐变颜色后，单击"色板"面板中的 🔳 按钮，可以将它保存在该面板中。以后需要使用时，可以通过"色板"面板来应用该渐变，这样就省去了重新设定的麻烦。

图 5-14

● 用"色板"面板调整渐变颜色：选择一个渐变滑块，按住 Alt 键并单击"色板"面板中的颜色，可以将该色板应用到所选滑块上，如图 5-15 所示。直接将一个颜色拖动到滑块上也可以改变它的颜色，如图 5-16 所示。

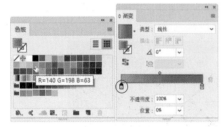

图 5-15

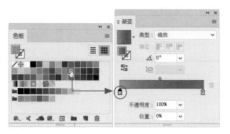

图 5-16

● 添加渐变滑块：如果要增加渐变颜色的数量，可以在渐变色条下单击，添加新的滑块，如图 5-17 所示。将"色板"面板中的色板直接拖至"渐变"面板中的渐变色条上，可以添加一个该色板颜色的渐变滑块，如图 5-18 所示。

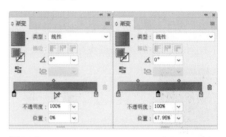

图 5-17

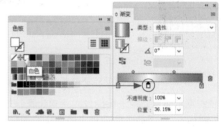

图 5-18

● 调整颜色混合位置：拖动滑块可以调整渐变中各个颜色的混合位置，如图 5-19 所示。在渐变色条上，每两个渐变滑块的中间（50%处）都有一个菱形的中点滑块，移动中点可以改变它两侧渐变滑块颜色的混合位置，如图 5-20 所示。

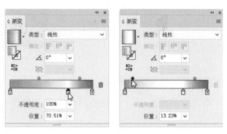

图 5-19　　　　图 5-20

● 复制与交换滑块：按住 Alt 键并拖动一个滑块，可以复制它。如果按住 Alt 键将一个滑块拖到另一个滑块上，则可以让这两个滑块交换位置。

● 删除渐变滑块：如果要减少颜色数量，可单击一个滑块，单击🗑按钮，将其删除，也可以直接将其拖到面板外。

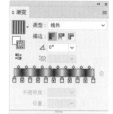

技巧放送 **扩展"渐变"面板**

在默认情况下，"渐变"面板的编辑区域比较小，滑块数量一多，就不太容易添加新滑块，也很难准确调整颜色的混合位置。遇到这种情况，可将光标放在面板右下角的图标上，单击并拖动鼠标将面板拉宽。（执行"窗口"|"色板库"|"渐变"|"中性色"命令，打开相应的色板库进行练习操作。）

滑块排列非常紧密

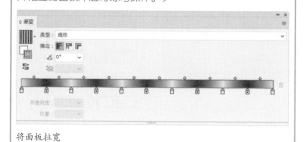

将面板拉宽

5.2.3 编辑线性渐变

渐变工具■可以自由控制渐变颜色的起点、终点和填充方向。使用选择工具▶选择填充了渐变的对象，如图5-21所示。选择渐变工具■，图形上会显示渐变批注者，如图5-22所示。

图5-21

图5-22

● 原点：左侧的圆形图标是渐变的原点，拖动它可以水平移动渐变，如图5-23所示。

● 半径：拖动右侧的圆形图标可以调整渐变的半径，如图5-24所示。

图5-23

图5-24

● 旋转：如果要旋转渐变，可以将光标放在右侧的圆形图标外（光标变为↻状），此时单击并拖动鼠标即可旋转渐变，如图5-25所示。

● 编辑渐变滑块：将光标放在渐变批注者的下方，可以显示渐变滑块，如图5-26所示。将滑块拖动到图形外侧，可将其删除，如图5-27所示。移动滑块，可以调整渐变颜色的混合位置，如图5-28所示。

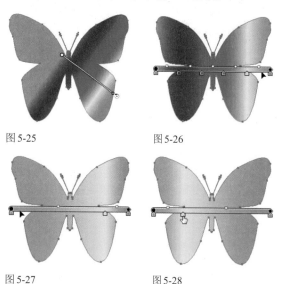

图5-25　　　　　　　　图5-26

图5-27　　　　　　　　图5-28

5.2.4 编辑径向渐变

图5-29所示为填充了径向渐变的图形。径向渐变可以通过下面的方法进行编辑。

● 调整覆盖范围：拖动左侧的圆形图标可以调整渐变的覆盖范围，如图5-30所示。

图5-29

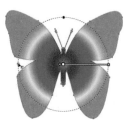

图5-30

● 移动：拖动中间的圆形图标可以水平移动渐变，如图5-31所示。

● 调整原点和方向：拖动左侧的空心圆，可同时调整渐变的原点和方向，如图5-32所示。

图5-31

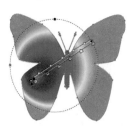

图5-32

● 椭圆渐变：将光标放在图5-33所示的图标上，单击并向下拖动可以调整渐变半径，从而生成椭圆形渐变，如

图 5-34 所示。

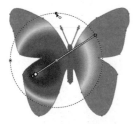 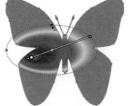

图 5-33　　　　　　　　图 5-34

技巧放送　**多图形渐变填充技巧**

选择多个图形，单击"色板"面板中预设的渐变，每一个图形都会填充相应的渐变。如果再使用渐变工具，在这些图形上方单击并拖动鼠标，重新为它们填充渐变，则这些图形将作为一个整体应用渐变（执行"窗口"|"色板库"|"渐变"|"季节"命令，打开相应的色板库进行练习操作）

直接使用预设的渐变　　　　用渐变工具修改后的效果

5.2.5　将渐变扩展为图形

选择一个填充了渐变色的对象，如图 5-35 所示，执行"对象"|"扩展"命令，打开"扩展"对话框，选择"填充"复选项，在"指定"文本框中输入数值，即可按照该值将渐变填充扩展为相应数量的图形，如图 5-36~图 5-38 所示。所有的对象会自动编为一组，并通过剪切蒙版控制显示区域。

图 5-35　　　　　　　　图 5-36

图 5-37　　　　　　　　图 5-38

5.3　渐变网格

渐变网格是一种灵活度更高、可控性更强的渐变颜色生成工具。它可以为网格点和网格片面着色，并通过控制网格点的位置精确控制渐变颜色的范围和混合位置。

5.3.1　认识渐变网格

渐变网格是由网格点、网格线和网格片面构成的多色填充对象，如图 5-39 所示，各种颜色之间能够平滑地过渡。使用这项功能，可以绘制出照片级写实效果的作品，如图 5-40 所示。

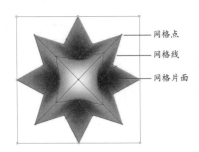  

渐变网格组成对象　　　机器人网格结构图　　　机器人效果图

图 5-39　　　　　　　图 5-40

渐变网格与渐变填充都可以在对象内部创建各种颜色之间的平滑过渡效果。它们的不同之处在于，渐变填充可以应用于一个或多个对象，但渐变的方向只能是单一的，不能分别调整，如图5-41、图5-42所示。渐变网格虽然只能应用于一个图形，但可以在图形内产生多个渐变，渐变可以沿不同的方向分布，并始终从一点平滑地过渡到另一点，如图5-43所示。

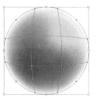

线性渐变（单个渐变）　径向渐变（单个渐变）　渐变网格（多个渐变）

图5-41　　　　　图5-42　　　　　图5-43

5.3.2 创建网格对象

选择网格工具，将光标放在图形上（光标会变为状），如图5-44所示。单击鼠标即可将图形转换为渐变网格对象，同时，单击处会生成网格点、网格线和网格片面，如图5-45所示。如果要按照指定数量的网格线创建渐变网格，可以选择图形，执行"对象"|"创建渐变网格"命令，在打开的对话框中设置参数，如图5-46所示。

● 行数/列数：用来设置水平和垂直网格线的数量，范围为1~50。

● 外观：用来设置高光的位置和创建方式。选择"平淡色"，不会创建高光，如图5-47所示。选择"至中心"，可在对象中心创建高光，如图5-48所示。选择"至边缘"，可在对象边缘创建高光，如图5-49所示。

图5-44　　　　　　　　　　图5-45

图5-46

图5-47

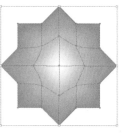
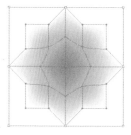

图5-48　　　　　　　　图5-49

● 高光：用来设置高光的强度，该值为100%时，可以将最大强度的白色高光应用于对象；该值为0%时，不会应用白色高光。

5.3.3 为网格点着色

在为网格点或网格区域着色前，需要先单击工具面板底部的"填色"按钮，切换到填色编辑状态（也可按X键来切换填色和描边状态），然后选择网格工具，在网格点上单击，将其选择，如图5-50所示，单击"色板"面板中的一个色板，即可为其着色，如图5-51所示。拖动"颜色"面板中的滑块，则可以调整所选网格点的颜色，如图5-52所示。

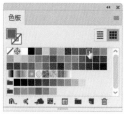

图5-50

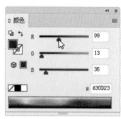

图5-51

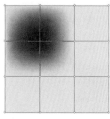

图5-52

tip 位图图像、复合路径和文本对象不能创建为网格对象。此外，复杂的网格会使系统性能大大降低，因此，最好创建若干个小且简单的网格对象，而不要创建单个复杂的网格。

5.3.4 为网格片面着色

使用直接选择工具在网格片面上单击，将其选取，如图5-53所示，单击"色板"面板中的色板，即可为其着色，如图5-54所示。拖动"颜色"面板中的滑块，可以改变所选网格片面的颜色，如图5-55所示。

图 5-53

图 5-54

图 5-55

此外，将"色板"面板中的一个色板拖到网格点或网格片面上，也可为其着色。在网格点上应用颜色时，颜色以该点为中心向外扩散，如图5-56所示。在网格片面中应用颜色时，则以该区域为中心向外扩散，如图5-57所示。

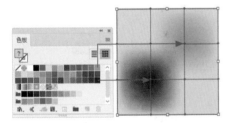

图 5-56

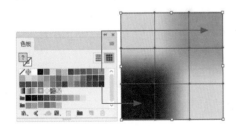

图 5-57

5.3.5 编辑网格点

渐变网格的网格点是网格线相交处的锚点，显示为菱形状，它具有锚点的所有属性，并增加了接受颜色的功能。网格点可以着色和移动，也可以增加和删除。调整网格点的位置和方向线，可以实现对颜色变化范围的精确控制。渐变网格中也可以出现锚点（区别在于其形状为正方形而非菱形）。锚点不能着色，它只能起到编辑网格线形状的作用，并且在添加锚点时不会生成网格线，删除锚点时也不会删除网格线。

● 选择网格点：选择网格工具 ，将光标放在网格点上（光标变为 状），单击即可选择网格点，选中的网格点为实心方块，未选中的为空心方块，如图5-58所示。使用直接选择工具 ，在网格点上单击，也可以选择网格点，按住 Shift 键并单击其他网格点，可选择多个网格点，如图5-59所示，如果单击并拖出一个矩形框，则可以选择矩形框范围内的所有网格点，如图5-60所示。使用套索工具 ，在网格对象上绘制选区，也可以选择网格点，如图5-61所示。

图 5-58   图 5-59

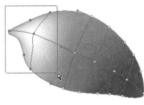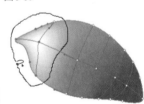

图 5-60   图 5-61

● 移动网格点和网格片面：选择网格点后，按住鼠标按键拖动即可移动，如图5-62所示。如果按住 Shift 键拖动，则可将该网格点的移动范围限制在网格线上，如图5-63所示。采用这种方法沿一条弯曲的网格线移动网格点时，不会扭曲网格线。使用直接选择工具 在网格片面上单击并拖动鼠标，可以移动该网格片面，如图5-64所示。

图 5-62   图 5-63

图 5-64

- 调整方向线：网格点的方向线与锚点的方向线完全相同，使用网格工具⊠和直接选择工具▷都可以移动方向线，调整方向线可以改变网格线的形状，如图 5-65 所示。如果按住 Shift 键拖动方向线，则可同时移动该网格点的所有方向线，如图 5-66 所示。

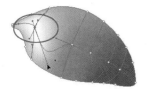 

图 5-65   图 5-66

- 添加与删除网格点：使用网格工具⊠在网格线或网格片面上单击，都可以添加网格点，如图 5-67 所示。如果按住 Alt 键，光标会变为⊡状，如图 5-68 所示，单击网格点可将其删除，由该点连接的网格线也会同时删除，如图 5-69 所示。

图 5-67   图 5-68

图 5-69

> **tip** 为网格点着色后，使用网格工具⊠在网格区域单击，新生成的网格点将与上一个网格点使用相同的颜色。如果按住 Shift 键单击，则可添加网格点，但不改变其填充颜色。

5.3.6 从网格对象中提取路径

将图形转换为渐变网格对象后，它将不再具有路径的某些属性，例如，不能创建混合、剪切蒙版和复合路径等。如果要保留以上属性，可以采用从网格对象中提取对象的原始路径的方法来进行操作。

选择网格对象，如图 5-70 所示，执行"对象"|"路径"|"偏移路径"命令，打开"偏移路径"对话框，将"位

移"值设置为 0，如图 5-71 所示，单击"确定"按钮，便可以得到与网格图形相同的路径。新路径与网格对象重叠在一起，使用选择工具▶，将网格对象移开，便能够看到它，如图 5-72 所示。

图 5-70   图 5-71

图 5-72

5.3.7 将渐变扩展为渐变网格

使用网格工具⊠单击渐变图形时，可将其转换为网格对象，但该图形原有的渐变颜色也会丢失，如图 5-73、图 5-74 所示。如果要保留渐变颜色，可以选择对象，执行"对象"|"扩展"命令，在打开的对话框中选择"填充"和"渐变网格"两个选项即可，如图 5-75 所示。此后，使用网格工具⊠在图形上单击，渐变颜色不会有任何改变，如图 5-76 所示。

图 5-73   图 5-74

图 5-75   图 5-76

5.4 渐变实例：玉玲珑

01 选择椭圆工具 ⬭，按住Shift键的同时拖曳鼠标，创建一个圆形，单击"工具"面板底部的"渐变"按钮 ■，填充渐变，如图5-77所示。双击渐变工具 ■，打开"渐变"面板，在"类型"下拉列表中选择"径向"，单击左侧的渐变滑块，按住Alt键并单击"色板"面板中的蓝色，用这种方法来修改滑块的颜色，将右侧滑块也改为蓝色，并将右侧滑块的不透明度设置为60%，如图5-78、图5-79所示。

图 5-77

图 5-78   图 5-79

02 按住Alt键并拖动右侧的滑块进行复制，在面板下方将不透明度设置为10%，位置设置为90%，如图5-80、图5-81所示。

   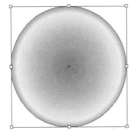

图 5-80   图 5-81

03 切换为选择工具 ▶，将光标放在定界框上边，向下拖动鼠标光标将图形压扁，如图5-82所示。按Ctrl+C快捷键复制，连续按两次Ctrl+F快捷键，粘贴图形，按一下键盘中的"↑"键，将位于最上方的椭圆向上轻移。在定界框右侧按住Alt键并拖动鼠标，将图形适当调宽，如图5-83所示。

图 5-82   图 5-83

04 打开"图层"面板，单击 ▸ 按钮以展开图层列表，按住Ctrl键，在第二个"路径"子图层后面单击，显示 ■ 图标，表示该图层中的对象也被选取，如图5-84所示。单击"路径查找器"面板中的 ◧ 按钮，让两个图形相减，形成一个细细的月牙形状，如图5-85所示，将填充颜色设置为

白色，并将图形略向上移动，如图5-86所示。按 Ctrl+A 快捷键全选，按 Ctrl+G 快捷键编组。

图 5-84   图 5-85

图 5-86

> **tip** 选取图形后，其所在图层的后面会有一个呈高亮显示的色块，将该色块拖动到其他图层，就可以将所选图形移动到目标层。如果在一个图层的后面单击，则会选取该层中的所有对象（被锁定的对象除外）。当某些图形被其他图形遮挡而无法选取时，可以通过这种方法在"图层"面板中将其找到。

05 使用选择工具 ▶，按住Alt键向上拖动编组图形，拖动过程中按住Shift键，可保持垂直方向，复制出一个图形后，按Ctrl+D快捷键，进行再次变换，继续复制出新的图形，如图5-87所示。

06 使用编组选择工具 ▷，在最上面的蓝色渐变图形上单击，将其选取，修改渐变颜色，不用改变其他参数，如图5-88、图5-89所示。

图 5-87   图 5-88   图 5-89

07 依次修改椭圆形的颜色，形成如色谱一样的颜色过渡效果，如图5-90所示。使用选择工具 ▶，选取第3个图形，按住Shift键在第5个图形上单击，将这中间的图形一同选取，将光标放在定界框右侧，按住Alt键并向左拖动鼠标，在不改变高度的情况下，将两个图形的宽度同时缩小，如图5-91所示。

图 5-90   图 5-91

⑧ 用同样的方法调整其他图形的大小，效果如图5-92所示。按Ctrl+A快捷键，将图形全部选取，按Ctrl+C快捷键复制，按Ctrl+F快捷键将图形粘贴到前面，使图形色彩变得浓重，如图5-93所示。

图5-92　　　　　　　　　图5-93

⑨ 白色高光边缘有些过于明显，使用魔棒工具 ✨，在其中一个图形上单击，即可选取画面中所有白色图形，如图5-94所示，在控制面板中修改不透明度为60%，如图5-95所示。

图5-94　　　　　　　　　图5-95

⑩ 玉玲珑制作完了，再复制出两个，缩小后分别放在上面和下面，放在下面的小灯要移动到后面（可按快捷键Shift+Ctrl+[），如图5-96所示。使用光晕工具 ⊙ 创建一个光晕图形，以此作为点缀，如图5-97所示。

图5-96　　　　　　　　　图5-97

⑪ 使用椭圆工具 ◯ 创建一个圆形，填充渐变，将右侧滑块的不透明度设置为0%，如图5-98所示，效果如图5-99所示。

图5-98　　　　　　　　　图5-99

⑫ 按Shift+Ctrl+[快捷键，将圆形移动到最底层，如图5-100所示。使用选择工具 ▶，按住Alt键并拖动圆形复制出两个，再拖动定界框上的控制点，将圆形适当缩小，将这两个图形调整到最底层，如图5-101所示。使用矩形工具 ▭，创建一个矩形，按Shift+Ctrl+[快捷键，将其调整到最底层作为背景，为它填充渐变色，如图5-102、图5-103所示。

图5-100　　　　　　　　　图5-101

图5-102　　　　　　　　　图5-103

5.5 渐变网格实例：创意蘑菇灯

01 执行"文件"|"置入"命令，置入背景素材，如图5-104所示。锁定"图层1"，单击"图层"面板底部的 ⬛ 按钮，新建一个图层，如图5-105所示。

图 5-104　　　　图 5-105

02 使用钢笔工具 ✐ 绘制蘑菇状图形，如图5-106所示。上面的蘑菇图形用橙色来填充，无描边颜色，如图5-107所示。

图 5-106　　　　图 5-107

03 按X键切换为填色编辑状态。使用渐变网格工具 🔲 在图形上单击，添加网格点，打开"颜色"面板，将填充颜色调整为浅黄色，如图5-108、图5-109所示。

图 5-108　　　　图 5-109

> **tip** 制作渐变网格时，必须在填充编辑状态才可以修改网格点颜色。如果是描边编辑状态，那么网格点的颜色将无法编辑。

04 在该网格点下方单击，继续添加网格点，将颜色调整为橙色，如图5-110、图5-111所示。

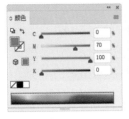

图 5-110　　　　图 5-111

05 在该点下方轮廓线上的网格点上单击，将其选取，调整颜色为浅黄色，如图5-112、图5-113所示。

图 5-112　　　　图 5-113

06 再选取蘑菇轮廓线上方的网格点并调整颜色，如图5-114、图5-115所示。

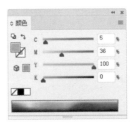

图 5-114　　　　图 5-115

07 使用选择工具 ▶ 选取另一个图形，填充浅黄色，无描边，如图5-116所示。使用渐变网格工具 🔲，在图形中间位置单击，添加网格点，将网格点设置为白色，如图5-117所示。

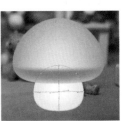

图 5-116　　　　图 5-117

08 使用椭圆工具 ⬭ 绘制一个椭圆形，填充线性渐变，如图5-118所示。设置图形的混合模式为"叠加"，使它与底层图形的颜色融合在一起，如图5-119、图5-120所示。使用选择工具 ▶，按住Alt键并拖动图形进行复制，调整大小和角度，如图5-121所示。

图 5-118　　　　图 5-119

图 5-120　　　　　　图 5-121

09 再绘制一个大一点的椭圆形，填充径向渐变，设置其中一个渐变滑块的不透明度为0%，使渐变的边缘呈现透明的状态，从而更好地表现发光效果，如图5-122、图5-123所示。

图 5-122　　　　　　图 5-123

10 再绘制一个圆形，填充相同的渐变颜色，按Shift+Ctrl+[快捷键，将其移至底层，如图5-124所示。按Ctrl+A快捷键全选，按Ctrl+G快捷键编组。复制蘑菇灯，再将其适当缩小，放在画面左侧。在画面中添加文字，再配上可爱的图形作为装饰，完成后的效果如图5-125所示。

图 5-124　　　　　　图 5-125

5.6 课后作业：甜橙广告

　　本章学习了渐变和渐变网格功能。下面通过课后作业来强化学习效果。如果有不清楚的地方，请看视频教学录像。

渐变可以表现金属质感、水滴的光泽和透明度。例如，右图一幅甜橙广告，画面中晶莹剔透的橙汁是使用渐变表现出来的。在操作时先创建一个圆形，填充径向渐变；选择渐变工具 ▦，在圆形的右下方按住鼠标按键，向右上方拖动，重新设置渐变在图形上的位置；复制圆形，在它上面再放置一个圆形，使两个圆形相减得到月牙图形；调整渐变位置，将月牙图形移动到圆形下方。绘制一个椭圆形，填充径向渐变；使用铅笔工具 ✎、椭圆工具 ◯ 绘制高光图形，填充白色。

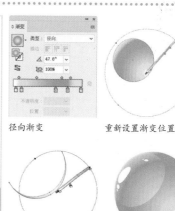

径向渐变　　　　重新设置渐变位置

制作月牙图形并调整渐变位置　　绘制高光图形

5.7 复习题

1. 为网格点或网格区域着色前，需要先进行哪些操作？

2. 网格点比锚点多了哪种属性？

3. 怎样将渐变对象转换为渐变网格对象，同时保留渐变颜色？

第6章

服装设计：图案与纹理

图案在服装设计、包装和插画中的应用比较多。在 Illustrator 中，使用"图案选项"面板可以方便地创建和编辑图案，即使是复杂的无缝拼贴图案，也能轻松制作出来。除此之外，本章还将介绍图案库和画笔库的使用方法，以及怎样制作单独图案、四方连续和分形图案等。

扫描二维码，关注李老师的微博、微信。

6.1 服装设计的绘画形式

　　服装设计的绘画形式有两种，即时装画和服装效果图。时装画是时装设计师表达设计思想的重要手段，它是一种理念的传达，强调绘画技巧，突出整体的艺术气氛与视觉效果，主要用于宣传和推广。图6-1、图6-2所示为时装插画大师 David Downton 的作品。时装画以其特殊的美感形式成为了一个专门的画种，如时装广告画、时装插画等。

图6-1　　　　　　　　　　　图6-2

　　服装设计效果图是服装设计师用来预测服装流行趋势，表达设计意图的工具。服装设计效果图表现的是模特穿着服装所体现出来的着装状态。人体是设计效果图构成中的基础因素，通常，头高（从头顶到下颌骨）同身高的比值称为"头身"，标准的人体比例为1:8。而服装设计效果图中的人体可以在写实人体的基础上略夸张，使其更加完美，8.5至10个头身的比例都比较合适，图6-3所示为真实的人体比例与服装效果图人体的差异。即使是写实的时装画，其人物的比例也是夸张的，即头小身长，如图6-4所示。

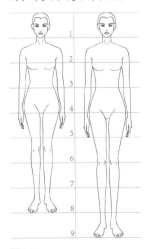 

图6-3　　　　　　　　　　　图6-4

6.2 创建和使用图案

　　图案可用于填充图形内部和描边。Illustrator提供了许多预设的图案，同时也允许用户创建和使用自定义的图案。

6.2.1 填充图案

　　选择一个对象，如图6-5所示，在工具面板中将填色或者描边设置为当前编辑状态（可按X键切换），单击"色板"面板中的一个图案，如图6-6所示，即可将其应用到所选对象上。图6-7、图6-8所示分别为描边和填色应用图案后的效果。

图6-5　　　　　　　　　　　　图6-6

图6-7　　　　　　　　　　　　图6-8

6.2.2 创建自定义图案

　　选择一个对象，如图6-9所示，执行"对象"|"图案"|"建立"命令，弹出"图案选项"面板，如图6-10所示。在面板中设置参数后，单击画板左上角的"完成"按钮，即可创建图案，并将其保存到"色板"面板中。

图6-9　　　　图6-10

- 名称：用来输入图案的名称。

- 拼贴类型：在该选项下拉列表中可以选择图案的拼贴方式，效果如图6-11所示。如果选择"砖形"，则可在"砖形位移"选项中设置图形的位移距离。

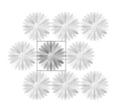

拼贴类型　　　　　　　　　　网格

砖形（按行）　　　　　　　　砖形（按列）

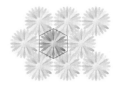

十六进制（按列）　　　　　　十六进制（按行）

图6-11

- 宽度/高度：可以设置拼贴图案的宽度和高度。单击按钮，可以进行等比例缩放。

- 图案拼贴工具：选择该工具后，画板中央的基本图案周围会出现定界框，如图6-12所示，拖动控制点可以调整拼贴间距，如图6-13所示。

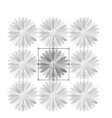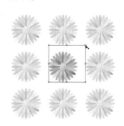

图6-12　　　　　　　　　　图6-13

● 将拼贴调整为图稿大小：勾选该项后，可以将拼贴调整到与所选图形相同的大小。如果要设置拼贴间距的精确数值，可勾选该项，然后在"水平间距"和"垂直间距"栏中输入数值。

间距为负值

图6-14

● 重叠：如果将"水平间距"和"垂直间距"设置为负值，如图6-14所示，则图形会产生重叠，单击该选项中的按钮，可以设置重叠方式，包括左侧在前 ◆、右侧在前 ◆、顶部在前 ◆、底部在前 ◆，效果如图6-15所示。

左侧在前

右侧在前

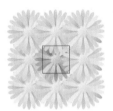

顶部在前

底部在前

图6-15

● 份数：可设置拼贴数量，包括3×3、5×5、7×7等选项。图6-16所示是选择1×3选项的拼贴效果。

图6-16

● 副本变暗至：可设置图案副本的显示程度，例如，图6-17所示是设置该值为30%的图案拼贴预览。

● 显示拼贴边缘：勾选该项，可以显示基本图案的边界框；如取消勾选，则隐藏边界框，如图6-18所示。

图6-17

图6-18

技巧放送　图案的变换操作技巧

使用选择、旋转、比例缩放等工具对图形进行变换操作时，如果对象填充了图案，则图案也会一同变换。如果想要单独变换图案，可以选择一个变换工具，在画板中单击，然后按住"~"键并拖动鼠标。如果要精确变换图案，可以选择对象，双击任意变换工具，在打开的对话框中设置参数，并且只选择"图案"选项即可。

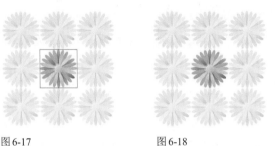

原图形

单独旋转图案

图案缩放参数

按照预设参数单独缩放图案

tip 将任意一个图形或位图图像拖到"色板"面板中，即可保存为图案样本。

6.3 图案库实例：豹纹图案

01 按Ctrl+O快捷键，打开素材文件，如图6-19所示。使用选择工具 ▶，选择一个女孩的裙子，如图6-20所示。

图6-19

图6-20

02 在"窗口"|"色板库"|"图案"|"自然"下拉菜单中选择一个图案库（"自然_动物皮"），将其打开。单击"美洲虎"图案，为图形填充该图案，如图6-21所示。

图 6-21

03 分别选取其他图形，填充不同的图案，效果如图6-22所示。

图 6-22

6.4 图案实例：单独纹样

01 新建一个文档。选择椭圆工具 ⬭，在画板中单击鼠标，弹出"椭圆"对话框，设置宽度和高度均为100mm，如图6-23所示，单击"确定"按钮，创建一个圆形，如图6-24所示。

图 6-23　　　　　　图 6-24

02 保持圆形的选取状态，按Ctrl+C快捷键复制，按Ctrl+F快捷键原位粘贴。将光标放在定界框的一角，按住Alt+Shift快捷键并拖动鼠标，保持圆形中心点不变，将其等比例缩小，如图6-25所示。用同样的方法制作出图6-26所示的6个圆形。

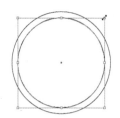 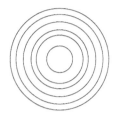

图 6-25　　　　　　图 6-26

03 执行"窗口"|"画笔库"|"边框"|"边框_装饰"命令，加载该画笔库。使用选择工具 ▶ 由大到小依次选取圆形，应用该面板中的样本描边，如图6-27所示。

04 选取位于中心的最小的圆形。设置"粗细"为2pt，使花纹变大，如图6-28、图6-29所示。

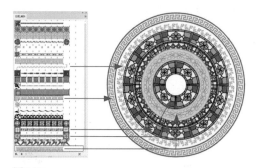

图 6-27

图 6-28　　　　　　　　图 6-29

05 使用面板中的其他样本，制作出图6-30~图6-33所示的图案。执行 "窗口"|"画笔库"|"边框"|"边框_原始"命令，打开该面板，如图6-34所示。使用该面板中的样本可以制作出具有古朴、深沉风格的图案，如图6-31~图6-35所示。

图 6-30　　　　　　　图 6-31

图 6-32

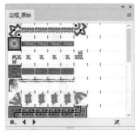

图 6-33

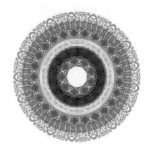

图 6-34

图 6-35

6.5 图案实例：四方连续图案

四方连续图案是服饰图案的重要构成形式之一，被广泛地应用于服装面料设计中。其最大的特点是图案组织上下、左右都能连续构成循环图案。

01 按Ctrl+O快捷键，打开素材，如图6-36所示。

02 使用选择工具 ▶ 选中图形，执行"对象"|"图案"|"建立"命令，打开"图案选项"面板，将"拼贴类型"设置为 ▦网格"，"份数"设置为"3×3"，如图6-37所示。

03 单击窗口左上角的"完成"按钮，创建的四方连续图案如图6-38所示。同时将图案保存到"色板"面板中，如图6-39所示。图6-39所示为图案在模特衣服上的展示效果。

图 6-38

图 6-36

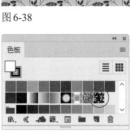

图 6-37

图 6-39

图 6-40

6.6 特效实例：丝织蝴蝶结

01 打开素材，这是一个蝴蝶结图形，如图6-41所示。使用选择工具 ▶ 将它选中，按Ctrl+C快捷键复制，后面的操作中会用到。

02 使用矩形工具 ▭ 绘制一个矩形，设置描边为洋红色。单击图6-42所示的色板，用该图案填充矩形。按Ctrl+[快捷键，将矩形移动到蝴蝶结后面，如图6-43所示。

图 6-41

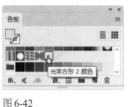

图 6-42

图 6-43

03 按Ctrl+A快捷键全选，按Alt+Ctrl+C快捷键创建封套扭曲，如图6-44所示。现在蝴蝶结内的纹理没有立体感，下面来修改纹理。单击控制面板中的 █ 按钮，打开"封套选项"对话框，勾选"扭曲图案填充"复选项，让纹理产生扭曲，如图6-45、图6-46所示。

04 按Ctrl+B快捷键，将第一步中复制的图形粘贴到蝴蝶结后面，填充洋红色，无描边。按键盘中的方向键（→↓）将其向下移动，使投影与蝴蝶结保持一段距离，如图6-47所示。执行"效果"|"风格化"|"羽化"命令，添加羽化效果，如图6-48、图6-49所示。

有的纹理，如图6-51、图6-52所示。修改内容后，单击"编辑封套"按钮 █，重新恢复为封套扭曲状态。

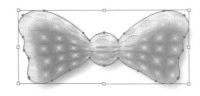

图 6-50　　　　　　　　　　　　图 6-51

图 6-52

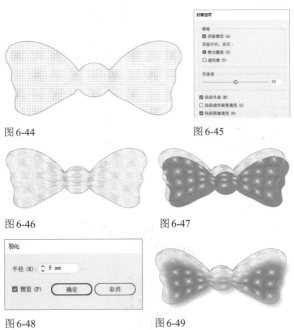

图 6-44　　　　　　　　　　　　图 6-45

图 6-46　　　　　　　　　　　　图 6-47

图 6-48　　　　　　　　　　　　图 6-49

06 采用同样的方法，可以制作出更多纹理样式的蝴蝶结。此外需要注意的是，投影颜色应该与图案的主色相匹配，以使其效果更加真实。此外，使用"装饰_旧版"图案库中的样本，可以制作出布纹效果的蝴蝶结，如图6-53所示。使用"自然_动物皮"图案库中的样本，可以制作出兽皮效果的蝴蝶结，如图6-54所示。

图 6-53

图 6-54

05 执行"窗口"|"色板库"|"图案"|"自然"|"自然_叶子"命令，打开该图案库。使用选择工具 ▶，按住Alt键的同时，拖动蝴蝶结和投影进行复制。选择封套扭曲对象，如图6-50所示，单击控制面板中的"编辑内容"按钮 █，单击面板中的一个图案，用它替换原

6.7 服装设计实例：绘制潮流女装

01 新建一个文档。使用钢笔工具 ✎ 绘制模特，用"5点椭圆形"画笔进行描边，设置描边颜色为黑色，宽度为0.25pt，无填充，如图6-55、图6-56所示。

图 6-55

图 6-56

02 单击"图层"面板中的█按钮，新建一个图层，如图6-57所示，将它拖动到"图层1"下方，然后在"图层1"前方单击，将该图层锁定，如图6-58所示。

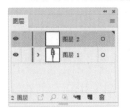

图 6-57 　　　　　　　　图 6-58

03 继续绘制人物面部、胳膊、腿、帽子和靴子，如图6-59所示。

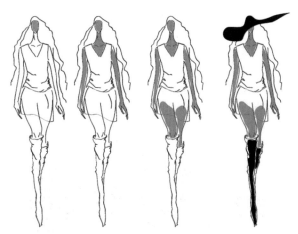

图 6-59

04 在背心和裙子上绘制图形，如图6-60所示。选择这两个图形，按Ctrl+G快捷键编组，如图6-61所示。

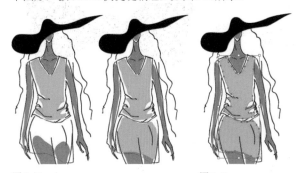

图 6-60 　　　　　　　　图 6-61

05 执行"窗口"|"色板库"|"其他库"命令，弹出"打开"对话框，选择本书提供的色板文件，如图6-62所示，将其打开，如图6-63所示。

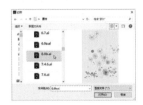
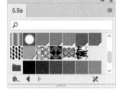

图 6-62 　　　　　　　　图 6-63

06 单击该面板中的图案，如图6-64所示，为所选图形填充图案，如图6-65所示。打开背景素材，将它拖入到模特文档中，放在最下层，作为背景，如图6-66所示。

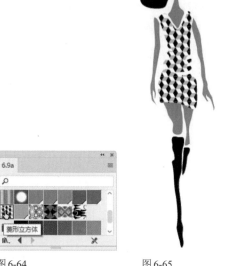

图 6-64 　　　　　　　　图 6-65

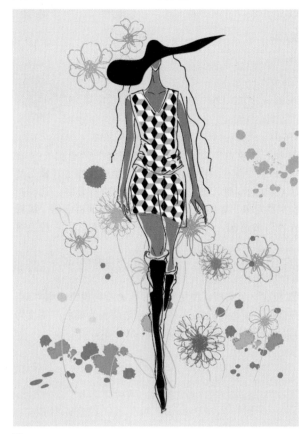

图 6-66

6.8 课后作业：迷彩面料

本章学习了图案与纹理的创建与使用。下面通过课后作业来强化学习效果。如果有不清楚的地方，请看视频教学录像。

Illustrator中的效果可用于制作纹理、材质和服装面料，例如，下图的迷彩面料。它的制作方法是：创建一个矩形，填充绿色，描边为黑色，执行"效果"|"像素化"|"点状化"命令，将图形处理为彩色的圆点；在该图形下方创建一个浅绿色矩形，在"透明度"面板中将上方图形的混合模式设置为"正片叠底"，让两个的颜色和纹理叠加；使用铅笔工具 ✐ 绘制一些随意的图形，创建一个浅绿色矩形，执行"效果"|"纹理"|"纹理化"命令，为它添加纹理效果，最后将它的混合模式设置为"正片叠底"。

绿色图形

效果参数

彩色圆点

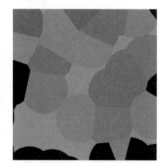

让图形叠加

用铅笔绘制图形

添加纹理化效果

迷彩面料

6.9 复习题

1. 什么样的对象可以创建为图案？
2. 创建自定义图案后，通过什么方法可以修改图案？
3. 怎样使用标尺调整图案的拼贴位置？

第7章

书籍装帧设计：图层与蒙版

图层是 Illustrator 中非常重要的功能，它承载了图形和效果。图层还可以分离图稿，使对象更加便于选择和编辑。蒙版用于遮盖对象，使其不可见或呈现透明效果，但不会删除对象，因此，它是一种非破坏性的编辑功能。图层并非 Illustrator 专有，例如，同为矢量软件的 CorelDRAW 中也有图层，其原理以及承担的功能与 Illustrator 基本相同。此外，其他设计软件，如 Photoshop、Painter、Flash、InDesign、AutoCAD 和 ZBrush 等也都有图层功能。

扫描二维码，关注李老师的微博、微信。

7.1 关于书籍装帧设计

书籍装帧设计是指从书籍文稿到成书出版的整个设计过程，包括书籍的开本、装帧形式、封面、腰封、字体、版面、色彩、插图，以及纸张材料、印刷、装订及工艺等各个环节的艺术设计。图7-1、图7-2所示为书籍各部分的名称。

图 7-1   图 7-2

书籍装帧设计是完成从书籍形式的平面化到立体化的过程，包含了艺术思维、构思创意和技术手法的系统设计。图7-3~ 图7-5所示为几种矢量风格的书籍封面。

图 7-3   图 7-4   图 7-5

7.2 图层

图层用来管理组成图稿的所有对象，它就像结构清晰的文件夹，将图形放置于不同的文件夹（图层）后，选择和查找时都非常方便。绘制复杂的图形时，灵活地使用图层也能有效地管理对象、提高工作效率。

7.2.1 图层面板

"图层"面板列出了当前文档中包含的所有图层，如图7-6、图7-7所示。新创建的文件只有一个图层，开始绘制之后，便会在当前选择的图层中添加子图层。单击图层前面的 图标，以展开图层列表，可以查看其中包含的子图层。

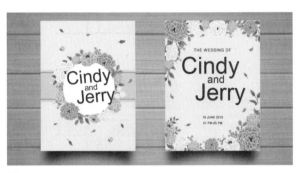

图7-6

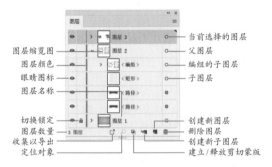

图7-7

● 收集以导出 ⬀：将所选图层添加为资源，通过导出，生成不同大小和格式的文件。在"图层"面板中选择要导出为资源的图层，然后单击⬀按钮，如图7-8所示。图层内容会自动保存至"资源导出"面板，如图7-9所示。可以对大小和格式进行设置。在进行移动设备应用程序开发时，设计师可能需要频繁更新，或者重新生成图标，如果将这些图标添加到"资源导出"面板中，通过单击"导出"按钮，便可将其同时导出。

图7-8　　　　　　　　　　　图7-9

● 定位对象 🔍：选择一个对象后，如图7-10所示，单击该按钮，即可选择对象所在的图层或子图层，如图7-11所示。当文档中图层、子图层、组的数量较多时，通过这种方法可以快速找到所需图层。

● 建立/释放剪切蒙版 🔲：单击该按钮，可以创建或释放剪切蒙版。

● 父图层：单击"创建新图层"按钮 ⬛，可以创建一个图层（即父图层），新建的图层总是位于当前选择的图层之上；如果要在所有图层的最上面创建一个图层，可按住Ctrl键并单击⬛按钮；将一个图层或者子图层拖到⬛按钮上，可以复制该图层。

 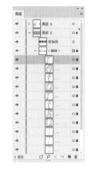

图7-10　　　　　　　　　　图7-11

● 子图层：单击"创建新子图层"按钮 ⬛，可以在当前选择的父图层内创建一个子图层。

● 图层名称/颜色：按住Alt键并单击⬛按钮，或双击一个图层，可以打开"图层选项"对话框，进而设置图层的名称和颜色，如图7-12所示。当图层数量较多时，给图层命名可以更加方便地查找和管理对象；为图层选择一种颜色后，当选择该图层中的对象时，对象的定界框、路径、锚点和中心点都会显示与图层相同的颜色，如图7-13、图7-14所示。这有助于在选择时区分不同图层上的对象。

图7-12　　　　　　　　　　图7-13

图7-14

● 眼睛图标 👁：单击该图标可进行图层显示与隐藏的切换。有该图标的图层为显示的图层，如图7-15所示。无该图标的图层为隐藏的图层，如图7-16所示。被隐藏的图层不能进行编辑，也不能打印出来。

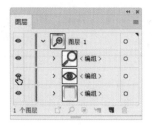

图 7-15

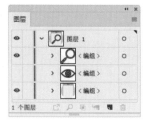

图 7-16

● 切换锁定：在一个图层的眼睛图标 ● 右侧单击鼠标，可以锁定该图层。被锁定的图层不能做任何编辑，并显示出一个 🔒状图标。如果要解除锁定，可单击🔒图标。

● 删除图层 🗑 ：按住 Alt 键并单击 🗑 按钮，或者将图层拖到该按钮上，可直接删除图层。如果图层中包含参考线，则参考线也会同时删除。删除父图层时，会同时删除它的子图层。

> tip 编辑复杂的对象，尤其是处理锚点时，为避免因操作不当而影响其他对象，可以将需要保护的对象锁定，以下是用于锁定对象的命令和方法。

● 如果要锁定当前选择的对象，可执行 "对象" | "锁定" | "所选对象" 命令（快捷键为 Ctrl+2）。

● 如果要锁定与所选对象重叠且位于同一图层中的所有对象，可执行 "对象" | "锁定" | "上方所有图稿" 命令。

● 如果要锁定除所选对象所在图层以外的所有图层，可执行 "对象" | "锁定" | "其他图层" 命令。

● 如果要锁定所有图层，可在 "图层" 面板中选择所有图层，然后从面板菜单中选择 "锁定所有图层" 命令。

● 如果要解锁文档中的所有对象，可执行 "对象" | "全部解锁" 命令。

7.2.2 通过图层选择对象

在 Illustrator 中绘图时，先绘制的小图形经常会被后绘制的大图形遮盖，使得需要选择它们时变得非常麻烦。"图层" 面板可以解决这个难题。

● 选择一个对象：在一个图形的对象选择列（ ○ 状图标处）单击，即可选择该图形， ○ 状图标会变为 ◎■ 状，如图 7-17 所示。如果要添加选择其他对象，可按住 Shift 键并单击其他选择列。

● 选择图层或组中的所有对象：在图层或组的选择列单击（图层或组名称右侧的 ○ 状图标），如图 7-18 所示。

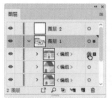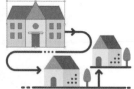

图 7-17

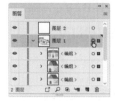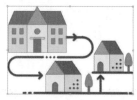

图 7-18

● 选择同一图层中的所有对象：选择一个对象后，执行 "选择" | "对象" | "同一图层上的所有对象" 命令，可选择对象所在图层中的所有其他对象。

● 在图层间移动对象：选择对象后，将 ■ 状图标拖到其他图层，如图 7-19 所示，可以将所选图形移到目标图层。由于 Illustrator 会为各个图层设置不同的颜色，因此，将对象调整到其他图层后， ■ 状图标以及定界框的颜色也会变为目标图层的颜色，如图 7-20 所示。

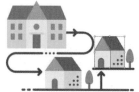

图 7-19

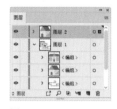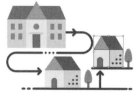

图 7-20

7.2.3 移动图层

单击 "图层" 面板中的一个图层，即可选择该图层。单击并将一个图层、子图层或图层中的对象拖到其他图层（或对象）的上面或下面，可以调整它们的堆叠顺序，如图 7-21、图 7-22 所示。

图 7-21

图7-22

7.2.4 合并图层

在"图层"面板中，相同层级上的图层和子图层可以合并。操作方法是先选择图层，如图7-23所示。再执行面板菜单中的"合并所选图层"命令，如图7-24所示。如果要将所有的图层拼合到某一个图层中，可以先单击该图层，如图7-25所示。再执行面板菜单中的"拼合图稿"命令，如图7-26所示。

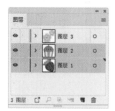

图7-23　　　　　　图7-24

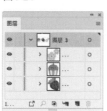

图7-25　　　　　　图7-26

7.2.5 巧用预览模式和轮廓模式

在默认情况下，Illustrator中的图稿采用彩色的预

览模式显示，如图7-27所示。在这种模式下编辑复杂的图形时，屏幕的刷新速度会变慢，而且图形互相堆叠，也不便于选择。执行"视图"|"轮廓"命令（快捷键为Ctrl+Y）可切换为轮廓模式，显示对象的轮廓框，如图7-28所示。在编辑渐变网格和复杂的图形时，这种方法非常有用。

按住Ctrl键并单击一个图层前的眼睛图标 👁 ，可单独将该图层中的对象切换为轮廓模式（眼睛图标会变为 👁 状），如图7-29、图7-30所示。需要重新切换为预览模式时，按住Ctrl键并单击 👁 图标即可。

图7-27　　　　　　　　　图7-28

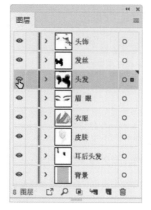

图7-29　　　　　　　　　图7-30

7.3 混合模式与不透明度

"透明度"面板中有两个选项，可以让相互堆叠的对象之间产生混合效果。其中混合模式选项会按照特殊的方式创建混合，"不透明度"选项则可以将对象调整为半透明效果。

7.3.1 混合模式

选择一个对象，单击"透明度"面板中的 按钮，打开下拉菜单，如图7-31所示，选择一种混合模式后，所选对象就会采用这种模式与下面的对象混合。图7-32所示为各种模式的具体混合效果。

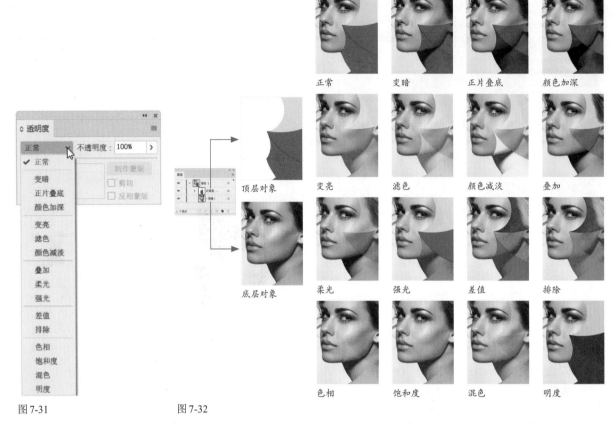

图 7-31   图 7-32

混合模式及原理如下表所示。

混合模式	原理
正常	默认的模式,对象之间不会产生混合
变暗	在混合过程中对比底层对象和当前对象的颜色,使用较暗的颜色作为结果色。比当前对象亮的颜色将被取代,暗的颜色保持不变
正片叠底	将当前对象和底层对象中的深色相互混合,结果色通常比原来的颜色深
颜色加深	对比底层对象与当前对象的颜色,使用低明度显示
变亮	对比底层对象和当前对象的颜色,使用较亮的颜色作为结果色。比当前对象暗的颜色被取代,亮的颜色保持不变
滤色	当前对象与底层对象的明亮颜色相互融合,效果通常比原来的颜色浅
颜色减淡	在底层对象与当前对象中选择明度高的颜色来显示混合效果
叠加	以混合色显示对象,并保持底层对象的明暗对比
柔光	当混合色大于50%灰度时,图形变亮;小于50%灰度时,对象变暗
强光	与柔光模式相反,当混合色大于50%灰度时,对象变暗;小于50%灰度时,对象变亮
差值	以混合颜色中较亮颜色的亮度减去较暗颜色的亮度,如果当前对象为白色,可以使底层颜色呈现反相,与黑色混合时可保持不变
排除	与差值的混合方式相同,但产生的效果要比差值模式柔和
色相	混合后对象的亮度和饱和度由底层对象决定,色相由当前对象决定
饱和度	混合后对象的亮度和色相由底层对象决定,饱和度由当前对象决定
混色	混合后对象的亮度由底层对象决定,色相和饱和度由当前对象决定
明度	混合后对象的色相和饱和度由底层对象决定,亮度由当前对象决定

tip "差值""排除""色相""饱和度""颜色"和"明度"模式都不能与专色相混合，而且，对于多数混合模式而言，指定为100%K的黑色，会挖空下方图层中的颜色。因此，在应用混合模式时，不要使用100%黑色，应将其改为使用CMYK值指定复色黑。

7.3.2 不透明度

在默认情况下，Illustrator中对象的不透明度为100%，如图7-33所示。选择对象后，在"透明度"面板中调整它的不透明度值，可以使其呈现透明效果，如图7-34所示。

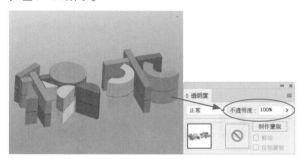

图7-33

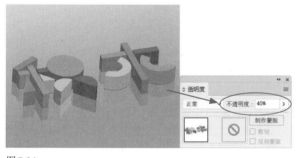

图7-34

7.3.3 单独调整填色和描边的不透明度

调整对象的不透明度时，它的填色和描边的不透明度会同时被修改，如图7-35、图7-36所示。如果要单独调整其中的一项，可以选择对象，然后在"外观"面板中选择"填色"或"描边"选项，再通过"透明度"面板调整其不透明度，如图7-37、图7-38所示。

原图形
图7-35

调整眼镜的整体不透明度
图7-36

调整眼镜填色的不透明度
图7-37

调整眼镜描边的不透明度
图7-38

7.3.4 编组对象不透明度的设置技巧

调整编组对象的不透明度时，会因设置方法不同而产生截然不同的效果。例如，图7-39所示的蓝、红、黄3个圆形为一个编组对象，此时它的不透明度为100%。图7-40所示为单独选择黄色圆形，并设置它的不透明度为50%的效果；图7-41所示为使用编组选择工具▷分别选择每一个图形，再分别设置其不透明度为50%的效果，此时所选对象重叠区域的透明度将相对于其他对象改变，同时会显示出累积的不透明度；图7-42所示为使用选择工具▶选择组对象，然后设置它的不透明度为50%的效果，此时组中的所有对象都会被视为单一对象来处理。

图7-39

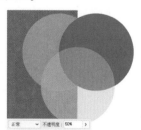

图7-40

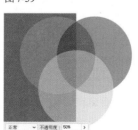

图7-41

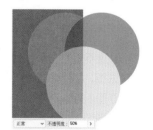

图7-42

7.4 蒙版

蒙版用于遮盖对象,使其不可见或呈现透明效果,但不会删除对象。Illustrator 中可以创建两种蒙版,即剪切蒙版和不透明蒙版。它们的区别在于,剪切蒙版主要用于控制对象的显示范围,不透明度蒙版主要用于控制对象的显示程度(即透明度)。路径、复合路径、组对象或文字都可以用来创建蒙版。

7.4.1 创建不透明度蒙版

创建不透明蒙版时,首先要将蒙版图形放在被遮盖的对象上面,如图7-43、图7-44所示,然后将它们选择,如图7-45所示,单击"透明度"面板中的"制作蒙版"按钮即可,如图7-46所示。

图7-43

图7-44

图7-45

图7-46

蒙版对象(上面的对象)中的黑色会遮盖下方对象,使其完全透明;灰色会使对象呈现半透明效果;白色不会遮盖对象。如果用作蒙版的对象是彩色的,则 Illustrator 会将它转换为灰度模式,然后再用来遮盖对象。

 着色的图形或位图图像都可以用来遮盖下面的对象。如果选择的是一个单一的对象或编组对象,则会创建一个空的蒙版。

7.4.2 编辑不透明度蒙版

创建不透明度蒙版后,"透明度"面板中会出现两个缩览图,左侧是被遮盖的对象的缩览图,右侧是蒙版缩览图,如图7-47所示。如果要编辑对象,应单击对象缩览图,如图7-48所示。如果要编辑蒙版,则单击蒙版缩览图,如图7-49所示。

图7-47

图7-48

图7-49

 按住Alt键并单击蒙版缩览图,画板中会单独显示蒙版对象;按住Shift键并单击蒙版缩览图,可以暂时停用蒙版,缩览图上会出现一个红色的"×";按住相应按键,并再次单击缩览图,可恢复不透明度蒙版。

在"透明度"面板中还可以设置以下选项。

● 链接按钮 🔘 :两个缩览图中间的 🔘 按钮表示对象与蒙版处于链接状态,此时移动或旋转对象时,蒙版将同时变换,遮盖位置不会变化。单击 🔘 按钮可以取消链接,此后可以单独移动对象或者蒙版,也可对其执行其他操作。

● 剪切:在默认情况下,该复选项处于勾选状态,此时位于蒙版对象以外的图稿都被剪切掉,如果取消对该复选项的勾选,则蒙版以外的对象会显示出来,如图7-50所示。

● 反相蒙版:勾选该复选项,可以反转蒙版的遮盖范围,如图7-51所示。

图7-50

图7-51

● 隔离混合:在"图层"面板中选择一个图层或组,然后勾选该复选项,可以将混合模式与所选图层或组隔离,使它们下方的对象不受混合模式的影响。

● 挖空组:选择该复选项后,可以保证编组对象中单独的对象或图层在相互重叠的地方不能透过彼此而显示。

● 不透明度和蒙版用来定义挖空形状：用来创建与对象不透明度成比例的挖空效果。挖空是指透过当前的对象显示出下面的对象，要创建挖空，对象应使用除"正常"模式以外的混合模式。

7.4.3 释放不透明度蒙版

如果要释放不透明度蒙版，可以选择对象，然后单击"透明度"面板中的"释放"按钮，对象就会恢复到蒙版前的状态。

7.4.4 创建剪切蒙版

在对象上方放置一个图形，如图7-52、图7-53所示。将它们选择，单击"图层"面板中的"建立/释放剪切蒙版"按钮，或执行"对象"|"剪切蒙版"|"建立"命令，即可创建剪切蒙版，并将蒙版图形（图层名称带下画线）以外的对象隐藏，如图7-54、图7-55所示。如果对象位于不同的图层，则创建剪切蒙版后，它们会调整到位于蒙版对象最上面的图层中。

图7-52

图7-53

图7-54

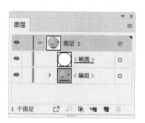

图7-55

7.4.5 编辑剪切蒙版

创建剪切蒙版后，剪贴路径和被遮盖的对象都可编辑。例如，可以使用编组选择工具，移动剪贴路径或被遮盖的对象，如图7-56所示。可以用直接选择工具，调整剪贴路径的锚点，如图7-57所示。

在"图层"面板中，将其他对象拖入剪切路径组时，蒙版会对其进行遮盖；如果将剪切蒙版中的对象拖至其他图层，则可释放对象，使其重新显示出来。

图7-56   图7-57

7.4.6 释放剪切蒙版

选择剪切蒙版对象，执行"对象"|"剪切蒙版"|"释放"命令，或单击"图层"面板中的"建立/释放剪切蒙版"按钮，即可释放剪切蒙版，使被剪贴路径遮盖的对象重新显示出来。

> **tip** 只有矢量对象可以作为剪切蒙版，但任何对象都可以作为被隐藏的对象，包括位图图像、文字或其他对象。

技巧放送 | 两种剪切蒙版创建方法的区别

创建剪切蒙版时，采用单击"图层"面板中的按钮的方法来操作，这样会遮盖同一图层中的所有对象。使用"对象"|"剪切蒙版"|"建立"命令创建剪切蒙版，则会遮盖所选对象，不会影响其他对象。

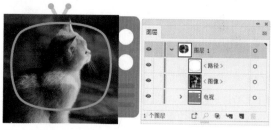

素材

单击按钮创建剪切蒙版

使用"建立"命令创建剪切蒙版

7.5 剪切蒙版实例：猫猫狗狗大联盟

01 新建一个文档。执行"文件"|"置入"命令，打开"置入"对话框，选择素材文件，取消对"链接"复选项的勾选，如图7-58所示，单击"置入"按钮，关闭对话框，在画布上单击，置入图像，如图7-59所示。

图7-58 图7-59

02 选择钢笔工具 ✐，在"工具"面板中将填充选项设置为无，沿着小狗的头部绘制路径，如图7-60所示。按Ctrl+C快捷键复制路径，按Ctrl+A快捷键全选。执行"对象"|"剪切蒙版"|"建立"命令，建立剪切蒙版，剪贴路径以外的对象都会被隐藏，而路径也将变为无填色和描边的对象，如图7-61、图7-62所示。

图7-60 图7-61 图7-62

03 按Ctrl+F快捷键，将复制的路径粘贴到前面，如图7-63所示，设置描边粗细为4pt，如图7-64所示。

图7-63 图7-64

04 为小狗设计一个比较英勇的姿态，使用钢笔工具 ✐ 进行绘制，设置描边粗细为3pt，用蓝色填充图形，如图7-65、图7-66所示。

05 绘制白色腰带，如图7-67所示，添加红色细纹，绘制背带及靴子，如图7-68所示。

图7-65 图7-66

图7-67 图7-68

06 在衣服上绘制小骨头作为装饰（描边粗细为1pt），绘制盾牌，如图7-69所示。在盾牌上绘制白色和蓝色的图形，再用椭圆工具 ◯ 绘制一个椭圆形，按Shift+Ctrl+[快捷键，将图形移至底层，如图7-70所示。

图7-69 图7-70

07 使用矩形工具 ▢，绘制一个蓝色的矩形作为背景。用同样的方法，导入猫咪图像，制作一个相同姿态的猫咪勇士，如图7-71所示。

图7-71

7.6 不透明度蒙版实例：App启动页设计

01 按Ctrl+N快捷键，打开"新建文档"对话框，新建一个大小为"750像素×1334像素"的文件，如图7-72所示。

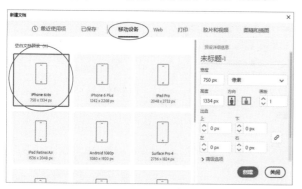

图7-72

02 选择矩形工具 ▣，在画面中单击，弹出"矩形"对话框，设置"宽度"为750px，"高度"为1334px，如图7-73所示。单击"确定"按钮，创建一个矩形。将矩形填充白色，无描边颜色。单击"图层1"前面的 ▷ 按钮，展开图层，然后在"矩形"子图层前面单击，将其锁定，如图7-74所示。

图7-73

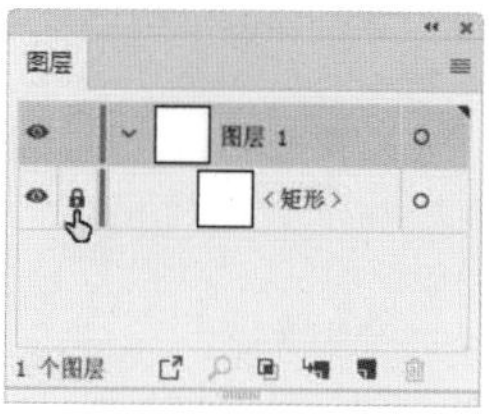

图7-74

03 选择椭圆工具 ◯，按住Shift键拖动鼠标创建一个圆形。在"渐变"面板中调整颜色，将圆形填充线性渐变，如图7-75、图7-76所示。

图7-75

图7-76

04 按Ctrl+C快捷键复制圆形。按Ctrl+F快捷键将复制的圆形粘贴到前面。在"颜色"面板中调整颜色，如图7-77、图7-78所示。

05 执行"效果"|"风格化"|"羽化"命令，设置"半径"为17，如图7-79、图7-80所示。

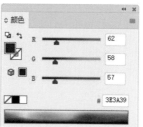

图7-77

图7-78

图7-79

图7-80

06 按Ctrl+A快捷键选取这两个圆形，单击"透明度"面板中的"制作蒙版"按钮，如图7-81所示。创建不透明度蒙版，如图7-82、图7-83所示。

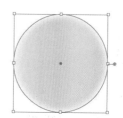

图7-81

图7-82

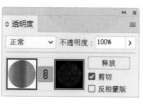

图7-83

07 取消对"剪切"复选框的勾选，如图7-84所示，效果如图7-85所示。

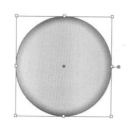

图7-84

图7-85

08 在"透明度"面板中，单击蒙版缩览图，如图7-86所示，进入蒙版编辑状态。使用选择工具 ▶ 单击圆形，将光标放在定界框的右上角，按住Shift键拖曳鼠标，将圆形成比例放大，如图7-87所示。

图7-86

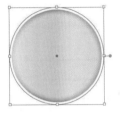
图7-87

⑨ 单击对象缩览图，如图7-88所示，结束蒙版的编辑状态，效果如图7-89所示。

图7-88

图7-89

⑩ 按Ctrl+F快捷键，将之前复制的圆形粘贴到前面。在"渐变"面板中调整颜色，为圆形填充"径向"渐变，如图7-90、图7-91所示。

图7-90

图7-91

⑪ 在"透明度"面板中，设置混合模式为"叠加"，如图7-92、图7-93所示。

图7-92

图7-93

⑫ 创建一个椭圆形。在"渐变"面板中调整颜色为白色到透明，如图7-94所示。调整椭圆形的角度，使白色位于左上角，透明的颜色位于右下角，如图7-95所示。

⑬ 选择星形工具 ☆，在画面中单击，弹出"星形"对话框，设置参数如图7-96所示。单击"确定"按钮，创建一个星形，填充白色，无描边颜色，如图7-97所示。

图7-94

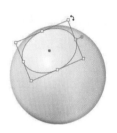
图7-95

图7-96

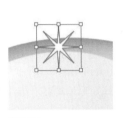
图7-97

⑭ 使用选择工具 ▶，按住Alt键拖动图形，进行复制，再适当缩小。可以在"透明度"面板中，调整图形的不透明度，以减弱图形的显示，使画面有主次、虚实的变化，如图7-98、图7-99所示。

图7-98

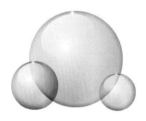
图7-99

⑮ 使用文字工具 T，在画面中输入文字，设置字体为"思源黑体"，大小分别为110pt和23.2pt。复制气泡，装饰在文字周围，效果如图7-100所示。图7-101所示为启动页在手机上显示的效果图。

图7-100

图7-101

7.7 封面设计：时尚杂志ANNA

01 按Ctrl+N快捷键，打开"新建文档"对话框，新建一个大小为"297mm×210mm"、颜色模式为CMYK颜色的文件。

02 执行"文件"|"置入"命令，打开"置入"对话框，选择素材，取消对"链接"复选项的勾选，如图7-102所示。单击"置入"按钮，在画板中单击鼠标以置入图像，如图7-103所示。

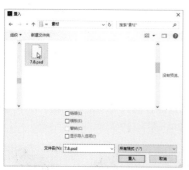

图7-102   图7-103

03 单击"图层"面板底部的 按钮，新建"图层2"，将"图层1"锁定，如图7-104所示。使用钢笔工具 ，绘制人物的头发。衣服的线条要比较柔和自由，可以使用铅笔工具 来完成，如图7-105所示。

图7-104   图7-105

04 单击"色板"左下角的 按钮，在打开的菜单中选择"图案"|"自然"|"自然_叶子"命令，载入图案库，用"莲花方形颜色"图案填充头发，如图7-106、如图7-107所示。

图7-106   图7-107

05 单击"自然_叶子"面板底部的 按钮，切换到"Vonster图案"，用"摇摆"和"翠绿"图案填充衣服，如图7-108、图7-109所示。

图7-108   图7-109

06 单击"Vonster图案"面板底部的 按钮，切换到"装饰旧版"图案库，用库中的样本填充衣领和衣袖，设置衣袖的描边颜色为白色，粗细为3pt，如图7-110、图7-111所示。

图7-110   图7-111

07 使用钢笔工具 绘制发丝，如图7-112、图7-113所示。

图7-112   图7-113

08 绘制夸张的眼睫毛。可先绘制一个，然后复制并调整大小，得到另一个，如图7-114所示。将这两个图形选取，按Ctrl+G快捷键编组。双击镜像工具 ，弹出"镜

像"对话框，选择"垂直"选项，单击"复制"按钮，如图7-115所示，镜像并复制图形，然后将其移动到右眼上，如图7-116所示。

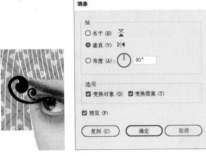

图7-114　　图7-115　　　　　　　　图7-116

09 分别使用星形工具 ☆ 和矩形工具 ▢ 绘制图形，如图7-117所示。将这两个图形编组，复制并调整角度，排列在人物的眼睫毛上，如图7-118所示。

图7-117　　图7-118

10 使用钢笔工具 ✏，绘制一个细长的叶子图形。使用椭圆工具 ⬭，绘制一个圆形，如图7-119所示。将这两个图形编组，复制并调整角度，根据人物下眼线的弧度进行排列，如图7-120所示。绘制4个小星星作为点缀，如图7-121所示。

图7-119　　图7-120　　　图7-121

11 在右侧脸颊上绘制一个椭圆形，填充洋红色，用白色描边，粗细为1pt，勾选"虚线"复选项，设置虚线及间隙的参数均为2pt，如图7-122、图7-123所示。

图7-122　　　　　　　图7-123

12 保持图形的选取状态，打开"外观"面板，单击"填色"属性的"不透明度"，在打开的面板中设置混合模式为"叠加"，用这种方法可单独调整图形的填充属性，而描边则保持不变。同样，在左脸上制作两个橙色的圆形，效果如图7-124、图7-125所示。

图7-124　　　　　　　图7-125

13 绘制嘴唇图形，设置混合模式为"正片叠底"，不透明度为70%，如图7-126、图7-127所示。

图7-126　　　　　　　图7-127

14 使用多边形工具 ⬡，绘制一个八边形，执行"效果"|"扭曲和变换"|"收缩和膨胀"命令，设置参数为30%，制作出花朵图形，如图7-128所示，用图案填充花朵，绘制小星形，分别装饰在头发、手指和指甲上，如图7-129所示。

图7-128　　　　　　　图7-129

15 选择文字工具 T，在控制面板中设置字体及大小，在画面中单击鼠标，然后输入文字，如图7-130所示。按Ctrl+C快捷键复制，按Ctrl+F快捷键粘贴到前面，用"装饰旧版"图案库中的"星状六角形颜色"图案进行填充，如图7-131所示。

图7-130　　　　　　　　图7-131

⑯ 新建一个图层并将其移至底层。选择矩形工具▱，创建一个与画面大小相同的矩形，填充白色。复制该矩形，原位粘贴到前面，用"Vonster图案"库中的"漩涡2"图案进行填充，设置不透明度为70%，如图7-132所示。最后，在画面两侧输入文字，如图7-133所示。

图7-132

图7-133

7.8 课后作业：百变贴图

本章学习了图层与蒙版功能。下面通过课后作业来强化学习效果。如果有不清楚的地方，请看视频教学录像。

剪切蒙版可以通过图形控制对象的显示范围，非常适合在马克杯、滑板、T恤、鞋子等对象表面贴图，例如下图。为对象贴图也可以通过将花纹创建为图案，然后再用图案来填充鞋子图形的方法来操作，但这样的话，一旦要修改图案会比较麻烦。使用剪切蒙版贴图则要方便得多。在制作时要注意将鞋面、鞋底和鞋带等部分放在不同的图层中，鞋面则要与花纹位于同一图层。

鞋子素材

花纹素材

7.9 复习题

1. 什么情况下适合使用"图层"面板选择对象？

2. 当图层数量较多时，怎样快速找到一个对象所在的图层？

3. 怎样调整填色和描边的不透明度以及混合模式？

4. 不透明度蒙版与剪切蒙版有什么区别？

第8章

海报设计：混合与封套扭曲

混合功能可以在两个或多个对象之间生成一系列的中间对象，使之产生从形状到颜色的全面混合和变化效果。封套扭曲是一种高级变形工具，它灵活、可控性强，可以使对象按照封套的形状产生变形。本章就来介绍这两种变形工具。

8.1 海报设计的常用表现手法

海报（英文为 Poster）即招贴，是指张贴在公共场所的告示和印刷广告。海报作为一种视觉传达艺术，最能体现平面设计的形式特征，它的设计理念、表现手法较之其他广告媒介更具典型性。海报从用途上可以分为3类，即商业海报、艺术海报和公共海报。海报设计的常用表现手法包括以下几种。

● 写实表现法：一种直接展示对象的表现方法，它能够有效地传达产品的最佳利益点。图8-1所示为芬达饮料海报。

● 联想表现法：一种婉转的艺术表现方法，它是由一个事物联想到另外的事物，或将事物某一点与另外事物的相似点或相反点自然地联系起来的思维过程。图8-2所示为Covergirl睫毛刷产品宣传海报——请选择加粗。

● 情感表现法："感人心者，莫先于情"，情感是最能引起人们心理共鸣的一种心理感受。美国心理学家马斯诺指出："爱的需要是人类需要层次中最重要的一个层次"。在海报中运用情感因素可以增强作品的感染力，达到以情动人的效果。图8-3所示为里维斯牛仔裤海报——融合起来的爱，叫完美！

图 8-1   图 8-2

● 对比表现法：将性质不同的要素放在一起相互比较。图8-4所示为Schick Razors 舒适剃须刀海报，男子强壮的身体与婴儿般的脸蛋形成了强烈的对比，既新奇又充满了幽默感。

● 夸张表现法：海报中常用的表现手法之一，它通过一种夸张的、超出观众想象的画面内容来吸引观众的眼球，具有极强的吸引力和戏剧性。图8-5所示为生命阳光牛初乳婴幼儿食品海报——不可思议的力量。

 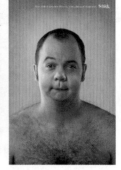 

图 8-3   图 8-4   图 8-5

● 幽默表现法：广告大师波迪斯曾经说过"巧妙地运用幽默，就没有卖不出去的东西"。幽默的海报具有很强的戏剧性、故事性和趣味性，往往能够带给人会心的一笑，让人感觉到轻松愉快，并产生良好的说服效果。图 8-6 所示为 LG 洗衣机广告：有些生活情趣是不方便让外人知道的，LG 洗衣机可以帮你。不用再使用晾衣绳，自然也不用为生活中的某些情趣感到不好意思了。

- 拟人表现法：将自然界的事物进行拟人化处理，赋予其人格和生命力，能让受众迅速在心理产生共鸣。图 8-7 所示为 Kiss FM 摇滚音乐电台海报——跟着 Kiss FM 的劲爆音乐跳舞。

- 名人表现法：巧妙地运用名人效应会增加产品的亲切感，产生良好的社会效益。图 8-8 所示为猎头公司广告——幸运之箭即将射向你。这款海报暗示了猎头公司会像丘比特一样为你制定专属的目标，帮用户找到心仪的工作。

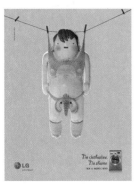

图 8-6　　　　　　　　图 8-7　　　　　　　　图 8-8

8.2　混合

　　混合功能可以在两个或多个对象之间生成一系列的中间对象，使之产生从形状到颜色的全面混合效果。图形、文字、路径，以及应用渐变或图案填充的对象都可以用来创建混合。

8.2.1　创建混合

（1）使用混合工具创建混合

　　选择混合工具，将光标放在对象上，捕捉到锚点后光标会变为状，如图 8-9 所示。单击鼠标，然后将光标放在另一个对象上，捕捉到锚点后，如图 8-10 所示，单击即可创建混合，如图 8-11 所示。

　　捕捉不同位置的锚点时，创建的混合效果也大不相同，如图 8-12、图 8-13 所示。

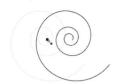
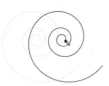

图 8-9　　　　　　图 8-10　　　　　　　图 8-11　　　　　　　图 8-12　　　　　　　图 8-13

（2）使用混合命令创建混合

　　图 8-14 所示为两个椭圆形，将它们选择，执行"对象"|"混合"|"建立"命令，即可创建混合，如图 8-15 所示。如果用来制作混合的图形较多或者比较复杂，则使用混合工具很难正确地捕捉到锚点，创建混合时就可能发生扭曲，使用混合命令创建混合可以避免出现这种情况。

图 8-14　　　　　　　　　　图 8-15

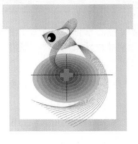

技巧放送 | **线的混合艺术**

混合的绝妙之处是可以根据需要，自由地控制由混合生成的中间图形的数量，利用此功能，可以淋漓尽致地演绎线条的艺术之美。例如，右图的小金鱼就是通过混合制作出来的。线条充分地表现了金鱼灵动和轻盈的姿态。

只需绘制4条简单的路径，将它们两两混合，然后适当减少中间图形的数量，就可以生成一条活灵活现的金鱼。

4条基本的路径

路径与路径混合

tip 创建混合效果时生成的中间对象越多，文件就越大。使用渐变对象创建复杂的混合效果时，更会占用大量内存。

8.2.2 设置混合选项

创建混合后，选择对象，双击混合工具 ，可以打开"混合选项"对话框，修改混合图形的方向和颜色的过渡方式，如图8-16所示。

- 间距：选择"平滑颜色"选项，可自动生成合适的混合步数，创建平滑的颜色过渡效果，如图8-17所示。选择"指定的步数"选项，可在右侧的文本框中输入数值，例如，如果要生成5个中间图形，可输入"5"，效果如图8-18所示。选择"指定的距离"选项，可输入中间对象的间距，Illustrator会按照设定的间距自动生成与之匹配的图形，如图8-19所示。

图 8-16

图 8-17

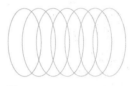
图 8-18

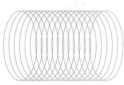
图 8-19

- 取向：如果混合轴是弯曲的路径，单击"对齐页面"按钮 时，混合对象的垂直方向与页面保持一致，如图8-20所示。单击"对齐路径"按钮 ，则混合对象垂直于路径，如图8-21所示。

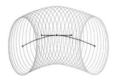
图 8-20

图 8-21

8.2.3 反向堆叠与反向混合

创建混合以后，如图8-22所示，选择对象，执行"对象"|"混合"|"反向堆叠"命令，可以颠倒对象的堆叠次序，使后面的图形排到前面，如图8-23所示。执行"对象"|"混合"|"反向混合轴"命令，可以颠倒混合轴上的混合顺序，如图8-24所示。

图 8-22

图 8-23

图 8-24

8.2.4 编辑原始图形

用编组选择工具 在原始图形上单击，可将其选择，如图8-25所示。选择原始的图形后，可以修改它的颜色，如图8-26所示。也可以对它进行移动、旋转、缩放等操作，如图8-27所示。

图 8-25

图 8-26

图 8-27

8.2.5 编辑混合轴

创建混合后，会自动生成一条连接对象的路径，即混合轴。默认情况下，混合轴是一条直线，可以使用其他路径来替换。例如，图8-28所示为一个混合对象，将它和一条椅子形状的路径同时选择，如图8-29所示，执行"对象"|"混合"|"替换混合轴"命令，即可用该路径替换混合轴，混合对象会沿着新的混合轴重新排列，如图8-30所示，图8-31所示为通过这种方法制作的不锈钢椅子。

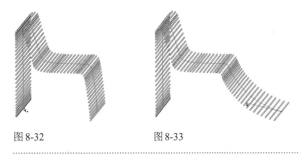

图8-32　　　　　　　　　图8-33

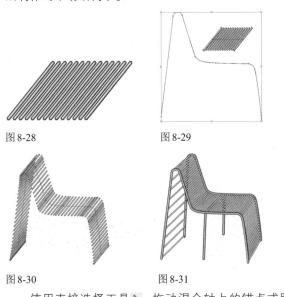

图8-28　　　　　图8-29

图8-30　　　　　图8-31

使用直接选择工具 ▷，拖动混合轴上的锚点或路径段，可以调整混合轴的形状，如图8-32、图8-33所示。此外，在混合轴上也可以添加或删除锚点。

8.2.6 扩展与释放混合

创建混合后，原始对象之间生成的中间对象自身并不具备锚点，因此，这些图形是无法选择的。如果要编辑它们，可以选择混合对象，如图8-34所示，执行"对象"|"混合"|"扩展"命令，将它们扩展为图形，如图8-35所示。

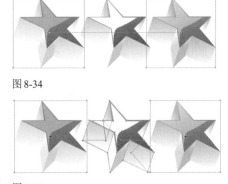

图8-34

图8-35

如果要释放混合，可以执行"对象"|"混合"|"释放"命令。释放混合对象的同时还会释放混合轴，它是一条无填色、无描边的路径。

8.3 封套扭曲

封套扭曲是Illustrator中最灵活、最具可控性的变形功能，它可以使对象按照封套的形状产生变形。封套是用于扭曲对象的图形，被扭曲的对象叫作封套内容。封套类似于容器，封套内容则类似于容器中的水，将水装进圆形的容器时，水的边界就会呈现圆形；将水装进方形容器时，水的边界又会呈现方形，封套扭曲也与之类似。

8.3.1 用变形建立封套扭曲

选择对象，执行"对象"|"封套扭曲"|"用变形建立"命令，打开"变形选项"对话框，如图8-36所示，在"样式"下拉列表中选择一种变形样式，并设置其参数，即可扭曲对象，如图8-37所示。

图8-36

tip 调整"弯曲"值，可以控制扭曲程度，该值越高，扭曲强度越大。调整"扭曲"选项中的参数，可以使对象产生透视效果。

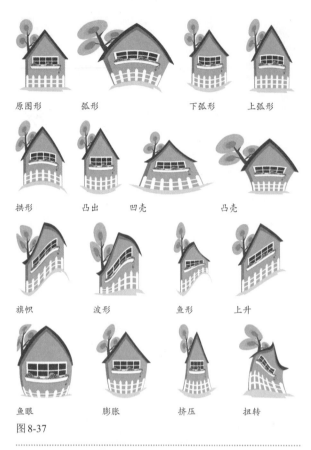

原图形　　弧形　　　下弧形　　上弧形

拱形　　　凸出　　　凹壳　　　凸壳

旗帜　　　波形　　　鱼形　　　上升

鱼眼　　　膨胀　　　挤压　　　扭转

图 8-37

8.3.2　用网格建立封套扭曲

　　选择对象，执行"对象"|"封套扭曲"|"用网格建立"命令，在打开的对话框中设置网格线的行数和列数，如图 8-38 所示，单击"确定"按钮，创建变形网格，如图 8-39 所示。此后可以用直接选择工具 ▷，移动网格点来改变网格形状，进而扭曲对象，如图 8-40 所示。

图 8-38　　　　　　　　图 8-39

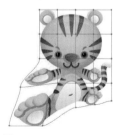

图 8-40

tip 使用网格建立封套扭曲后，选择对象，可以在控制面板中修改网格线的行数和列数，也可以单击"重设封套形状"按钮，将网格恢复为原有的状态。除图表、参考线和链接对象外，可以对任何对象进行封套扭曲。

技巧放送 | **封套扭曲转换技巧**

如果封套扭曲是使用"用变形建立"命令创建的，选择对象后，执行"对象"|"封套扭曲"|"用网格重置"命令，可基于当前的变形效果生成变形网格，此时可通过网格点来扭曲对象。如果封套扭曲是使用"用网格建立"命令创建的，则执行"对象"|"封套扭曲"|"用变形重置"命令，可以打开"变形选项"对话框，将对象转换为用变形创建的封套扭曲。

封套扭曲对象　　　生成变形网格　　　用网格扭曲对象

8.3.3　用顶层对象建立封套扭曲

　　在对象上放置一个图形，如图 8-41 所示，将它们选择，执行"对象"|"封套扭曲"|"用顶层对象建立"命令，即可用该图形扭曲它下面的对象，如图 8-42 所示。

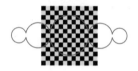 

图 8-41　　　　　　　　　　图 8-42

技巧放送 | **用封套扭曲制作鱼眼镜头效果**

采用顶层对象创建封套扭曲的方法，可以将图像扭曲为类似鱼眼镜头拍摄的夸张效果。鱼眼镜头是一种超广角镜头，用它拍摄出的照片，除画面中心的景物不变，其他景物均呈现向外凸出的变形效果，从而产生强烈的视觉冲击力。

图像素材　　　　　　　在图像上方创建图形

创建封套扭曲　　　　　添加霓虹灯边框

8.3.4 设置封套选项

封套选项决定了以何种形式扭曲对象以便使之适合封套。要设置封套选项，可以选择封套扭曲对象，单击控制面板中的"封套选项"按钮 ▤，或执行"对象"|"封套扭曲"|"封套选项"命令，打开"封套选项"对话框进行设置，如图8-43所示。

图 8-43

- 消除锯齿：使对象的边缘变得更加平滑。这会增加处理时间。

- 保留形状，使用：用非矩形封套扭曲对象时，可在该选项中指定栅格以怎样的形式保留形状。选择"剪切蒙版"选项，可在栅格上使用剪切蒙版；选择"透明度"选项，则对栅格应用 Alpha 通道。

- 保真度：指定封套内容在变形时适合封套图形的精确程度，该值越高，封套内容的扭曲效果越接近于封套的形状，但会产生更多的锚点，同时也会增加处理时间。

- 扭曲外观：如果封套内容添加了效果或图形样式等外观属性，选择该复选项，可以使外观与对象一同扭曲。

- 扭曲线性渐变填充：如果被扭曲的对象填充了线性渐变，如图8-44所示，选择该复选项可以将线性渐变与对象一起扭曲，如图8-45所示，图8-46所示为未选择该复选项时的扭曲效果。

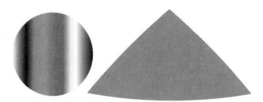

图 8-44

图 8-45

图 8-46

- 扭曲图案填充：如果被扭曲的对象填充了图案，如图8-47所示，选择该复选项可以使图案与对象一起扭曲，如图8-48所示，图8-49所示为未选择该复选项时的扭曲效果。

图 8-47

图 8-48　　　　　图 8-49

8.3.5 编辑封套内容

创建封套扭曲后，封套对象会合并在一个名称为"封套"的图层上，如图8-50所示。如果要编辑封套内容，可以选择对象，然后单击控制面板中的"编辑内容"按钮 ▣，封套内容便会出现在画面中，如图8-51所示，此时便可对其进行编辑。例如，可以使用编组选择工具 ▷ 选择图形，然后修改颜色，如图8-52所示。修改内容后，单击"编辑封套"按钮 ▣，可重新恢复为封套扭曲状态，如图8-53所示。

如果要编辑封套，可以选择封套扭曲对象，然后使用锚点编辑工具（如转换锚点工具 ▷、直接选择工具 ▷ 等）对封套进行修改，封套内容的扭曲效果也会随之改变，如图8-54所示。

图 8-50

图 8-51

图 8-52

图 8-53

图 8-54

tip 通过"用变形建立"和"用网格建立"命令创建的封套扭曲，可以直接在控制面板中选择其他的样式，也可以修改参数和网格的数量。

8.3.6　扩展与释放封套扭曲

　　选择封套扭曲对象，执行"对象"|"封套扭曲"|"扩展"命令，可删除封套，但对象仍保持扭曲状态，并且可以继续编辑和修改。如果执行"对象"|"封套扭曲"|"释放"命令，则可以释放封套对象和封套，使对象恢复为原来的状态。如果封套扭曲是使用"用变形建立"命令或"用网格建立"命令创建的，还会释放出一个封套形状的网格图形。

8.4　混合实例：毛绒特效字

01 新建一个文档。选择椭圆工具 ⬭，按住Shift键的同时拖曳鼠标，创建一个圆形。在"渐变"面板中调整渐变颜色，将圆形填充"线性"渐变，如图8-55、图8-56所示。

图 8-55　　　　　　　　图 8-56

02 使用选择工具 ▶，按住Alt键的同时向左拖曳鼠标，复制圆形，调整渐变颜色，如图8-57、图8-58所示。

图 8-57　　　　　　　　图 8-58

03 按Ctrl+A快捷键，选取这两个圆形。按Alt+Ctrl+B快捷键，创建混合效果。双击"工具"面板中的混合工具 🔲，打开"混合选项"对话框，并设置参数，如图8-59、图8-60所示。

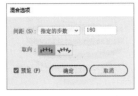

图 8-59　　　　　　　　图 8-60

04 使用选择工具 ▶，将光标放在形状构件上，光标显示为 ▶▪状，如图8-61所示。按住鼠标向上拖曳，图形呈现饼状变化，如图8-62所示。用同样的方法，调整下方的路径，如图8-63、图8-64所示。

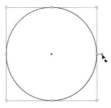

图 8-61　　　　　　　　图 8-62

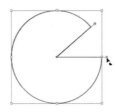

图 8-63　　　　　　　　图 8-64

05 选择直接选择工具 ▷，在图8-65所示的锚点上单击，将其选取，按Delete键删除该锚点，使原来的图形变成一个开放式的路径，如图8-66所示。

图 8-65　　　　　　　　图 8-66

06 按Ctrl+A快捷键，选取图形及路径，如图8-67所示。执行"对象"|"混合"|"替换混合轴"命令，如图8-68所示。

07 执行"效果"|"扭曲和变换"|"粗糙化"命令，设置参数如图8-69所示，制作出毛绒效果，如图8-70所示。

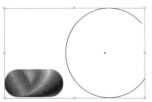

图 8-67　　　　　　　　　　　　图 8-68

图 8-75　　　　　　　　　　　　图 8-76

图 8-69　　　　　　　　　　　　图 8-70

08 使用同样的方法，制作类似耳朵形状的混合特效。圆形要较之前画得小一些，填充线性渐变，并将其复制到右侧。使用钢笔工具 ✎ 绘制一条开放式路径，作为混合轴，如图8-71、图8-72所示。

11 选择矩形工具 ▢，创建一个矩形，填充径向渐变。按 Shift+Ctrl+[快捷键，将矩形移至底层，如图8-77、图8-78所示。

图 8-77　　　　　　　　图 8-78

12 创建一个圆形，填充径向渐变作为投影。单击渐变滑杆右侧的滑块，设置不透明度为0%，使渐变的边缘变得透明，如图8-79、图8-80所示。调整高度，使图形呈椭圆状，阴影效果会更加真实，如图8-81所示。

图 8-71　　　　　　　　图 8-72

09 将两个圆形混合，再通过替换混合轴，使混合对象呈现弯曲状排列。按Shift+Ctrl+E快捷键，为对象添加"粗糙化"效果，如图8-73所示。需要注意的是，作为混合对象的两个圆形，其前后位置不同，所产生的混合效果也会有所变化。比如左侧圆形在前，会出现图8-74所示的效果。要做调整的话，可以单独选取左侧圆形，按 Ctrl+[快捷键，将其向后移动一个位置即可。

图 8-79　　　　　图 8-80　　　　　图 8-81

13 将渐变滑块向左拖曳，以增加透明区域的范围，如图 8-82、图8-83所示。

图 8-82　　　　　　　　图 8-83

14 在"透明度"面板中，设置混合模式为"正片叠底"，不透明度为85%，如图8-84、图8-85所示。

图 8-73　　　　　　　　　　　　图 8-74

10 选取耳朵图形。双击镜像工具 ▷◁，打开"镜像"对话框，选择"垂直"单选项，单击"复制"按钮，如图8-75所示。镜像并复制图形。使用选择工具 ▶ 将复制后的图形向右移动，如图8-76所示。

图 8-84

图 8-85

图 8-86

⑮ 选择光晕工具 ，在画面中按住鼠标并拖曳，创建一个光晕图形，与背景光相呼应，拖曳鼠标的同时按键盘中的"↑"键，可以增加"射线"的数量，效果如图8-86所示。

8.5 混合实例：游戏 App 设计

① 先来绘制青蛙的头部。使用椭圆工具 绘制两个椭圆形，将其分别填充为绿色与浅蓝色，如图8-87所示。按Ctrl+A快捷键，将图形全部选中，按Alt+Ctrl+B快捷键，创建混合效果。双击混合工具 ，打开"混合选项"对话框，设置参数如图8-88所示，通过混合来表现图形的明暗效果，如图8-89所示。

图 8-87

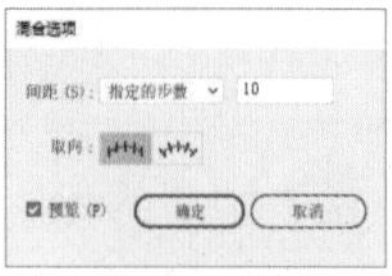

图 8-88

图 8-89

② 青蛙的身体也是由两个椭圆形组成的，如图8-90所示，用同样的方法，再次创建混合效果，并按Shift+Ctrl+[快捷键，将图形移动到头部图形的后面，如图8-91所示。

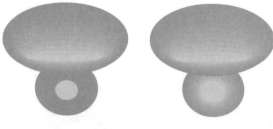

图 8-90

图 8-91

③ 使用钢笔工具 绘制青蛙的手臂，如图8-92所示。双击镜像工具 ，在打开的对话框中设置参数，单击"复制"按钮，如图8-93所示，镜像并复制手臂到身体右侧，如图8-94所示。

④ 绘制背带裤，填充线性渐变，如图8-95、图8-96所示。绘制腿部图形，如图8-97所示。

图 8-92

图 8-93

图 8-94

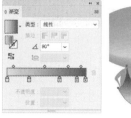

图 8-95

图 8-96

图 8-97

⑤ 使用选择工具 选取背带裤图形，按Ctrl+C快捷键复制，按Ctrl+F快捷键粘贴到前面。单击"色板"左下角的 按钮，打开菜单，执行"图案"|"基本图形"|"基本图形_点"命令，载入图案库，选择图8-98所示的图案，在背带裤上添加圆点图案，如图8-99所示。

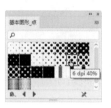

图 8-98

图 8-99

⑥ 使用图案库中的图案后，该图案会自动加载到"色板"中，双击"色板"中的圆点图案，如图8-100所示，进入图案的编辑状态，使用魔棒工具 在黑色圆点上单

击，选取图案中的所有黑色圆点，如图8-101所示，单击"色板"中的白色进行填充，如图8-102所示。在画面的空白处双击，完成图案的编辑，如图8-103所示。

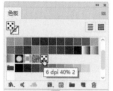

图8-100　　　　　　　图8-101

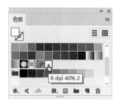

图8-102　　　　　　　图8-103

⑦ 选择椭圆工具 ⬭，按住Shift键拖曳鼠标，创建一个圆形，填充线性渐变，将两个滑块的颜色都设置为蓝色，再单击右侧的滑块，设置它的不透明度为0%，如图8-104、图8-105所示。

⑧ 分别创建两个圆形，填充蓝色和深蓝色，如图8-106所示，将这两个圆形选取，按Alt+Ctrl+B快捷键，创建混合效果，如图8-107所示。

图8-104　　　　　图8-105　　　　　图8-106　　　　　图8-107

⑨ 创建一个小圆形，作为眼睛的高光。再创建一个大一点的圆形，无填充，用淡黄色描边，粗细为20pt，如图8-108所示。按Ctrl+C快捷键，复制该圆形，按Ctrl+F快捷键，将其粘贴到前面，设置描边颜色为绿色，描边粗细为1pt，如图8-109所示。将两个圆形选取，创建混合效果，如图8-110所示。

图8-108　　　　　图8-109　　　　　图8-110

⑩ 创建圆形，设置描边粗细为0.25pt。执行"窗口"|"画笔库"|"边框"|"边框_几何图案"命令，加载画笔库，选择"几何图形3"画笔，如图8-111、图8-112所示。

图8-111　　　　　　　图8-112

⑪ 选取组成眼睛的所有图形，按住Alt+Shift快捷键的同时，向右拖曳鼠标，进行复制，如图8-113所示。使用编组选择工具 ⟫ 选取部分图形，调整颜色为紫色，如图8-114所示。

图8-113　　　　　　　图8-114

⑫ 使用铅笔工具 ✎ 绘制洋红色蝴蝶结（由3个图形组成），如图8-115所示。在上面绘制3个小一点的紫色图形，如图8-116所示。将每个部分单独创建混合效果，如图8-117所示。

图8-115　　　　　图8-116　　　　　图8-117

⑬ 分别创建3个椭圆形。选择混合工具 ⬟，在最上面的椭圆形上单击，如图8-118所示，将光标放在中间的椭圆形上并再次单击，创建混合效果，如图8-119所示，在最下面的椭圆形上单击，将它也加入到混合效果中，如图8-120所示。

图8-118　　　　　图8-119　　　　　图8-120

⑭ 绘制小的椭圆形作为高光，点缀在面部和蝴蝶结上，如图8-121所示。在"文字"图层前面单击，显示该图层中的背景及文字，效果如图8-122所示。

图8-121　　　　　　　　图8-122

8.6 封套扭曲实例：艺术花瓶

01 使用钢笔工具 ✐ 绘制花瓶图形，如图8-123所示。按住Ctrl+Alt快捷键的同时，将花瓶向右侧拖动，进行复制，原图形保留，以后制作封套扭曲时会使用到。

02 选择网格工具 ▦，在花瓶左侧单击，添加网格点，单击"色板"中的红色，为网格点着色，如图8-124所示。在花瓶右侧单击添加网格点，如图8-125所示。

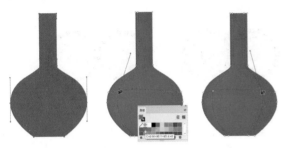

图8-123　　　　图8-124　　　　图8-125

03 继续添加网格点，设置为橙色，如图8-126、图8-127所示。在位于花瓶中间的网格点上单击，将它选择，设置为白色，如图8-128所示。

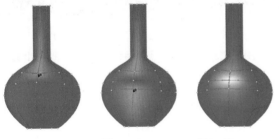

图8-126　　　　图8-127　　　　图8-128

04 按住Ctrl键的同时，拖出一个矩形选框，选择瓶口处的网格点，如图8-129所示，设置为蓝色，如图8-130所示。选择瓶底的网格点，设置为蓝色，如图8-131所示。

图8-129　　　　图8-130　　　　图8-131

05 选择圆角矩形工具 ▢，在瓶口创建一个圆角矩形，如图8-132所示。按住Ctrl键的同时，单击瓶子及瓶口图形，将它们选取，单击控制面板中的 ⯗ 按钮，进行水平居中对齐。选择瓶口的圆角矩形，用网格工具 ▦ 在图形上单击，添加一个网格点，设置为橙色，如图8-133所

示。将瓶口图形复制到瓶底，并放大到适合瓶底的大小，如图8-134所示。将组成花瓶的3个图形选择，按Ctrl+G快捷键编组。

图8-132　　　　图8-133　　　　图8-134

06 执行"窗口"|"色板库"|"图案"|"装饰"|"装饰旧版"命令，打开该图库。在花瓶图形（没有应用渐变网格的图形）上面创建一个矩形，矩形应大于花瓶图形。单击图8-135所示的图案，填充该图案，按Shift+Ctrl+[快捷键，将图案移到花瓶图形下面，如图8-136所示。选择图案与花瓶，按Alt+Ctrl+C快捷键，用顶层对象创建封套扭曲，如图8-137所示。

图8-135　　　　图8-136　　　　图8-137

07 将扭曲后的图案移到设置了渐变网格的花瓶上面，在"透明度"面板中设置混合模式为"变暗"，如图8-138、图8-139所示。

8-138　　　　　　图8-139

08 执行"窗口"|"符号库"|"花朵"命令，打开该符号库，如图8-140所示。将一些花朵符号从面板中拖出，装饰在花瓶中，如图8-141所示。这样立体的花瓶，即使放在照片中都有着自然、真实的效果，如图8-142所示。

09 用同样方式制作一个绿色花瓶，为它们添加投影，还可以使用光晕工具 ✴ 在画面中增添闪光效果，如图8-143所示。

图 8-140

图 8-141

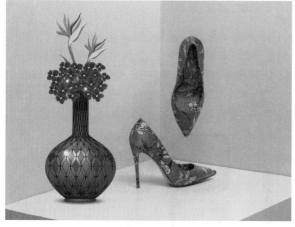

图 8-142

图 8-143

8.7 课后作业：动感足球

本章学习了混合和封套扭曲功能。下面通过课后作业来强化学习效果。如果有不清楚的地方，请看视频教学录像。

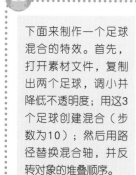

下面来制作一个足球混合的特效。首先，打开素材文件，复制出两个足球，调小并降低不透明度；用这3个足球创建混合（步数为10）；然后用路径替换混合轴，并反转对象的堆叠顺序。

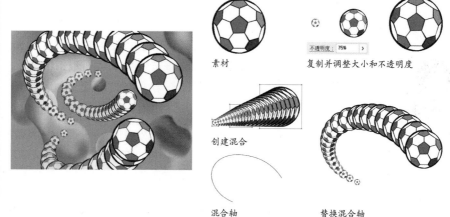

8.8 复习题

1. 什么样的对象可以用来创建混合？

2. 什么样的对象不能用来创建封套扭曲？

3. 如果进行封套扭曲的对象填充了图案，怎样才能让图案也一同扭曲或取消外观属性的扭曲？

效果和图形样式是用于制作特效的功能，它们可以改变对象的外观。效果可以为对象添加投影、发光、羽化和变形等特效，并且可以通过"外观"面板随时修改、隐藏和删除，具有非常强的灵活性。此外使用预设的图形样式库，只需轻点鼠标，便可将复杂的效果应用于对象。

9.1 UI设计

UI设计是一门结合了计算机科学、美学、心理学、行为学等学科的综合性艺术，它为了满足软件标准化的需求而产生，并伴随着计算机、网络和智能化电子产品的普及而迅猛发展。

UI的应用领域主要包括手机通讯移动产品、电脑操作平台、软件产品、PDA产品、数码产品、车载系统产品、智能家电产品、游戏产品、产品的在线推广等。国际和国内很多从事手机、软件、网站、增值服务的企业和公司都设立了专门从事UI研究与设计的部门，以期通过UI设计提升产品的市场竞争力。图9-1、图9-2为游戏界面和图标设计。

图9-1　　　　　　　　　图9-2

9.2 Illustrator效果

效果是用于改变对象外观的功能。例如，可以为对象添加投影、使对象扭曲、边缘产生羽化、呈现线条状等。

9.2.1 了解效果

Illustrator的"效果"菜单中包含两类效果，如图9-3所示。位于菜单上部的"Illustrator效果"是矢量效果，其中的3D效果、SVG滤镜、变形效果、变换效果、投影、羽化、内发光以及外发光可同时应用于矢量和位图，其他效果则只能用于矢量图；位于菜单下部的"Photoshop效果"与Photoshop的滤镜相同，它们可用于矢量对象和位图。

选择对象后，执行"效果"菜单中的命令，或单击"外观"面板底部的 fx 按钮，打开下拉列表，选择一个命令即可应用效果。应用一个效果后（如使用"扭转"效果），菜单中就会保存该命令，如图9-4所示。执行"效果"|"应用扭转（效果名称）"命令，可以再次使用该效果。如果要修改效果参数，可执行"效果"|"扭转（效果名称）"命令。

图9-3　　　　　　　　　图9-4

> **tip** 向对象应用一个效果后，"外观"面板中便会列出该效果，通过该面板可以编辑效果，或者删除效果以还原对象。

9.2.2 SVG滤镜

SVG是将图像描述为形状、路径、文本和滤镜效果的矢量格式，它的特点是生成的文件很小，可以在Web、打印甚至资源有限的手持设备上提供较高品质的图像，并且可以任意缩放。SVG滤镜主要用在以SVG效果支持高质量的文字和矢量方式的图像。

9.2.3 变形

"变形"效果组中包括15种变形效果，它们可以扭曲路径、文本、外观、混合以及位图，创建弧形、拱形、旗帜等变形效果。这些效果与Illustrator预设的封套扭曲的变形样式相同，具体效果请参阅"8.3.1用变形建立封套扭曲"。

9.2.4 扭曲和变换

扭曲和变换效果组中包含"变换""扭拧""扭转""收缩和膨胀""波纹效果""粗糙化""自由扭曲"等效果，它们可以改变图形的形状、方向和位置，用于创建扭曲、收缩、膨胀、粗糙和锯齿等效果。其中"自由扭曲"比较特别，它是通过控制点来改变对象的形状的，如图9-5~图9-7所示。

图9-5　　　　　　　图9-6　　　　　　　图9-7

9.2.5 栅格化

栅格化是指将矢量图转换成位图。在Illustrator中可以通过两种方法来操作。例如，图9-8所示为一个矢量图形，从"外观"面板中可以看到，它是一个编组的矢量对象，如图9-9所示。执行"效果"|"栅格化"命令处理对象，可以使它呈现位图的外观，但不会改变其矢量结构，也就是说，它仍然是矢量对象，因此在"外观"面板中仍保存着它的矢量属性，如图9-10所示。第二种方法是执行"对象"|"栅格化"命令，将矢量对象转换为真正的位图，如图9-11所示。

图9-8　　　　　　　　　　　图9-9

图9-10　　　　　　　　　图9-11

9.2.6 裁剪标记

执行"效果"|"裁剪标记"命令，可以在画板上创建裁剪标记。裁剪标记标识了纸张的打印和裁剪位置。需要打印对象或将图稿导出到其他程序时，裁剪标记非常有用。

9.2.7 路径

路径效果组中包含"位移路径""轮廓化对象"和"轮廓化描边"命令。"位移路径"命令可基于所选路径偏移出一条新的路径，并且可以设置路径的偏移值，以及新路径的边角形状；"轮廓化对象"命令可以将对象创建为轮廓；"轮廓化描边"命令可以将对象的描边创建为轮廓。

9.2.8 路径查找器

"路径查找器"效果组中包含"相加""交集""差集"和"相减"等13种效果，可用于组合或分割图形，它们与"路径查找器"面板的相关功能相同。不同之处在于，路径查找器效果只改变对象的外观，不会造成实质性的破坏，但这些效果只能用于处理组、图层和文本对象。而"路径查找器"面板可用于任何对象、组和图层的组合。

> **tip** 使用"路径查找器"效果组中的命令时，需要先将对象编为一组，否则这些命令不会产生作用。

9.2.9 转换为形状

"转换为形状"效果组中包含"矩形""圆角矩形""椭圆"等命令，它们可以将图形转换成为矩形、圆角矩形和椭圆形。在转换时，既可以在"绝对"选项中输入数值，按照指定的大小转换图形，也可以在"相对"选项中输入数值，相对于原对象向外扩展相应的宽度和高度。例如，图9-12为一个图形对象，图9-13为"形状选项"对话框，图9-14为转换结果。

图9-12

图9-13

图9-14

9.2.10 风格化

"风格化"效果组中包含6种效果，可以为图形添加投影、羽化等特效。

- 内发光/外发光效果：可以使对象产生向内和向外的发光，并可调整发光颜色。图9-15所示为原图形，图9-16所示为内发光效果，图9-17所示为外发光效果。

图9-15

图9-16

图9-17

- 圆角效果：可以将对象的角点转换为平滑的曲线，使图形中的尖角变为圆角。
- 投影效果：可以为对象添加投影，创建立体效果。图9-18所示为"投影"对话框，图9-19、图9-20所示为原图形及添加投影后的效果。
- 涂抹效果：可以将图形处理为手绘效果，如图9-21~图9-23所示。

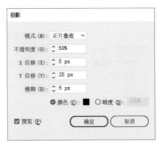
图9-18

图9-19

图9-20
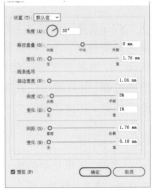
图9-21

图9-22

图9-23

- 羽化效果：可以柔化对象的边缘，使其边缘产生逐渐透明的效果。图9-24所示为"羽化"对话框，通过"半径"选项可以控制羽化的范围。图9-25、图9-26所示为原图形及羽化后的效果。

图9-24

图9-25

图9-26

9.3 Photoshop效果

Photoshop效果是从Photoshop的滤镜中移植过来的。使用这些效果时会弹出"效果画廊"，如图9-27所示，有些命令会弹出相应的对话框。

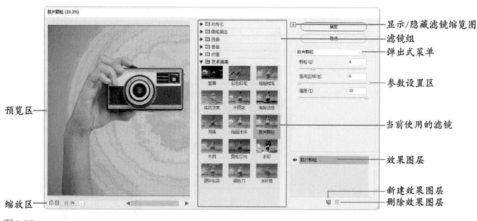

图9-27

> **tip** 使用效果时，按住Alt键，对话框中的"取消"按钮会变成"重置"或"复位"按钮，单击它们可以将参数恢复到初始状态。如果在执行效果的过程中想要终止操作，可以按Esc键。

"效果画廊"集成了扭曲、画笔描边、素描、纹理、艺术效果和风格化效果组中的命令，单击效果组中的一个效果即可使用该效果，在预览区可以预览效果，在参数控制区可以调整效果参数。单击"效果画廊"对话框右下角的■按钮，可以创建一个效果图层，添加效果图层后，可以选取其他效果。

9.4 编辑对象的外观属性

外观属性是一组在不改变对象基础结构的前提下，能够影响对象效果的属性，它包括填色、描边、透明度和各种效果。

9.4.1 外观面板

在Illustrator中，对象的外观属性保存在"外观"面板中。图9-28、图9-29所示为3D糖果瓶的外观属性。

图9-28

图9-29

111

- 所选对象的缩览图：当前选择的对象的缩览图，它右侧的名称标识了对象的类型，例如路径、文字、组、位图图像和图层等。
- 描边：显示并可修改对象的描边属性，包括描边颜色、宽度和类型。
- 填色：显示并可修改对象的填充内容。
- 不透明度：显示并可修改对象的不透明度值和混合模式。
- 眼睛图标 👁：单击该图标，可以隐藏或重新显示效果。
- 添加新描边 ❑：单击该按钮，可以为对象增加一个描边属性。
- 添加新填色 ▣：单击该按钮，可以为对象增加一个填色属性。
- 添加新效果 fx.：单击该按钮，可在打开的下拉菜单中选择一个效果。
- 清除外观 ⊘：单击该按钮，可清除所选对象的外观，使其变为无描边、无填色的状态。
- 复制所选项目 ❐：选择面板中的一个项目后，单击该按钮可复制该项目。
- 删除所选项目 🗑：选择面板中的一个项目后，单击该按钮可将其删除。

9.4.2 编辑基本外观

选择一个对象后，"外观"面板中会列出它的外观属性，包括填色、描边、透明度和效果等，如图9-30所示，此时可以选择其中的任意一个属性项目进行修改。例如，图9-31所示为修改"填色"为图案的效果。

图9-30

图9-31

9.4.3 编辑效果

选择添加了效果的对象，如图9-32所示，双击"外观"面板中的效果名称，如图9-33所示，可以在打开的对话框中修改效果参数，如图9-34、图9-35所示。

图9-32

图9-33

图9-34

图9-35

技巧放送 | 快速复制外观属性

选择一个图形，将"外观"面板顶部的缩览图拖到另外一个对象上，即可将所选图形的外观复制给目标对象。

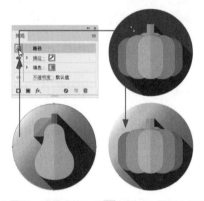

选择一个图形，使用吸管工具 🖊 在另一个图形上单击，可以将它的外观属性复制给所选对象。

9.4.4 调整外观的堆栈顺序

在"外观"面板中，外观属性按照应用于对象的先后顺序堆叠排列，这种形式称为堆栈，如图9-36所示。向上或向下拖动外观属性，可以调整它们的堆栈顺序。需要注意的是，这会影响对象的显示效果，如图9-37所示。

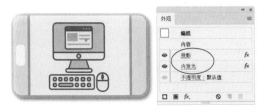

图9-36

图9-37

9.4.5 扩展外观

选择对象，如图9-38所示，执行"对象"|"扩展外观"命令，可以将它的填色、描边和应用的效果等外观属性扩展为独立的对象(对象会自动编组)，图9-39所示为将投影、填色、描边对象移开后的效果。

图9-38　　　　　　　　图9-39

9.5 使用图形样式

图形样式是可以改变对象外观的预设的属性集合，它们保存在"图形样式"面板中。选择一个对象，如图9-40所示，单击该面板中的一个样式，即可将其应用到所选对象上，如图9-41、图9-42所示。如果再单击其他样式，则新样式会替换原有的样式。

弹出的对话框中选择一个AI文件，单击"打开"按钮后，该文件中使用的图形样式将导入到当前文档，这些样式会出现在一个单独的面板中。

● 断开图形样式链接 ：用来断开当前对象使用的样式与面板中样式的链接。断开链接后，可单独修改应用于对象的样式，而不会影响面板中的样式。

● 新建图形样式 ：选择一个对象，如图9-43所示，单击该按钮，即可将所选对象的外观属性保存到"图形样式"面板中，如图9-44所示。

图9-40　　　　图9-41　　　　　　　图9-42

● 默认 ：单击该样式，可以将当前选择的对象设置为默认的基本样式，即黑色描边、白色填色。

● 图形样式库菜单 ：单击该按钮，可在打开的下菜单中选择图形样式库。如果选择"其他库"命令，并在

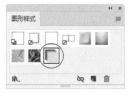

图9-43　　　　　　　图9-44

● 删除图形样式 ：选择面板中的图形样式后，单击该按钮可将其删除。

●通过拖动方式应用图形样式：在未选择任何对象的情况下，将"图形样式"面板中的样式拖到对象上，可以直接为其添加样式。

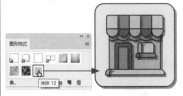

●修改并创建图形样式：单击"图形样式"面板中的一个样式，"外观"面板就会显示它包含的项目，此时可以选择一种属性进行修改。例如，选择填色后，可以修改颜色。单击"图形样式"面板底部的 按钮，可创建为新样式。

选择样式　　　　　　修改填色　　　　　　创建样式

●在不影响对象的情况下修改样式：如果当前修改的样式已被文档中的对象使用，则对象的外观会自动更新。如果不希望应用到对象的样式发生改变，可以在修改样式前选择对象，单击"图形样式"面板中的 按钮，断开它与面板中样式的链接，然后再对样式进行修改。

9.6 特效设计实例:手机外壳

9.6.1 绘制轮廓

01 打开素材,如图9-45、图9-46所示。在它的基础上,设计手机外壳的正面与背面。

图9-45　　　　　　　图9-46

02 锁定"图层1",新建一个图层,如图9-47所示。选择圆角矩形工具 ◻,创建一个略大于手机的图形,如图9-48所示。

图9-47　　　　　　　图9-48

03 按Ctrl+C快捷键复制圆角矩形,按Ctrl+F快捷键粘贴到前面。使用钢笔工具 ✎ 绘制一条弧线,如图9-49所示。使用选择工具 ▶,按住Shift键的同时,单击圆角矩形,将它与弧线一同选取,单击"路径查找器"面板中的"分割"按钮 ◳,用弧线将圆角矩形分割为两部分,如图9-50所示。使用编组选择工具 ⳾ 选取大一点的图形,如图9-51所示,按Delete键删除。

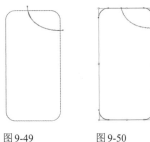

图9-49　　　　图9-50　　　　图9-51

04 绘制一个椭圆形,如图9-52所示。将其与圆角矩形一

同选取,如图9-53所示,单击"路径查找器"面板中的"减去顶层"按钮 ◳,形成挖空效果,显示出手机的摄像头,如图9-54所示。

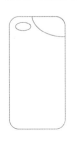  

图9-52　　　　图9-53　　　　图9-54

05 按Ctrl+[快捷键,将该图形向下移动,如图9-55所示。使用编组选择工具 ⳾ 选取椭圆形,如图9-56所示,按住Ctrl键,切换为选择工具 ▶,将光标放在定界框外,拖曳鼠标以旋转图形,如图9-57所示。

图9-55　　　　图9-56　　　　图9-57

06 再分别绘制一个圆形和三角形(用多边形工具 ⬡),如图9-58所示。使用选择工具 ▶ 选取三角形,调整宽度,如图9-59所示。

07 选取这两个图形,按Ctrl+G快捷键编组,移动到手机左上角,按住Shift键的同时,在定界框外拖动鼠标,将其逆时针旋转45度,如图9-60所示。使用钢笔工具 ✎ 绘制胳膊,再分别用圆角矩形工具 ◻ 和直线段工具 ╱ 绘制手,如图9-61所示。

 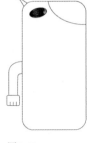

图9-58　　　图9-59　　　图9-60　　　图9-61

08 使用圆角矩形工具 ▢，按住"↑"键（增加圆角半径）的同时拖动鼠标，绘制图形。使用直接选择工具 ▷，按住鼠标拖曳出一个矩形选框，选取上面的锚点（这是两个重叠的锚点），如图9-62所示，将锚点向下拖动，如图9-63所示。

09 再分别调整左右两个方向线，如图9-64所示。分别使用钢笔工具 ✐ 和矩形工具 ▢ 绘制出鞋子的其他部分，如图9-65所示。

  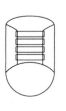

图9-62 　　图9-63 　　图9-64 　　图9-65

10 按Ctrl+;快捷键，在画板中显示参考线。使用选择工具 ▷，按住Shift键的同时单击耳朵、手和鞋子图形，将它们选取，如图9-66所示。选择镜像工具 ⋈，按住Alt键的同时在参考线上单击，弹出"镜像"对话框，选择"垂直"选项，单击"复制"按钮，如图9-67所示，镜像并复制图形，如图9-68所示。

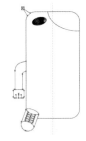  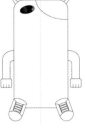

图9-66 　　图9-67 　　　　图9-68

11 分别绘制一个圆角矩形和一条直线，如图9-69所示。选取直线，执行"效果"|"扭曲和变换"|"波纹效果"命令，设置的参数如图9-70所示，制作出折线效果，如图9-71所示。执行"对象"|"扩展外观"命令，将效果扩展为路径。

图9-69 　　图9-70 　　　　　　图9-71

12 使用选择工具 ▷，按住Alt键的同时拖动折线，进行复制，如图9-72所示。将光标放在定界框外，按住Shift键并拖动鼠标将折线旋转180°，如图9-73所示。选取这

3个图形，按Ctrl+G快捷键编组。

13 使用钢笔工具 ✐ 绘制右侧的眼睛，如图9-74所示。使用选择工具 ▷，按住Shift键的同时单击耳朵、身体、手臂和鞋子图形，如图9-75所示，单击"路径查找器"面板中的"联集"按钮 ▣，将图形合并，再按Shift+Ctrl+[快捷键，将其移至底层，如图9-76所示。

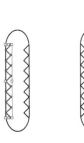  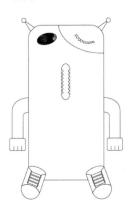

图9-72 　　　　图9-73 　　　　图9-74

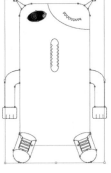 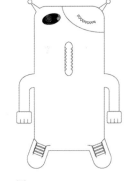

图9-75 　　　　　　图9-76

9.6.2 制作正面

01 单击"色板"面板中的灰色，为图形填充颜色，如图9-77、图9-78所示。

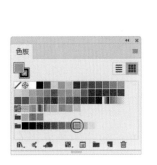 

图9-77 　　　　　　图9-78

02 执行"效果"|"风格化"|"内发光"命令，设置发光颜色为白色，其他参数如图9-79所示，效果如图9-80

所示。

图 9-79

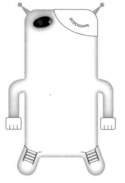

图 9-80

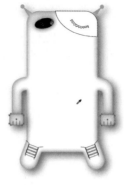

图 9-85

图 9-86

03 执行"效果"|"风格化"|"投影"命令,设置的参数如图9-81所示,效果如图9-82所示。

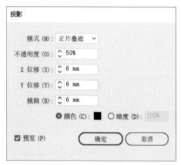

图 9-81

图 9-82

图 9-87

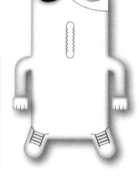

图 9-88

06 为头部右侧的图形填充绿色,设置混合模式为"正片叠底"。在鞋子上绘制两个图形,填充洋红色,设置混合模式为"正片叠底",不透明度为80%,如图9-89~图9-91所示。

04 选取手部图形,如图9-83所示。双击吸管工具 ✐,打开"吸管选项"对话框,勾选"外观"复选项,如图9-84所示,使吸管能够拾取对象的全部外观并加以应用。使用吸管工具 ✐ 在身体图形上单击,可将"内发光"和"投影"效果应用到手部图形,如图9-85所示。

05 双击"外观"面板中的"内发光"属性,如图9-86所示,打开"内发光"对话框,设置"模糊"参数为4mm,如图9-87、图9-88所示。

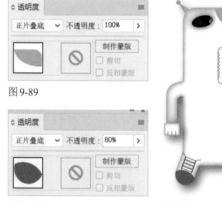

图 9-89

图 9-90

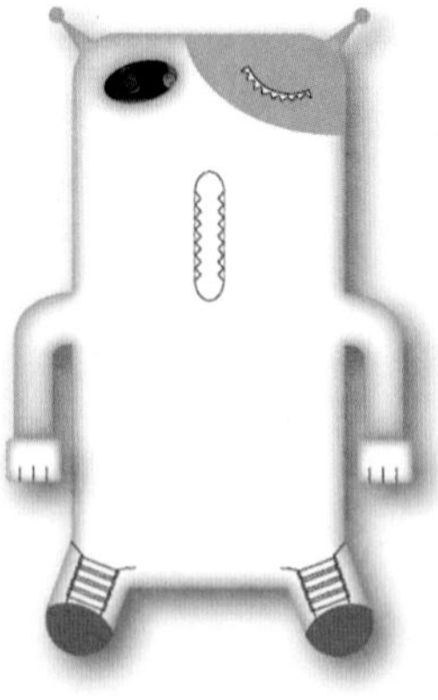

图 9-91

07 为右侧眼睛图形填充黑色,嘴巴填充深紫色。用圆角矩形工具 ▢ 绘制眼镜,填充深紫色,描边为洋红色。用钢笔工具 ✐ 绘制镜架,如图9-92所示,通过镜像与复制的方式制作出眼镜的另外一半,如图9-93所示。

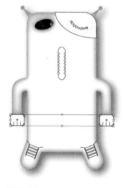

图 9-83

图 9-84

图9-92　　　　　　　　图9-93

08 绘制一个矩形，填充蓝色渐变，连续按Ctrl+[快捷键，将它移至嘴巴图形下方，如图9-94所示。使用选择工具 ▶，按住Shift+Alt快捷键的同时向下拖动矩形，进行复制，如图9-95所示。连续按Ctrl+D快捷键，重复移动与复制操作，如图9-96所示。使用钢笔工具 ✐ 在胳膊上绘制条纹图形。使用星形工具 ☆ 绘制海魂衫上面的口袋，并用白色折线进行装饰，如图9-97所示。

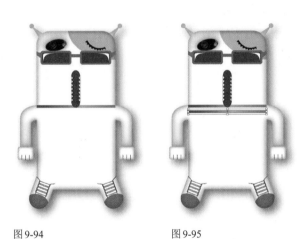

图9-94　　　　　　　　图9-95

图9-96　　　　　　　　图9-97

9.6.3 制作背面

01 选取外壳图形、手臂条纹和鞋面图形，按住Alt键的同时拖动鼠标，将这些图形复制到手机的正面，如图9-98所示。

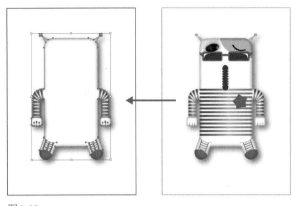

图9-98

02 选择外壳图形，如图9-99所示，单击"透明度"面板中的"制作蒙版"按钮，然后取消对"剪切"复选项的勾选，单击蒙版缩览图，进入蒙版编辑状态，如图9-100所示。

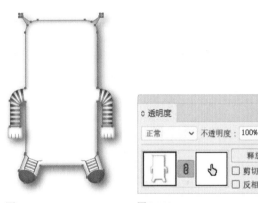

图9-99　　　　　　　　图9-100

03 在手机屏幕上绘制一个黑色的圆角矩形，在Home键上绘制圆形，通过蒙版的遮罩作用对外壳图形进行挖空，显示出底层手机屏幕，如图9-101、图9-102所示。

图9-101　　　　　　　　图9-102

04 最后，解除对"图层1"的锁定，分别绘制粉色和蓝色图形，并将其作为背景，按Shift+Ctrl+[快捷键，将其移至底层。在屏幕上制作图形与文字，如图9-103所示，这款嘻哈海魂衫风格的手机外壳就制作完了。还可以修改外壳图形的填充和发光颜色，制作出蓝色外星人、绿色小士兵效果，如图9-104、图9-105所示。

图9-103

图19-104

图9-105

9.7 UI设计实例：可爱的纽扣图标

01 选择椭圆工具 ◯，在画板中单击，弹出"椭圆"对话框，设置圆形的大小，如图9-106所示，单击"确定"按钮，创建一个圆形，设置描边颜色为深绿色，无填充颜色，如图9-107所示。

 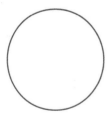

图9-106 图9-107

02 执行"效果"|"扭曲和变换"|"波纹效果"命令，设置的参数如图9-108所示，使平滑的路径产生有规律的波纹，如图9-109所示。

 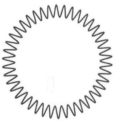

图9-108 图9-109

03 按Ctrl+C快捷键，复制该图形，按Ctrl+F快捷键，将其粘贴到前面，将描边颜色设置为浅绿色，如图9-110所示。使用选择工具 ▶，将光标放在定界框的一角，轻轻拖动鼠标将图形旋转，如图9-111所示，两个波纹图形错

开后，一深一浅的搭配使图形产生厚度感。

 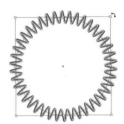

图9-110 图9-111

04 选择椭圆工具 ◯，按住Shift键的同时拖曳鼠标，创建一个圆形，填充线性渐变，如图9-112、图9-113所示。

图9-112 图9-113

05 执行"效果"|"风格化"|"投影"命令，设置的参数如图9-114所示，为图形添加投影效果，产生立体感，如图9-115所示。

06 再创建一个圆形，如图9-116所示。执行"窗口"|"图形样式库"|"纹理"命令，打开"纹理"面板，选择"RGB石头3"纹理，如图9-117、图9-118所示。

图9-114

图9-115

图9-116　　　　图9-117

图9-118

07 设置该图形的混合模式为"柔光"，使纹理图形与绿色渐变图形融合到一起，如图9-119、图9-120所示。

图9-119

图9-120

08 在画面的空白处分别创建一大、一小两个圆形，如图9-121所示。选取这两个圆形，分别按"对齐"面板中的 ⬜ 按钮和 ⬛ 按钮，将图形对齐，再按"路径查找器"中的 ⬜ 按钮，让大圆与小圆相减，形成一个环形，填充深绿色，如图9-122所示。

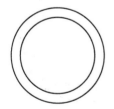

图9-121

图9-122

09 执行"效果"|"风格化"|"投影"命令，为图形添加投影效果，如图9-123、图9-124所示。

图9-123

图9-124

10 选择一开始制作的波纹图形，复制以后将其粘贴到最前面，设置描边颜色为浅绿色，描边粗细为0.75pt，如图9-125所示。打开"外观"面板，双击"波纹效果"，如图9-126所示，弹出"波纹效果"对话框，在其中修改参数，如图9-127所示，使波纹变得细密，如图9-128所示。

图9-125

图9-126

图9-127

图9-128

> **tip** 当大小相近的图形重叠排列时，要选取位于最下方的图形似乎不太容易，尤其是某个图形设置了投影或外发光等效果，那么它就比其他图形大了许多，无论你需要与否，在选取图形时总会将这样的图形选择。遇到这种情况时，可以单击"图层"面板中的 ❯ 按钮，将图层展开以显示出子图层，要选择哪个图形的话，在其子图层的最后面单击就可以了。

11 按Ctrl+F快捷键，再次粘贴波纹图形，设置描边颜色为嫩绿色，描边粗细为0.4pt，再调整它的波纹效果参数，如图9-129、图9-130所示。

图9-129

图9-130

12 再创建一个小一点的圆形，设置描边颜色为浅绿色，如图9-131所示。单击"描边"面板中的"圆头端点"按钮 ⬛ 和"圆角连接"按钮 ⬛，勾选"虚线"复选项，设置虚线参数为3pt，间隙参数为4pt，如图9-132、图9-133所示，制作出缝纫线效果。

图 9-131

图 9-132

图 9-133

⑬ 执行"效果"|"风格化"|"外发光"命令，设置的参数如图9-134所示，使缝纫线产生立体感，如图9-135所示。

图 9-134

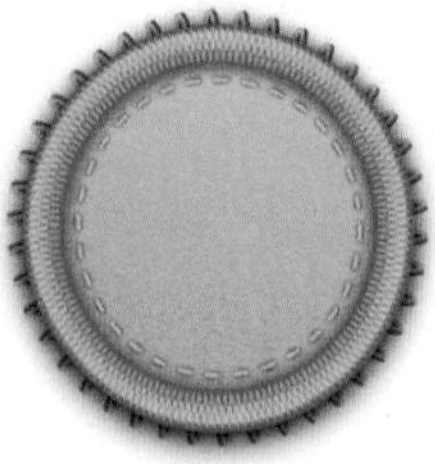

图 9-135

tip 制作到这里，需要将图形全部选取，在"对齐"面板中将它们进行垂直与水平方向的居中对齐。

⑭ 打开"符号"面板，单击右上角的按钮，打开面板菜单，执行"打开符号库"|"网页图标"命令，加载该符号库，选择"短信"符号，如图9-136所示。将它拖入到画面中，如图9-137所示。

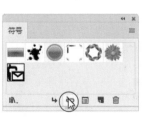

图 9-136

图 9-137

⑮ 单击"符号"面板底部的 按钮，断开符号的链接，使符号成为单独的图形，如图9-138、图9-139所示。当符号断开链接变成图形后，还需要按Ctrl+G快捷键，将图形编组。

图 9-138

图 9-139

⑯ 按Ctrl+C快捷键复制该图形。设置图形的混合模式为"柔光"，如图9-140、图9-141所示。

图 9-140

图 9-141

⑰ 按Ctrl+F快捷键粘贴图形，设置描边颜色为白色，描边粗细为1.5pt，无填充颜色。设置混合模式为"叠加"，如图9-142、图9-143所示。

图 9-142

图 9-143

⑱ 执行"效果"|"风格化"|"投影"命令，设置的参数如图9-144所示，使图形产生立体感，如图9-145所示。打开素材，拖入到图标文档中，放在最底层作为背景。用相同的方法，为图标填充不同的颜色，从而制作出更多的彩色图标，如图9-146所示。

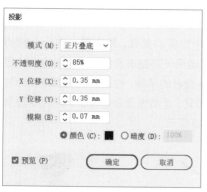

图9-144　　　　　　　　　　　图9-145　　　　　　　　　　图9-146

9.8 课后作业：金属球反射效果

本章学习了效果功能。下面通过课后作业来强化学习效果。如果有不清楚的地方，请看视频教学录像。

右图为一个金属球反射的实例。这个实例以矩形和矩形网格为背景元素，在其上方制作金属球体，在球体上贴文字，通过扭曲制作出反射效果。

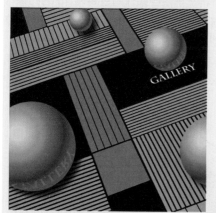

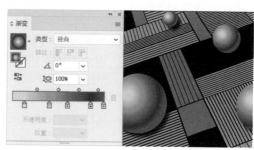

创建球体并填充渐变

具体操作方法为：打开背景素材，创建几个球体，填充径向渐变。然后输入文字，执行"效果"|"变形"|"膨胀"命令，对文字进行扭曲。

输入文字

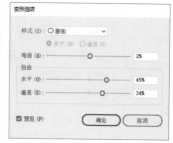

文字扭曲参数

9.9 复习题

1. 向对象应用效果后，可以通过哪个面板查看效果列表、编辑效果，或者删除效果以还原对象？

2. "路径查找器"效果组对图形有什么特殊要求？

3. 外观属性具体包括哪些属性？

第10章 包装设计：3D与透视网格

10.1 包装设计

包装设计应向消费者传递一个完整的信息，即这是一种什么样的商品，这种商品的特色是什么，它适用于哪些消费群体。包装的设计还应充分考虑消费者的定位，包括消费者的年龄、性别和文化层次，针对不同的消费阶层和消费群体进行设计，才能做到有的放矢，达到促进商品销售的目的，如图10-1~图10-3所示。

麦当劳包装
图10-1

酒瓶包装
图10-2

糖果包装
图10-3

包装设计要突出品牌，巧妙地将色彩、文字和图形组合，形成有一定冲击力的视觉形象，从而将产品的信息准确地传递给消费者。图10-4为美国Gloji公司灯泡型枸杞子混合果汁的包装设计，它打破了饮料包装的常规形象，让人眼前一亮。灯泡形的包装与产品的定位高度契合，传达出的是：Gloji混合型果汁饮料让人感觉到的是能量的源泉，如同灯泡给人带来光明，Gloji灯泡饮料似乎也可以带给你取之不尽的力量。该包装在2008年Pentawards上获得了果汁饮料包装类金奖。

果汁包装
图10-4

10.2 3D效果

3D效果最早出现在Illustrator CS版本中，它是从Adobe Dimensions中移植过来的。3D效果通过挤压、绕转和旋转等方式，可以让二维图形产生三维效果，在操作时还可调整对象的角度和透视、设置光源、将符号作为贴图投射到三维对象的表面。

3D效果是非常强大的功能，它通过挤压、绕转和旋转等方式让二维图形产生三维效果，还可以调整其角度、透视、光源和贴图。3D效果特别适合制作包装效果图和简单的模型。在Illustrator中，用户可以在透视模式下绘制图稿，通过透视网格的限定，可以在平面上呈现立体场景。例如，可以使道路或铁轨看上去像在视线中相交或消失一般，或者将现有的对象置入透视中，在透视状态下进行变换和复制操作。

10.2.1 凸出和斜角

　　"凸出和斜角"效果通过挤压的方法为路径增加厚度来创建3D立体对象。图10-5为一个机器人图形，将它选择后，执行"效果"|"3D"|"凸出和斜角"命令，在打开的对话框中设置参数，如图10-6所示，单击"确定"按钮，即可沿对象的Z轴拉伸出一个3D对象，如图10-7所示。

图 10-5

图10-6　　　　　图10-7

● 位置：可以通过3种方法设置对象的旋转角度。可在"位置"下拉列表中选择一个预设的旋转角度；拖动对话框左上角观景窗内的立方体可以自由调整角度，如图10-8、图10-9所示。在指定绕X轴旋转🔄、指定绕Y轴旋转🔄和指定绕Z轴旋转🔄右侧的文本框中输入角度值，可设置精确的旋转角度。

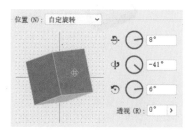

图10-8

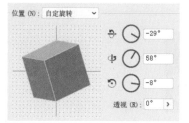

图10-9

● 透视：在文本框中输入数值，或单击 › 按钮，移动显示的滑块可调整透视。图10-10所示为未设置透视的立体对象，图10-11所示为设置透视后的对象，此时的立体效果更加真实。

图 10-10　　　　　　　　图 10-11

● 凸出厚度：用来设置挤压厚度，该值越高，对象越厚，图10-12、图10-13所示是分别设置该值为20pt和60pt时的挤压效果。

● 端点：单击◐按钮，可以创建实心立体对象，如图10-14所示。单击◑按钮，则创建空心立体对象，如图10-15所示。

图 10-12　　　图 10-13　　　图 10-14　　　图 10-15

● 斜角/高度：在"斜角"下拉列表中可以选择一种斜角样式，创建带有斜角的立体对象，如图10-16、图10-17所示。此外，还可以选择斜角的斜切方式，单击🔳按钮，可在保持对象大小的基础上通过增加像素形成斜角；单击🔳按钮，则从原对象上切除部分像素以形成斜角。为对象设置斜角后，可以在"高度"文本框中输入斜角的高度值。

图 10-16　　　　　　　　图 10-17

10.2.2 绕转

　　"绕转"效果可以将图形沿自身的Y轴绕转，使之成为3D立体对象。图10-18为一个酒杯的剖面图形，将它选择，执行"效果"|"3D"|"绕转"命令，在打开的对话框中设置参数，如图10-19所示，单击"确定"按钮，即可将它绕转成一个酒杯，如图10-20所示。绕转的"位置"和"透视"选项与"凸出和斜角"命令相应选项的设置方法相同。其他选项如下所述。

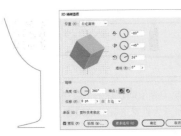

图 10-18　　图 10-19　　　　　图 10-20

- 角度：用来设置绕转度数，默认的角度为 360°，此时可生成完整的立体对象。如果小于该值，则对象上会出现断面，如图 10-21 所示（角度为 300°）。
- 端点：单击 ● 按钮，可创建实心对象；单击 ● 按钮，可创建空心对象。
- 位移：用来设置对象与自身轴心的距离。该值越高，对象偏离轴心越远，图 10-22 所示是设置该值为 10pt 时的效果。

图 10-21　　　　　图 10-22

- 自：用来设置对象绕之转动的轴，包括"左边"和"右边"。如果原始图形是最终对象的右半部分，应选择从"左边"开始绕转，如图 10-23 所示。如果选择从"右边"绕转，则会产生错误的结果，如图 10-24 所示。如果原始图形是对象的左半部分，选择从"右边"开始旋转可以产生正确的结果。

图 10-23　　　　　图 10-24

10.2.3　旋转

　　"旋转"效果可以在一个虚拟的三维空间旋转图形、图像，或者是由"凸出和斜角"或"绕转"命令生成的 3D 对象。例如，图 10-25 所示为一个图像，将它选择后，使用"旋转"效果即可旋转它，如图 10-26、图 10-27 所示。该效果的选项与"凸出和斜角"效果完全相同。

图 10-25　　　　图 10-26　　　　　　　　图 10-27

10.2.4　设置模型表面属性

　　使用"凸出和斜角"效果和"绕转"效果创建 3D 对象时，在相应对话框的"表面"下拉列表中可以选择 4 种表面，如图 10-28 所示。

- 线框：只显示线框结构，无颜色和贴图，如图 10-29 所示。此时屏幕的刷新速度最快。

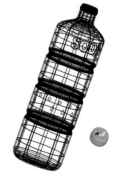

图 10-28　　　　　　　　　图 10-29

技巧放送　多图形同时创建 3D 效果

由多个图形组成的对象可以同时创建立体效果，操作方法是将对象全部选择，执行"凸出和斜角"命令，图形中的每一个对象都会应用相同程度的挤压。通过这种方式生成立体对象后，可以选择其中任意一个图形，然后双击"外观"面板中的 3D 属性，在打开的对话框中单独调整这个图形的参数，而不会影响其他图形。如果先将所有对象编组，再将其统一制作为 3D 对象，则编组图形将成为一个整体，不能单独编辑单个图形的效果参数。

3 个笑脸图形　　　　同时创建为 3D 对象　　　同时调整角度　　　　单独调整角度

● 无底纹：不向对象添加任何新的表面属性，3D 对象具有与原始 2D 对象相同的颜色，但无光线的明暗变化，如图 10-30 所示。

● 扩散底纹：对象以一种柔和的、扩散的方式反射光，但光影的变化不够真实和细腻，如图 10-31 所示。

● 塑料效果底纹：对象以一种闪烁的、光亮的材质模式反射光，可获得最佳的效果，但屏幕的刷新速度会变慢，如图 10-32 所示。

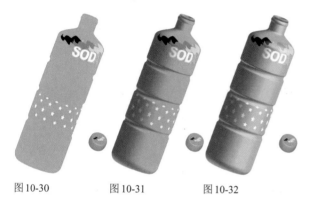

图 10-30　　　　图 10-31　　　　图 10-32

10.2.5 编辑光源

创建 3D 对象时，单击相应对话框中的"更多选项"按钮，可以显示光源选项，如图 10-33 所示。如果将表面效果设置为"扩散底纹"或"塑料效果底纹"，则可以添加光源，生成更多的光影变化，使立体效果更加逼真。

● 光源编辑预览框：默认情况下只有一个光源，单击 ▣ 按钮可添加新的光源，如图 10-34 所示。单击并拖动光源可以移动它的位置，如图 10-35 所示。选择一个光源后，单击 ⇔ 按钮，可将其移动到对象的后面，如图 10-36 所示。单击 ⇔ 按钮，可将其移动到对象的前面，如图 10-37 所示。如果要删除光源，可以选择光源，然后单击 🗑 按钮。

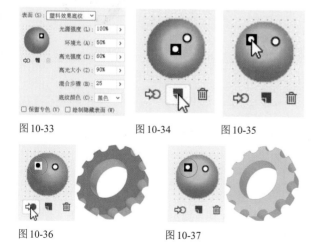

图 10-33　　　图 10-34　　　图 10-35

图 10-36　　　　图 10-37

● 光源强度：用来设置光源的强度，范围为 0%~100%，该值越高，光照的强度越大。

● 环境光：用来设置环境光的强度，它可以影响对象表面的整体亮度。

● 高光强度：用来设置高光区域的亮度，该值越高，高光点越亮。

● 高光大小：用来设置高光区域的范围，该值越高，高光的范围越广。

● 混合步骤：用来设置对象表面光色变化的混合步骤，该值越高，光色变化的过渡越细腻，但会耗费更多的内存。

● 底纹颜色：用来控制对象的底纹颜色。选择"无"，表示不为底纹添加任何颜色，如图 10-38 所示。"黑色"为默认选项，可在对象填充颜色的上方叠印黑色底纹，如图 10-39 所示。选择"自定"，然后单击选项右侧的颜色块，可以在打开的"拾色器"中选择一种底纹颜色，如图 10-40 所示。

● 保留专色：如果对象使用了专色，选择该项可确保专色不会发生改变。

● 绘制隐藏表面：用来显示对象的隐藏表面，以便对其进行编辑。

图 10-38　　　　　　　图 10-39

图 10-40

10.2.6 在模型表面贴图

在 Maya、3ds Max 等三维软件中，很多材质、纹理、反射都是通过将图片贴在对象的表面模拟出来的。Illustrator 也可以在 3D 对象表面贴图，但需要先将贴图保存在"符号"面板中。例如，图 10-41 所示是一个没有贴图的 3D 对象，图 10-42 所示是用于贴图的符号。使用"凸出和斜角"和"绕转"效果创建 3D 对象时，可单击相应对话框中的"贴图"按钮，在打开的"贴图"对话框进行操作，如图 10-43 所示。

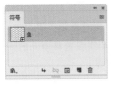

图 10-41　　　　　　　　图 10-42

图 10-43

> **tip** 在对象表面贴图会占用较多的内存，因此，如果符号过于复杂，电脑的处理速度会变慢。

● **表面/符号**：用来选择要贴图的对象表面，可单击第一个 ◄◄、上一个 ◄、下一个 ► 和最后一个 ►► 按钮来切换表面，被选择的表面在窗口中会显示出红色的轮廓线。选择一个表面后，可在"符号"下拉列表中为它选择一个符号，如图 10-44 所示。通过符号定界框还可以移动、旋转和缩放符号，以便调整贴图在对象表面的位置和大小，如图 10-45 所示。

图 10-44

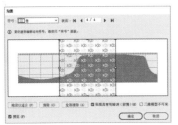

图 10-45

● **缩放以适合**：单击该按钮，可以自动调整贴图的大小，使之与选择的面相匹配。

● **清除/全部清除**：单击"清除"按钮，可清除当前设置的贴图；单击"全部清除"按钮，可清除所有表面的贴图。

● **贴图具有明暗调**：选择该项后，贴图会在对象表面产生明暗变化，如图 10-46 所示。取消选择，则贴图无明暗变化，如图 10-47 所示。

● **三维模型不可见**：未选择该项时，可显示立体对象和贴图效果，选择该项后，则仅显示贴图，不会显示立体对象，如图 10-48 所示。

图 10-46　　　　　　图 10-47　　　　　　图 10-48

技巧放送　增加模型的可用表面

如果为对象添加了描边，则使用"凸出和斜角""绕转"效果创建3D对象时，描边也可以生成表面，并可进行贴图。

添加描边　　　　　　　　　　由描边生成的表面

为描边贴图

10.3 透视图

透视网格提供了可以在透视状态下绘制和编辑对象的可能。例如，可以使道路或铁轨看上去像在视线中相交或消失一般，也可以将一个对象置入透视中，使其呈现透视效果。

10.3.1 透视网格

选择透视网格工具 ，或执行"视图"|"透视网格"|"显示网格"命令，即可显示透视网格，如图 10-49 所示。在显示透视网格的同时，画板左上角还会出现一个平面切换构件，如图 10-50 所示。要在哪个透视平面绘图，需要先单击该构件上面的一个网格平面。如果要隐藏透视网格，可以执行"视图"|"透视网格"|"隐藏网格"命令。

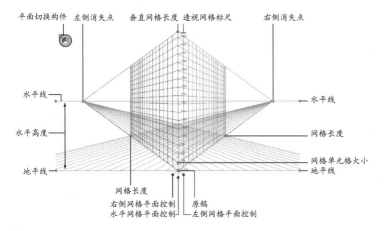

图 10-49

图 10-50

可以使用键盘快捷键 1(左平面)、2(水平面)和 3(右平面)来切换活动平面。此外，平面切换构件可以放在屏幕四个角中的任意一角。如果要修改它的位置，可双击透视网格工具，在打开的对话框中进行设定。Illustrator 提供了预设的一点、两点和三点透视网格，在 "视图" | "透视网格" 下拉菜单中可以进行选择，如图10-51~图10-53所示。

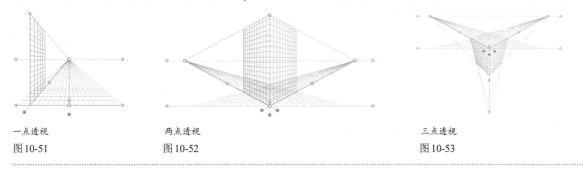

一点透视

图 10-51

两点透视

图 10-52

三点透视

图 10-53

10.3.2 在透视中创建对象

选择透视网格工具，在画板中显示透视网格，如图 10-54 所示。网格中的圆点和菱形方块是控制点，拖动控制点可以移动网格，如图 10-55 所示。

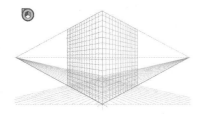

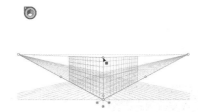

图 10-54

图 10-55

选择矩形工具，单击左侧网格平面，然后在画板中创建矩形，即可将其对齐到透视网格的网格线上，如图10-56所示。分别单击右侧网格平面和水平网格平面，再创建两个矩形，使它们组成为一个立方体，如图10-57、图10-58所示，图10-59所示为隐藏网格后的效果。

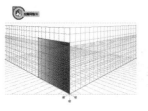

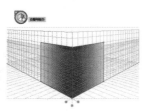

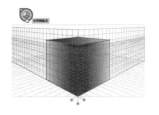

图 10-56

图 10-57

图 10-58

图 10-59

10.3.3 在透视中变换对象

透视选区工具 ▶ 可以在透视中移动、旋转、缩放对象。打开一个文件,如图10-60所示,使用透视选区工具 ▶ 选择窗子,如图10-61所示,拖动鼠标即可在透视中移动它的位置,如图10-62所示。按住Alt键拖动,则可以复制对象,如图10-63所示。

图10-60 图10-61

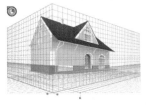 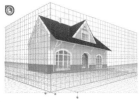

图10-62 图10-63

按住Ctrl键可以显示定界框,如图10-64所示,拖动控制点可以缩放对象(按住Shift键可等比例缩放),如图10-65所示。

图10-64 图10-65

10.3.4 释放透视中的对象

如果要释放带透视视图的对象,可执行"对象"|"透视"|"通过透视释放"命令,所选对象就会从相关的透视平面中释放,并可作为正常图稿使用。该命令不会影响对象外观。

> **tip** 在透视中绘制对象时,可以执行"视图"|"智能参考线"命令,启用智能参考线,以便使对象能更好地对齐。

10.4 3D效果实例:制作3D可乐瓶

01 按Ctrl+N快捷键,打开"新建文档"对话框,在"新建文档配置文件"下拉列表中选择"基本RGB"选项,在"大小"下拉列表选择"A4"选项,新建一个A4大小的文档。选择矩形工具 □,在画板中单击鼠标,打开"矩形"对话框,设置的参数如图10-66所示,创建一个矩形,填充深红色,无描边颜色,如图10-67所示。

图10-66 图10-67

02 再创建一个矩形,填充浅绿色,如图10-68、图10-69所示。

图10-68 图10-69

03 在大矩形右侧绘制4个小矩形,如图10-70所示。使用选择工具 ▶,按住Alt键并拖动小矩形进行复制,将光标放在定界框外拖动,调整角度,如图10-71所示,形成一只手臂的形状。

图10-70 图10-71

> **tip** 要绘制几个相同大小的图形时,可以使用"再次变换"命令。先绘制一个图形,然后将图形选取,使用选择工具 ▶,同时按住Alt键拖动图形,在拖动过程中按Shift键可保持水平、垂直或45°方向,复制出第二个图形后,接着按Ctrl+D快捷键,执行"再次变换"命令,每按一次便产生一个新的图形。如果复制出第二个图形后,在画面的空白处单击,则取消了图形的选取状态,即当前没有被选择的对象,那么将不能执行"再次变换"命令。

04 选取组成手臂的6个图形,按Ctrl+G快捷键编组,将编组后的图形复制出3个,再以不同的颜色进行填充,如图10-72所示。

图10-72

05 制作出一行手臂图形后，将其选取并再次组合。然后选择编组后的手臂图形，双击镜像工具 ▷◁，打开"镜像"对话框，选择"垂直"选项，单击"复制"按钮，镜像并复制出新的图形，如图10-73、图10-74所示。

图10-73 图10-74

06 将手臂图形向下拖动，调整填充颜色，如图10-75所示。选择第一组手臂图形，按住Alt键并向下拖动进行复制，调整颜色，使其成为第3行手臂，如图10-76所示。

图10-75

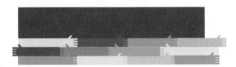

图10-76

07 用同样的方法复制手臂图形，调整颜色，排列成图10-77所示的效果。

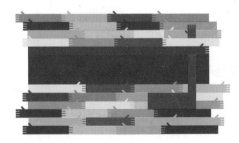

图10-77

08 选择文字工具 T，输入两组文字，如图10-78所示。

图10-78

09 在图案右侧输入饮料的其他文字信息，如图10-79所示。按Ctrl+A快捷键全选，打开"符号"面板，使用选择工具 ▶，将图形拖到面板中，创建为一个符号，如图10-80所示。

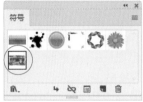

图10-79 图10-80

tip 文字输入完成后，可按Shift+Ctrl+O快捷键将其创建为轮廓。

10 使用钢笔工具 ✎ 绘制瓶子的左半边轮廓，设置描边颜色为白色，无填充颜色，图10-81所示为路径效果。执行"效果"|"3D"|"绕转"命令，打开"3D绕转选项"对话框，将位移自选项设置为"右边"，其他的参数设置如图10-82所示，勾选"预览"复选项，可以在画面中看到瓶子效果，如图10-83所示。

图10-81

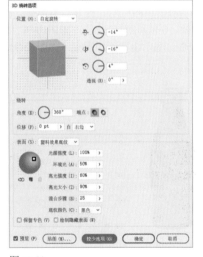

图10-82 图10-83

11 不要关闭对话框，单击"贴图"按钮，打开"贴图"对话框，单击 ▶ 按钮，切换到7/9表面，如图10-84所示，在画面中，瓶子与之对应的表面会显示为红色的线框，如图10-85所示。

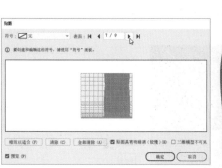

图 10-84　　　　　　　　　　　图 10-85

⑫ 在"符号"下拉列表中选择"新建符号"选项，如图 10-86所示，单击"确定"按钮，完成3D效果的制作，如图 10-87所示。

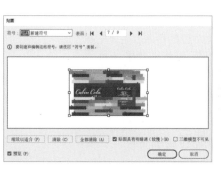

图 10-86　　　　　　　　　　　图 10-87

⑬ 使用选择工具 ▶ 选取瓶子，按住Alt键并向右拖动进行复制，如图10-88所示。在"外观"面板中双击"3D绕转（映射）"属性，如图10-89所示，打开"3D绕转选项"对话框，调整X轴、Y轴和Z轴的数值，如图10-90所示。将瓶子转到另一面，显示出背面的图案，如图10-91所示。

图 10-88　　　　　　　图 10-89

选择符号后，可勾选对话框中的"预览"复选项，画板中的瓶子就会显示贴图效果，此时可拖动符号的定界框，适当调整其大小，使图案完全应用于模型表面。

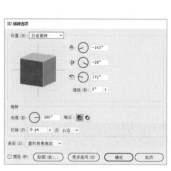

图 10-90　　　　　　　　　　　图 10-91

⑭ 使用钢笔工具 ✐ 绘制一条路径，将描边设置为红色，如图10-92所示。按Alt+Shift+Ctrl+E快捷键，打开"3D绕转选项"对话框，并在其中设置参数，如图10-93、图10-94所示。复制瓶盖，将描边颜色设置为黄色，按Ctrl+[快捷键，将其后移一层，如图10-95所示。

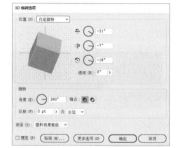

图 10-92　　　　　　　　　　　图 10-93

图 10-94　　　　　　　图 10-95

⑮ 单击"外观"面板中的"3D绕转（映射）"属性，打开"3D绕转选项"对话框，调整X轴、Y轴和Z轴的数值，如图10-96所示，以不同的角度来展示瓶盖，如图10-97所示。

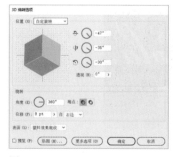

图 10-96　　　　　　　　　　　图 10-97

技巧放送 | **调整3D模型的外观**

在为图形设置3D效果后，依然可以通过编辑路径来改变外形。如使用直接选择工具 ▷ 拖动锚点，使路径产生不同的凹凸效果，瓶盖显示出不同的外观。

⑯ 使用椭圆工具 ◯ 创建一个椭圆形，填充渐变颜色，按Shift+Ctrl+[快捷键，将其移至底层，作为瓶子的投影，如图10-98、图10-99所示。

图10-98

图10-99

⑰ 按Ctrl+C快捷键复制椭圆形，按Ctrl+F快捷键将其粘贴到前面，将椭圆形缩小，在"渐变"面板中将左侧的滑块向中间拖动，以此增加渐变中黑色的范围，如图10-100、图10-101所示。

⑱ 选取这两个投影图形，按Ctrl+G快捷键编组，分别复制到另外的瓶子和瓶盖底部，瓶盖底部的投影图形要缩小一些，如图10-102所示。

图10-100 图10-101

图10-102

⑲ 在画面右下角制作一个手臂图形，在上面输入可乐名称、网址及广告语，网址文字为白色，在"字符"面板中设置字体及大小，最终的效果如图10-103所示。

图10-103

10.5 食品包装设计：果味甜甜圈

10.5.1 制作包装盒平面图

①① 打开素材，如图10-104所示。在"结构图"的名称前方单击（显示出 🔒 状图标），将该图层锁定。单击"图层"面板中的 🗒 按钮，新建一个图层，将它拖到"结构图"下方，如图10-105所示。

图10-104 图10-105

⑫ 选择矩形工具 ▢，根据结构图创建包装表面的浅粉色图形，如图10-106所示。

图10-106

⑬ 选择钢笔工具 ✎，绘制苹果状图形，如图10-107、图10-108所示。

图10-107

图10-108

⑭ 使用选择工具 ▶ 选取苹果和叶子图形，按住Alt键并向左拖动进行复制，将光标放在定界框的一角，按住Shift键拖动鼠标，将苹果成比例缩小，如图10-109所示。选取大苹果图形，如图10-110所示，按Ctrl+C快捷键复制，按Ctrl+F快捷键将其粘贴到前面。

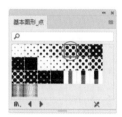

图10-109

图10-110

⑮ 单击"色板"左下角的 ▥. 按钮，在打开的菜单中执行"图案"|"基本图形"|"基本图形_点"命令，载入图案库，选择图10-111所示的图案，对苹果图形进行填充，如图10-112所示。

图10-111

图10-112

⑯ 单击鼠标右键，在打开的菜单中执行"变换"|"缩放"命令，设置的参数如图10-113所示，在保持对象不变的情况下，单独对图案进行缩放，如图10-114所示。

图10-113

图10-114

⑰ 执行"对象"|"扩展"命令，将图案扩展为可编辑的图形，如图10-115所示。选择魔棒工具 ✎，在一个黑色圆形上单击，可将画面中的黑色圆形全部选取，如图10-116、图10-117所示。单击"色板"中的白色，然后在图形以外的区域单击，取消选择，如图10-118所示。

图10-115

图10-116

图10-117

图10-118

⑱ 用同样的方法，分别制作出香蕉、桔子、柠檬和梨等水果，然后将其排列成图10-119所示的样子。

图10-119

09 选取这些水果图形，执行"对象"|"图案"|"建立"命令，打开"图案选项"面板，设置"名称"为"水果图案"，拼贴类型为"砖形（按行）"，如图10-120所示，宽度和高度可根据实际绘制的图案大小进行调整。需要注意的是，如果参数大了，则图案的间隙会过大；如果参数小了，图案则会重叠在一起。双击鼠标完成图案的创建工作，图案会自动保存在"色板"中，如图10-121所示。

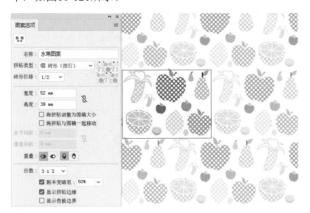

图10-120

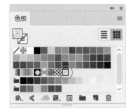

图10-121

10 使用矩形工具 ，根据结构图创建包装盒的正面与背面图形，单击"色板"面板中的"水果图案"进行填充，如图10-122所示。在图形上单击鼠标右键，在打开的菜单中执行"变换"|"缩放"命令，调整参数，将图案缩小，如图10-123所示。

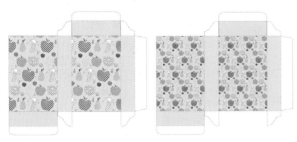

图10-122　　　　　　　图10-123

11 使用椭圆工具 ，绘制一个椭圆形，填充线性渐变，如图10-124、图10-125所示。

12 双击缩放工具 ，打开"比例缩放"对话框，选择"不等比"选项，设置的参数如图10-126所示，单击"复制"按钮，缩小椭圆形，同时进行复制，如图10-127所示。

图10-124　　　　　　　图10-125

图10-126　　　　　　　图10-127

13 设置描边的颜色为浅粉色，"粗细"为0.5pt，无填充，勾选"虚线"复选项，设置的参数如图10-128，效果如图10-129所示。

图10-128　　　　　　　图10-129

14 选择文字工具 T，在控制面板中设置字体及大小，输入文字"果味甜甜圈"，如图10-130所示。

图10-130

15 使用钢笔工具 绘制一个横幅，填充线性渐变，如图10-131、图10-132所示。

图10-131　　　　　　　图10-132

⑯ 绘制左侧折叠的部分，如图10-133所示，双击镜像工具 ▷◁，打开"镜像"对话框，选择"垂直"选项，如图10-134所示，单击"复制"按钮，镜像并复制图形，将之移动到横幅右侧，如图10-135所示。

图 10-133   图 10-134

图 10-135

⑰ 选择文字工具 **T**，设置大小为9pt，字距为25，输入文字，如图10-136、图10-137所示。

图 10-136   图 10-137

⑱ 执行"对象"|"封套扭曲"|"用变形建立"命令，设置的参数如图10-138所示，使文字向上弯曲，与横幅的弧度一致，如图10-139所示。

图 10-138

图 10-139

⑲ 将产品名称及装饰图形复制到盒盖上，调整大小并旋转180°。在包装盒正面输入产品的口味、含量；在包装盒背面输入营养成分、配料和产地等其他信息，将包装盒正面的芒果图案复制到侧面，完成后的效果如图10-140所示。

图 10-140

10.5.2 制作包装盒立体效果图

① 使用选择工具 ▶，单击并拖出一个矩形框，选中包装盒正面图形。单击"符号"面板中的 ▣ 按钮，打开"符号选项"对话框，将符号的名称设置为"正面"，如图10-141、图10-142所示。采用相同的方法，将包装盒背面、侧面、盒盖都定义为符号。

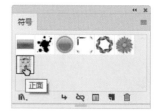

图 10-141   图 10-142

② 使用矩形工具 ▯，创建一个与包装盒正面相同大小的矩形，如图10-143所示。执行"效果"|"3D"|"凸出和斜角"命令，在打开的对话框中设置参数，单击对话框底部的"更多选项"按钮，显示隐藏的选项。单击 ▣ 按钮，添加新的光源并调整位置，如图10-144所示，立方体的效果如图10-145所示。

③ 单击对话框底部的"贴图"按钮，打开"贴图"对话框。在"符号"下拉列表中选择"正面"符号，为包装盒正面贴图，如图10-146、图10-147所示。

04 单击▶按钮切换表面，为侧面、背面、盒盖贴图，如图10-148所示。

图 10-143　　　　　图 10-144

图 10-145　　　　　图 10-146

图 10-147　　　　　图 10-148

tip 在预览框中选择贴图，按住Shift键拖动控制点，可以调整贴图的大小。将光标放在定界框外，按住Shift键拖动鼠标可以旋转贴图。

10.5.3 制作背景

01 创建一个矩形，填充径向渐变，按Ctrl+[快捷键，将其移至包装盒下方，如图10-149、图10-150所示。

图 10-149　　　　　图 10-150

02 使用钢笔工具 ✐ 绘制投影图形，填充浅粉色到透明线性渐变，如图10-151、图10-152所示。

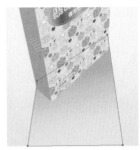

图 10-151　　　　　图 10-152

03 执行"效果"|"风格化"|"羽化"命令，在"羽化"对话框中设置羽化半径为2mm，使投影边缘变得柔和，如图10-153、图10-154所示。

图 10-153　　　　　图 10-154

04 在盒子底边处绘制图形，填充深红色，如图10-155所示。按Alt+Shift+Ctrl+E快捷键，打开"羽化"对话框，设置羽化半径为3pt，效果如图10-156所示。

图 10-155　　　　　图 10-156

05 最后，在画面右下角输入产品名称，用苹果图形作为装饰，如图10-157所示。

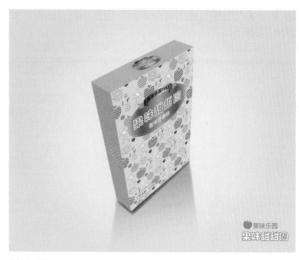

图 10-157

10.6 包装设计实例：制作包装瓶

10.6.1 绘制瓶贴

01 选择直线段工具 ✏，在画面中单击鼠标，弹出"直线段工具选项"对话框，设置长度为194mm，角度为180°，如图10-158所示，单击"确定"按钮，新建一条直线，如图10-159所示。

图 10-158    图 10-159

02 执行"效果"|"扭曲和变换"|"波纹效果"命令，设置的参数如图10-160所示，制作出折线效果，如图10-161所示。执行"对象"|"扩展外观"命令，将效果扩展为路径，可以像路径一样进行编辑。

图 10-160

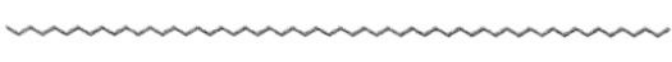

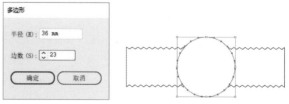

图 10-161

03 使用选择工具 ▶，按住Shift+Alt快捷键并向下拖动折线进行复制，将光标放在定界框外，按住Shift键并拖动鼠标，将其旋转180°，如图10-162所示。使用直接选择工具 ▷，同时按住鼠标拖动创建选框，选取左侧两个端点，如图10-163所示。

图 10-162   图 10-163

04 单击控制面板中的"连接所选终点"按钮 ⌐，自动在两点之间连接直线，如图10-164所示。用同样的方法连接右侧两个端点，如图10-165所示，形成一个闭合式路径。

图 10-164   图 10-165

05 选择多边形工具 ⬡，在画面中单击弹出"多边形"对话框，设置半径为36mm，边数为23，如图10-166所示，单击"确定"按钮，创建多边形，如图10-167所示。

图 10-166   图 10-167

06 执行"效果"|"扭曲和变换"|"收缩和膨胀"命令，设置参数为9%，如图10-168、图10-169所示。

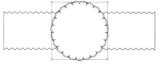

图 10-168　　　　　图 10-169

07 执行"对象"|"扩展外观"命令，将效果扩展为路径，如图10-170所示。按Ctrl+A快捷键，选取这两个图形，单击控制面板中的"水平居中对齐"按钮▦和"垂直居中对齐"按钮▦，将图形对齐。单击"路径查找器"面板中的"联集"按钮▦，将图形合并，设置填充颜色为黑色，描边颜色为淡黄色，描边宽度为11pt，如图10-171所示。

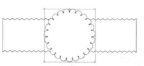

图 10-170　　　　　图 10-171

08 选择椭圆工具◯，按住Shift键的同时拖曳鼠标，绘制圆形，填充淡黄色。使用选择工具▶，按住Alt键并拖动圆形进行复制，使其排列在图形的边缘位置，如图10-172所示。创建一个圆角矩形，如图10-173所示。

图 10-172　　　　　图 10-173

09 绘制一条直线。执行"窗口"|"画笔库"|"边框"|"边框_几何图形"命令，加载该画笔库，单击"三角形"画笔，如图10-174所示、图10-175所示。

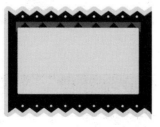

图 10-174　　　　　图 10-175

tip 单击"画笔"面板中的画笔库菜单按钮▤，在打开的菜单中也可以选择Illustrator提供的画笔库。选择一个画笔库后，会打开单独的面板；选择其中的一个画笔，它会被自动添加到"画笔"面板中，通过"画笔"面板可以对其选项进行编辑，如缩放、翻转或修改颜色等。载入的画笔库面板仅提供样本的使用，不具备其他功能。

10 双击"画笔"面板中的"三角形"画笔，如图10-176所示，打开"图案画笔选项"对话框，在"方法"下拉列表中选择"色相转换"选项，如图10-177所示，单击"确定"按钮，弹出一个提示框，单击"应用于描边"按钮，如图10-178所示。将描边颜色设置为淡绿色，描边宽度设置为0.4pt，如图10-179所示。

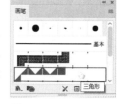

图 10-176

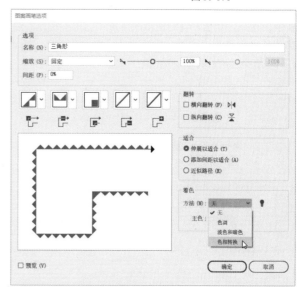

图 10-177

图 10-178

11 复制该直线到图形下方，按住Shift键并拖动定界框将其旋转180°，如图10-180所示。

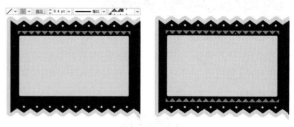

图 10-179　　　　　图 10-180

12 使用直线段工具╱，按住Shift键的同时拖曳鼠标，绘制一条垂线。执行"窗口"|"画笔库"|"边框"|"边框_新奇"命令，加载该画笔库，单击"小丑"画笔，如图10-181、图10-182所示。

图 10-181

图 10-182

13 双击"画笔"面板中的"小丑"画笔，打开"图案画笔选项"对话框，在"方法"下拉列表中选择"色相转换"选项，如图10-183所示，单击"确定"按钮，将描边颜色设置为淡绿色，描边宽度设置为0.25pt，如图10-184所示。用同样的方法复制该直线到图形右侧。

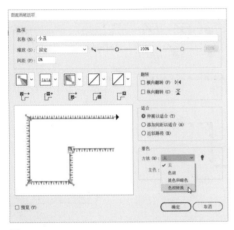

图 10-183

图 10-184

14 使用选择工具 ▶，按住Shift键的同时，单击淡黄色图形及4个图案边框，将它们选取，按住Shift+Alt快捷键并拖动鼠标，复制到瓶贴右侧，如图10-185所示。

图 10-185

10.6.2 绘制卡通形象

01 使用钢笔工具 ✒️ 绘制一个卡通形象，运用抽象图形来表达产品特性，如图10-186所示。用椭圆工具 ⬭ 绘制眼睛，用铅笔工具 ✏️ 绘制嘴巴，如图10-187所示。

图 10-186

图 10-187

02 接着绘制眼球和牙齿，让表情生动起来，如图10-188所示。再绘制手及袖口图形，如图10-189所示。

图 10-188

图 10-189

03 使用铅笔工具 ✏️ 绘制一条曲线，连接手与身体，如图10-190所示。执行"对象"|"路径"|"轮廓化描边"命令，将路径转换为轮廓，设置与身体相同的填充与描边颜色，如图10-191所示。

图 10-190

图 10-191

04 用同样的方法制作其他手臂，效果如图10-192所示。

图 10-192

05 执行"窗口"|"符号库"|"其他库"命令，载入本书提供的符号库素材，如图10-193所示。将面板中的符号直接拖入画面中，装饰在卡通形象上，如图10-194所示。

图 10-193　　　　　　图 10-194

10.6.3　制作文字

01 选择文字工具 **T**，按Ctrl+T快捷键，打开"字符"面板，设置字体、大小及水平缩放参数，如图10-195所示。在画面中单击，输入文字"豆逗"，如图10-196所示。

图 10-195　　　　　　图 10-196

02 输入文字"辣椒酱"，设置字体为黑体，大小为15pt，字距为200，如图10-197所示。设置文字"净含量：200克"的大小为7.3pt，如图10-198所示。

图 10-197　　　　　　图 10-198

03 在瓶贴的左侧输入产品介绍，用带有花纹的装饰线进行分割（花纹来自加载的"符号"面板），如图10-199所示。在右侧输入其他相关信息，可复制卡通形象装饰在文字后面。条码是使用矩形工具 □ 绘制的，如图10-200所示。按Ctrl+A快捷键，选取瓶贴图形，按Ctrl+G快捷键编组。

图 10-199　　　　　　图 10-200

04 采用同样的方法，制作瓶口的小标签，以红色背景衬托，效果如图10-201所示。根据产品口味变换包装的颜色，制作出红色系、紫色系的瓶贴效果，如图10-202、图10-203所示。这也是系列化包装的一个体现，形成一种统一的视觉形象，上架陈列效果强烈，使消费者容易识别和记忆。

图 10-201

图 10-202

图 10-203

10.6.4　制作立体展示图

01 打开素材，红色玻璃瓶位于一个单独的图层中，并处于锁定状态，如图10-204所示。使用钢笔工具 ✐ 绘制瓶子的轮廓，如图10-205所示。

图 10-204 　　　　　　　　　　　图 10-205

⓿❷ 将瓶贴选取，复制粘贴到瓶子文档中，如图10-206所示。选取瓶子轮廓，按Shift+Ctrl+[快捷键，将其移至顶层，如图10-207所示。

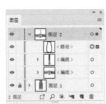

图 10-206 　　　　　　　　　　　图 10-207

⓿❸ 单击"图层"面板底部的▣按钮，建立剪切蒙版，将瓶子以外的图形隐藏，如图10-208、图10-209所示。

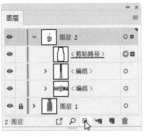

图 10-208 　　　　　　　　　　　图 10-209

⓿❹ 在瓶盖上绘制一个椭圆形，填充灰色，设置不透明度为50%，使瓶贴有明暗变化，如图10-210、图10-211所示。

图 10-210 　　　　　　　　　　　图 10-211

⓿❺ 根据瓶贴的外形，使用钢笔工具✐绘制一个图形，填充线性渐变，渐变颜色的设置方法应参照瓶子的明暗效果，如图10-212、图10-213所示。

图 10-212 　　　　　　　　　　　图 10-213

⓿❻ 设置混合模式为"正片叠底"，使瓶贴产生明暗变化，如图10-214、图10-215所示。

图 10-214 　　　　　　　　　　　图 10-215

⓿❼ 采用同样的方法，将其他瓶贴贴在瓶子上，效果如图10-216所示。

图 10-216

10.7 课后作业：3D棒棒糖

本章学习了3D和透视网格功能。下面通过课后作业来强化学习效果。如果有不清楚的地方，请看视频教学录像。

用矩形工具 □ 创建一个矩形，复制出一组矩形后，为它们填充不同的颜色；将这组图形拖动到"符号"面板中，创建为符号。

用矩形工具 □ 和椭圆工具 ○ 创建一个矩形和一个椭圆形，将它们选择，单击"路径查找器"面板中的 ▣ 按钮，得到一个半圆形，为它添加"绕转"效果并贴图，制作成球形棒棒糖。棒棒糖杆是用直线路径添加"绕转"效果制作而成的。

不同颜色的矩形

将矩形创建为符号

制作半圆形

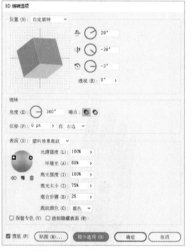
添加"绕转"

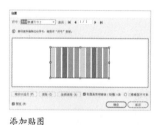

添加贴图

制作成棒棒糖

10.8 复习题

1. 使用"绕转"效果创建3D对象时，如果原始图形是最终对象的右半部分，应选择从哪边开始绕转？

2. 使用"凸出和斜角"效果和"绕转"效果创建3D对象时，哪种表面效果最佳？

3. 哪种对象可以作为3D对象的贴图使用？

11.1 关于字体设计

文字是人类文化的重要组成部分，也是信息传达的主要方式。字体设计以其独特的艺术感染力，广泛应用于视觉传达设计中。字体设计的创意方法包括以下几种。

● 外形变化：在原字体的基础之上通过拉长或者压扁，或者根据需要进行弧形、波浪形等变化处理，突出文字特征或以内容为主要表达方式，如图11-1所示。

● 笔画变化：笔画的变化灵活多样，如在笔画的长短上变化，或者在笔画的粗细上加以变化等，笔画的变化应以副笔变化为主，主要笔画变化较少，从而可以避免因繁杂而不易识别的情况出现，如图11-2所示。

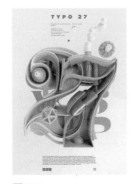

图 11-1   图 11-2

● 结构变化：将文字的部分笔画放大、缩小，或者改变文字的重心、移动笔画的位置，都可以使字形变得更加新颖独特，如图11-3、图11-4所示。

图 11-3   图 11-4

11.2 创建文字

Illustrator的文字功能非常强大，它支持Open Type字体和特殊字型，可以调整字体大小、间距、控制行和列及文本块等，无论是设计各种字体，还是进行排版，Illustrator都能应对自如。

Illustrator的文字功能非常强大，无论是设计各种字体，还是进行排版，都能应对自如。Adobe公司为Creative Cloud用户提供了一个在线字库网站（https://typekit.com/fonts），拥有Adobe ID的用户可以从该网站下载免费的字体。Typekit是知名的网络字体服务提供商，用户包括《纽约时报》、康德纳斯出版集团、专业游戏网站IGN等。Adobe的平台合作伙伴，如WordPress、Behance和About.me网站等，也都使用Typekit提供的字体服务。Adobe收购该公司后，Typekit已成为Adobe创意云服务的一部分。

扫描二维码，关注李老师的微博、微信。

11.2.1 了解文字工具

　　Illustrator 的工具面板中包含7种文字工具，如图 11-5 所示。文字工具 T 和直排文字工具 ↓T 可以创建水平或垂直方向排列的点文字和区域文字；区域文字工具 ▥ 和垂直区域文字工具 ▥ 可以在任意的图形内部输入文字；路径文字工具 ✓ 和垂直路径文字工具 ▥ 可以在路径上输入文字；修饰文字工具 ▥ 可以创造性地修饰文字，创建美观而突出的信息。

图11-5

> **tip** 执行"文件" |"打开"命令，选择一个文本文件，单击"打开"按钮，可将文本导入新建的文档中。执行"文件" |"置入"命令，在打开的对话框中选择一个文本文件，单击"置入"按钮，可将其置入到当前文档中。与直接复制其他程序中的文字，然后粘贴到Illustrator中的方法相比，置入的文本可以保留字符和段落的格式。

11.2.2 创建与编辑点文字

　　点文字是指从单击位置开始，随着字符输入而扩展的一行或一列横排或直排文本。每一行的文本都是独立的，在对其进行编辑时，该行会扩展或缩短，但不会换行，如果要换行，需要按Enter键。点文字非常适合标题等文字量较少的文本。

　　选择文字工具 T，在画板中单击设置文字插入点，单击处会出现闪烁的"I"形光标，如图 11-6 所示，此时输入文字即可创建点文字，如图 11-7 所示。按Esc键或单击其他工具，可结束文字的输入。

图11-6　　　　　　图11-7

　　创建点文字以后，使用文字工具 T 在文本中单击，可在单击处设置插入点，此时可继续输入文字，如图 11-8、图 11-9 所示。在文字上单击并拖动鼠标可以

　　选择文字，如图 11-10 所示。选择文字以后，可以修改文字内容、字体、颜色等属性，如图 11-11 所示，也可以按Delete键删除所选文字。

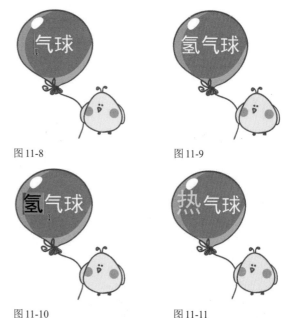

图11-8　　　　　　　　　　图11-9

图11-10　　　　　　　　　图11-11

> **tip** 创建点文字时应避免单击图形，否则会将图形转换为区域文字的文本框或路径文字的路径。如果现有的图形恰好位于要输入文本的地方，可以先将该图形锁定或隐藏。

11.2.3 创建与编辑区域文字

　　区域文字也称段落文字。它利用对象的边界来控制字符排列，既可以横排，也可以直排，当文本到达边界时会自动换行。如果要创建包含一个或多个段落的文本，如用于宣传册之类的印刷品时，这种输入方式非常方便。

　　选择文字工具 T，在画板中单击并拖出一个矩形框，如图 11-12 所示，放开鼠标后输入文字，文字就会被限定在矩形框范围内，如图 11-13 所示。

图11-12　　　　　　　　　图11-13

　　如果想要将文字限定在一个图形范围内，可以选

择区域文字工具 **T**，将光标放在一个封闭的图形上（光标变为 ❶ 状），如图 11-14 所示，单击鼠标，删除对象的填色和描边，如图 11-15 所示，此时输入文字，文字会限定在图形区域内，令整个文本呈现图形化的外观，如图 11-16 所示。

使用选择工具 ▶ 拖动定界框上的控制点可以调整文本区域的大小，也可将它旋转，文字会重新排列，但文字的大小和角度不会改变，如图 11-17 所示。如果要将文字连同文本框一起旋转或缩放，可以使用旋转、比例缩放等工具来操作，如图 11-18 所示。使用直接选择工具 ▷ 选择并调整锚点改变图形的形状，文字会基于新图形自动调整位置，如图 11-19 所示。

图 11-14

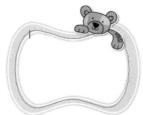
图 11-15

图 11-16

图 11-17

图 11-18

图 11-19

11.2.4 创建与编辑路径文字

路径文字是指在开放或封闭的路径上输入的文字，文字会沿着路径的走向排列。

选择路径文字工具 ✍ 或文字工具 **T**，将光标放在路径上（光标会变为 ⌁ 状），如图 11-20 所示，单击鼠标设置文字插入点，如图 11-21 所示，输入文字即可

创建路径文字，如图 11-22 所示。当水平输入文本时，文字的排列与基线平行；当垂直输入文本时，文字的排列与基线垂直。

图 11-20

图 11-21

图 11-22

使用选择工具 ▶ 选择路径文字，将光标放在文字中间的中点标记上，光标会变为 ▸ 状，如图 11-23 所示，单击并沿路径拖动鼠标可以移动文字，如图 11-24 所示。将中点标记拖到路径的另一侧，可以翻转文字，如图 11-25 所示。如果修改路径的形状，文字也会随之变化。

图 11-23

图 11-24

图 11-25

选择路径文本，执行"文字"|"路径文字"|"路径文字选项"命令，打开"路径文字选项"对话框，在"效果"下拉列表中包含 5 种变形样式，可以对路径文字进行变形处理，如图 11-26 所示。

路径文字选项

彩虹效果

倾斜效果

3D 带状效果

阶梯效果

重力效果

图 11-26

tip 使用文字工具时，将光标放在画板中，光标会变为 ❶ 状，此时可创建点文字；将光标放在封闭的路径上，光标会变为 ❶ 状，此时可创建区域文字；将光标放在开放的路径上，光标会变为 ⌁ 状，此时可创建路径文字。

11.3 编辑文字

在Illustrator中创建文字后，可以修改字符格式和段落格式，包括字体、颜色、大小、间距、行距和对齐方式等。

11.3.1 设置字符格式

字符格式是指文字的字体、大小、间距、行距等属性。创建文字之前，或者创建文字之后，都可以通过"字符"面板或控制面板中的选项来设置字符格式，如图11-27、图11-28所示。

字体　字体样式 字体大小

单击可打开"字符"下拉面板　单击可打开"段落"下拉面板

图11-27

设置字体系列
设置字体样式
设置字体大小
垂直缩放
字距微调
比例间距
插入空格（左）
设置基线偏移
全部大写字母
小型大写字母
上标

设置行距
水平缩放
字距调整
插入空格（右）
字符旋转
删除线
下画线
下标

图11-28

- 设置文字颜色：选择文本后，可通过"颜色"和"色板"面板为文字的填色和描边设置颜色或图案。图11-29所示是对文字的填色和描边应用颜色的效果，图11-30所示是应用图案的效果。如果要为填色或描边应用渐变色，则需要先执行"文字"|"创建轮廓"命令，将文字转换为轮廓，然后才能填充渐变。

图11-29　　　　　　图11-30

- 字体系列/字体样式：在"设置字体系列"下拉列表中可以选择一种字体。对于一部分英文字体，可以在"设置字体样式"下拉列表中为它选择一种样式，包括Regular（规则的）、Italic（斜体）、Bold（粗体）和Bold Italic（粗斜体）等，如图11-31所示。

Regular　　Italic　　Bold　　Bold Italic

图11-31

- 设置字体大小 **T**：可以设置文字的大小。

- 设置行距 **A**：可设置行与行之间的垂直间距。
- 水平缩放 **T**/垂直缩放 **T**：可设置文字的水平和垂直缩放比例。
- 字距微调 **VA**：使用文字工具在两个字符中间单击后，如图11-32所示，可在该选项中调整这两个字符的间距，如图11-33所示。

图11-32 　　　　　　图11-33

- 字距调整 **VA**：如果要调整部分字符的间距，可以将它们选中，再调整该参数，如图11-34所示。如果选择的是整个文本对象，则可调整所有字符的间距，如图11-35所示。

图11-34 　　　　　　图11-35

- 调整空格和比例间距：如果要在文字之前或之后添加空格，可选择要调整的文字，然后在插入空格（左）**圖** 或插入空格（右）**圖** 选项中设置要添加的空格数；如果要压缩字符间的空格，可以在比例间距 **圖** 选项中指定百分比。

- 设置基线偏移 **A**：基线是字符排列于其上的一条不可见的直线，在该选项中可调整基线的位置。该值为负值时文字下移；为正值时文字上移，如图11-36所示。

- 字符旋转 **T**：可以调整文字的旋转角度，如图11-37所示。

图11-36　　　　　　图11-37

- 特殊文字样式："字符"面板下面的一排"T"状按钮用来创建特殊的文字样式，效果如图11-38所示（括号内的a代表单击各按钮后的文字）。其中全部大写字母 **TT**/小型大写字母 **Tr** 可以对文字应用常规大写字母或小型大写字母；上标 **T**/下标 **T** 可缩小文字，并相对于字体基线升高或降低文字；下画线 $\underline{T}$ / 删除线 $\overline{T}$ 可以为文字添加下画线，或在文字的中央添加删除线。

全部大写字母（**A**）　　　小型大写字母（**A**）

上标（ᵃ）　下标（ₐ）　下画线（**a**）　删除线（**a**）

图 11-38

● 语言：在"语言"下拉列表中选择适当的词典，可以为文本指定一种语言，以方便拼写检查和生成连字符。

● 锐化：可以使文字边缘更加清晰。

技巧放送　**文字编辑技巧**

选择文字对象后，在控制面板的设置字体系列选项内单击，当文字对象处于选择状态时，按鼠标中间的滚轮，可以快速切换字体。此外，选择文字对象后，按Shift+Ctrl+>快捷键可以将文字调大；按Shift+Ctrl+<快捷键可以将文字调小。

滚动滚轮切换字体

在选项内单击

11.3.2　设置段落格式

　　段落格式是指段落的对齐、缩进、间距和悬挂标点等属性。在"段落"面板中可以设置段落格式，如图11-39所示。选择文本对象后，可以设置整个文本的段落格式；如果选择了文本中的一个或多个段落，则可单独设置所选段落的格式。

● 对齐：选择文字对象，或者在要修改的段落中单击鼠标，插入光标，然后便可以修改段落的对齐方式。单击 按钮，文本左侧边界的字符对齐，右侧边界的字符参差不齐；单击 按钮，每一行字符的中心都与段落的中心对齐，剩余的空间被均分，并置于文本的两端；单击 按钮，文本右侧边界的字符对齐，左侧边界参差不齐；单击 按钮，文本中最后一行左对齐，其他行左右两端强制对齐；单击 按钮，文本中最后一行居中对齐，其他行左右两端强制对齐；单击 按钮，文本中最后一行右对齐，其他行左右两端强制对齐；单击 按钮，可在字符间添加额外的间距使其左右两端强制对齐。

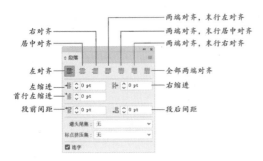

图 11-39

● 缩进：缩进是指文本和文字对象边界的间距量，它只影响选中的段落。用文字工具 **T** 单击要缩进的段落，在左缩进 栏中输入数值，可以使文字向本文框的右侧边界移动，如图11-40、图11-41所示。在右缩进 栏中输入数值，可以使文字向文本框的左侧边界移动，如图11-42所示。如果要调整首行文字的缩进，可以在首行左缩进 栏中输入数值。

图 11-40

图 11-41

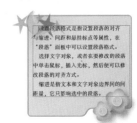

图 11-42

● 段落间距：在段前间距 栏中输入数值，可增加当前选择的段落与上一段落的间距，如图11-43所示。在段后间距 栏中输入数值，可增加当前段落与下一段落之间的间距，如图11-44所示。

图 11-43

图 11-44

● 避头尾集：用于指定中文或日文文本的换行方式。

● 标点挤压集：用于指定亚洲字符和罗马字符等内容之间的间距，确定中文或日文的排版方式。

● 连字：在断开的单词间显示连字标记。

技巧放送　**快速拾取文字属性**

在没有选择任何文本的状态下，将吸管工具 放在一个文本对象上（光标会变为 状），单击鼠标可拾取该文本的属性（包括字体、颜色、字距和行距等）；将光标放在另一个文本对象上，按住Alt键（光标变为 状）并拖动鼠标，光标所到之处的文字都会应用拾取的文字属性。

11.3.3 使用特殊字符

在 Illustrator 中，某些字体包含不同的字形，如大写字母 A 包含花饰字和小型大写字母。要在文本中添加这样的字符，可以先使用文字工具 **T** 选择文字，如图 11-45 所示，然后，执行"窗口"|"文字"|"字形"命令，打开"字形"面板，单击面板中的字符，即可替换所选字符，如图 11-46、图 11-47 所示。

图 11-45　　　　图 11-46　　　　图 11-47

在默认情况下，"字形"面板中显示了所选字体的所有字形，在面板底部选择不同的字体系列和样式可更改字体。如果选择了 OpenType 字体，则可执行"窗口"|"文字"|"OpenType"命令，打开"OpenType"面板，单击相应的按钮，使用连字、标题替代字符和分数字。

> **tip** OpenType字体是Windows和Macintosh操作系统都支持的字体文件，因此，使用该字体后，在这两个操作平台间交换文件时，不会出现字体替换或其他导致文本重新排列的问题。

11.3.4 串接文本

创建区域文本和路径文本时，如果输入的文字长度超出区域或路径的容许量，则多出的文字会被隐藏，定界框右下角或路径边缘会出现一个内含加号的小方块田。那些被隐藏的文字称为溢流文本。通过串接文本可以将它们导出到另外一个对象中，并使这两个文本之间保持链接关系。

单击田小方块，如图 11-48 所示，然后，在空白处单击（光标会变为▤状），可以将文字导出到一个与原始对象形状和大小相同的文本框中，如图 11-49 所示。单击并拖动鼠标，可以导出到一个矩形文本框中，如图 11-50 所示。如果单击一个图形，则可将文字导出到该图形中，如图 11-51 所示。

图 11-48　　　　图 11-49

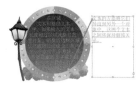 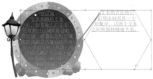

图 11-50　　　　图 11-51

> **tip** 选择两个独立的路径文本或者区域文本，执行"文字"|"串接文本"|"创建"命令，可以将它们链接成为串接文本。只有区域文本或路径文本可以创建串接文本，点文本不能进行串接。

11.3.5 文本绕排

文本绕排是指让区域文本围绕一个图形、图像或其他文本排列，得到精美的图文混排效果。创建文本绕排时，需要先将文字与用于绕排的对象放在同一个图层中，且文字位于下方，将它们选择，执行"对象"|"文本绕排"|"建立"命令，即可将文本绕排在对象周围。移动文字或对象时，文字的排列形状会随之改变。如果要释放文本绕排，可以执行"对象"|"文本绕排"|"释放"命令。

> **tip** 选择文本绕排对象，执行"对象"|"文本绕排"|"文本绕排选项"命令，打开"文本绕排选项"对话框，通过设置"位移"值，可以调整文本和绕排对象之间的间距。选择"反向绕排"选项，则可围绕对象反向绕排文本。

11.3.6 修饰文字

创建文本后，使用修饰文字工具 **▣** 单击一个文字，文字上会出现定界框，如图 11-52 所示，拖动控制点可以对文字进行缩放，如图 11-53 所示。

图 11-52　　　　图 11-53

修饰文字工具 **▣** 可以编辑文本中的任意一个文字，进行创造性地修饰，包括缩放、旋转、拉伸、移动等，从而生成美观而突出的信息，如图 11-54、图 11-55 所示。

图 11-54　　　　图 11-55

11.4 宝贝爱动画：文本绕排

01 打开素材文件，使用文字工具 **T**，在画板中单击并拖动鼠标，创建一个矩形范围框，如图11-56所示，放开鼠标后输入文字，创建区域文字，如图11-57所示。

11-56

图11-57

图11-58

图11-59

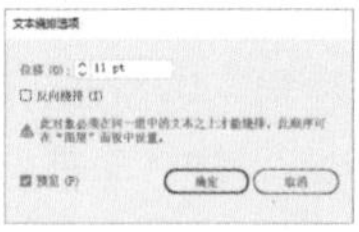

图11-60

02 按Shift+Ctrl+[快捷键，将文字调整到最底层，如图11-58所示。选择文字和小女孩，执行"对象"|"文本绕排"|"建立"命令，创建文本绕排，文字会围绕在小女孩周围排布，如图11-59所示。

03 执行"对象"|"文本绕排"|"文本绕排选项"命令，打开"文本绕排选项"对话框，设置"位移"为11pt，如图11-60所示。增加文字与绕排对象之间的距离，如图11-61所示。最后，用选择工具 ▶ 选取文字和小女孩，将它们移动到右侧的画板上，如图11-62所示。

图11-61

图11-62

11.5 化妆品App：字体变形

01 打开素材。选择文字工具 **T**，在控制面板中设置字体及大小，在画板中单击，输入文字，如图11-63所示。

免费试用

图11-63

02 在"变换"面板中设置倾斜角度为15度，如图11-64、图11-65所示。

免费试用

图11-64 　　　　　　图11-65

03 按Shift+Ctrl+O快捷键，将文字创建为轮廓，如图11-66所示。按Shift+Ctrl+G快捷键取消编组。使用选择工具 ▶ 选取文字，分别填充青绿色和浅粉红色，如图11-67所示。

图11-66 　　　　　　图11-67

04 使用直接选择工具 ▶ 选取图11-68所示的路径段，按住Shift键的同时，向左侧拖动鼠标，使相邻的笔画衔接

上，如图11-69所示。

试 凵

图11-68　　图11-69

05 单击并拖出矩形选框，选取图11-70所示的锚点，单击控制面板中的"垂直底对齐"按钮 ▙ 对齐锚点，如图11-71所示。

凵 凵

图11-70 　　　　图17-71

06 选取图11-72所示的路径段，按住Shift键的同时向右侧拖动鼠标，延长笔画，如图11-73所示。

图11-72 　　　　　　图11-73

07 选取笔画下方的锚点，如图11-74所示，单击 ▙ 按钮进行对齐处理，如图11-75所示。

08 选取图11-76所示的路径段并向左侧拖动，如图11-77所示。

图 11-74　　　图 11-75　　　图 11-76　　　图 11-77

⑨ 用选择工具 ▶ 选取"试用"两个字，如图11-78所示。单击"路径查找器"面板中的 ▣ 按钮合并路径，如图11-79所示。

图 11-78　　　　　图 11-79

⑩ 使用套索工具 ⌖ 选取图11-80所示的锚点；选择直接选择工具 ▷，将光标放在其中一个锚点上（或所选锚点之间的路径段上），单击并向下拖动光标，延长笔画，如图11-81、图11-82所示。

图 11-80　　　　图 11-81　　　　图 11-82

⑪ 在文字以外的区域单击，取消路径的选择状态。在图11-83所示的路径上单击，选取该路径段，按住Shift键的同时向左侧拖动鼠标，延长笔画，如图11-84所示。

图 11-83　　　　　图 11-84

⑫ 用同样的方法调整"免"字，如图11-85所示。

图 11-85

⑬ 使用矩形工具 ▢ 创建一个与屏幕大小相同的矩形，填充浅蓝色。将文字选取，按Ctrl+G快捷键编组，拖到屏幕上，按Shift+Ctrl+] 快捷键，将其移至顶层，如图11-86所示。使用椭圆工具 ◯，按住Shift键的同时拖动鼠标，创建一个圆形，填充白色，无描边。按Ctrl+[快捷键，将其移至文字下方，如图11-87所示。按Ctrl+C快捷键复制。

图 11-86　　　　　图 11-87

⑭ 执行"效果"|"风格化"|"投影"命令，设置投影颜色为深绿色，如图11-88、图11-89所示。

图 11-88　　　　　图 11-89

⑮ 按Ctrl+F快捷键粘贴圆形，将光标放在定界框的一角，按Alt+Shift快捷键并拖动鼠标，在保持中心点位置不变的情况下将圆形适当缩小。设置描边粗细为1pt，勾选"虚线"复选项，设置的参数如图11-90所示，效果如图11-91所示。

图 11-90　　　　　图 11-91

⑯ 在屏幕下方创建一个浅粉色的矩形，如图11-92所示。在其上方创建一个圆形，使用选择工具 ▶，按住Alt+Shift快捷键并拖动圆形进行复制，然后按Ctrl+D快捷键，进行再次变换，制作出齿孔的效果，如图11-93所示。

图 11-92　　　　　图 11-93

⑰ 输入其他文字，设置数字"50"的描边粗细为9pt。用钢笔工具 ✐ 绘制路径，以此来表现文字"双11"。打开"符号"面板，将符号直接拖入画面中，装饰在文字旁，如图11-94~图11-96所示。

图 11-94　　　　图 11-95　　　　图 11-96

11.6 舌尖上的美食：路径文字

01 打开素材文件，如图11-97所示。使用钢笔工具 ✐ 绘制一个图形，如图11-98所示。按Ctrl+C快捷键，复制该图形。

图11-97　　　　　　　图11-98

02 按Ctrl+A快捷键，选取数字与图形，执行"对象"|"封套扭曲"|"用顶层对象建立"命令，建立封套扭曲，使数字的外观与顶层图形的外观一致，如图11-99所示。按Ctrl+B快捷键，将之前复制的图形粘贴到后面，填充黑色，如图11-100所示。

图11-99　　　　　　　图11-100

03 使用螺旋线工具 ◉ 绘制一个螺旋线，如图11-101所示。使用直接选择工具 ▷ 选取路径下方的锚点，调整位置，改变路径形状，如图11-102所示。选择路径文字工具 ↜，在路径上单击，输入文字，在"字符"面板中设置字体及大小，如图11-103所示。

图11-101　　　　图11-102　　　　图11-103

04 按Shift+Ctrl+O快捷键，将文字创建为轮廓，如图11-104所示。使用选择工具 ▶，拖动定界框上的控制点，使文字外观成为椭圆形，再将其移动到寿司图形的上方，如图11-105所示。

05 选择文字工具 T，在画面中输入文字，如图11-106所示。使用钢笔工具 ✐ 在文字上面绘制一个筷子图形，如图11-107所示。按Ctrl+C快捷键，复制筷子图形。

图11-104　　　　　　　图11-105

BEST OF LUCK IN THE YEAR TO COME

图11-106　　　　　　　图11-107

06 使用选择工具 ▶ 选取文字和筷子图形，按Alt+Ctrl+C快捷键，创建封套扭曲，使文字的外观呈现筷子的形状，如图11-108所示。按Ctrl+B快捷键，将复制的图形粘贴到后面，如图11-109所示。

BEST OF LUCK IN THE YEAR TO COME

图11-108　　　　　　　图11-109

07 选取组成筷子的图形，按Ctrl+G快捷键编组。按住Alt键并拖动编组图形进行复制，按Shift+Ctrl+[快捷键，将图形移至底层，再适当调整一下位置。使用矩形工具 ▢ 绘制一个矩形，填充黄色，将其移至底层作为背景，如图11-110所示。在寿司图形的上面绘制一个白色的椭圆形，连续按Ctrl+[快捷键，将其向后移动到文字后面，再绘制一些彩色的小圆形，并将其作为装饰，如图11-111所示。

图11-110　　　　　　　图11-111

11.7 创意鞋带字：渐变与图案

01 使用矩形工具 ▢ 绘制一个矩形，填充径向渐变，如图11-112、图11-113所示。

02 打开"图层"面板，单击 ▸ 按钮展开图层列表，在"路径"子图层前单击，将其锁定，如图11-114所示。在同一位置分别创建一大、一小两个圆形，如图11-115所示。选取这两个圆形，按"对齐"面板中的 ▤ 按钮和 ▥ 按钮，将图形对齐，再按"路径查找器"面板中的 ▢ 按钮，使大圆与小圆相减，形成一个环形，如图11-116所示。

图11-112　　　　图11-113

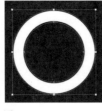

图11-114　　　　　图11-115　　　　　图11-116

03 将圆环填充为蓝色。再以同样的方法制作一个细一点、小一点的圆环，如图11-117所示。选取这两个图形，进行水平与垂直方向的对齐，如图11-118所示。

图11-117　　　　　　　　图11-118

04 保持图形的选取状态，按Alt+Ctrl+B快捷键，创建混合效果。双击混合工具　，打开"混合选项"对话框，设置间距为5，如图11-119、图11-120所示。

图11-119　　　　　　　　图11-120

05 再创建两个圆形，位置稍错开一点，如图11-121所示。选取这两个圆形，按"路径查找器"面板中的　按钮，使两圆相减，得到一个月牙状图形，如图11-122所示。

图11-121　　　　　　图11-122

06 为月牙图形填充浅蓝色，无描边颜色，作为蓝色图形的高光，如图11-123所示。执行"效果"|"风格化"|"羽化"命令，设置半径为0.3mm，使图形边缘变得柔和，如图11-124、图11-125所示。

图11-123　　　　图11-124　　　　图11-125

07 使用选择工具　，按住Alt键并拖动高光图形进行复制，将复制后的图形放在圆环的右下方，调整一下角度，填充深蓝色，如图11-126、图11-127所示。选取圆环图形，按Ctrl+G快捷键编组。按住Shift+Alt快捷键并向下拖动图形进行复制，如图11-128所示。连续按两次Ctrl+D快捷键（"对象"|"变换"|"再次变换"命令的快捷键），再复制出两个图形，如图11-129所示。

图11-126　　　　　图11-127　　　　　图11-128　图11-129

08 选取这4个图形，再次编组。双击镜像工具　，打开"镜像"对话框，选择"垂直"选项，单击"复制"按钮，如图11-130所示，镜像并复制图形，然后将其向右侧移动，如图11-131所示。

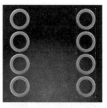

图11-130　　　　　　　图11-131

09 单击"图层"面板底部的　按钮，新建一个图层，锁定"图层1"，如图11-132所示。选择钢笔工具　，在水平方向的两个鞋眼之间绘制鞋带，填充线性渐变，如图11-133、图11-134所示。

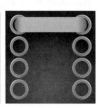

图11-132　　　　　图11-133　　　　　图11-134

10 复制绿色鞋带，根据鞋眼的位置将其排列好，使用直接选择工具　适当调整锚点的位置，使每个鞋带都有些小变化，如图11-135所示。再用钢笔工具　画出鞋带打结的部分，填充深绿色，如图11-136所示。继续绘制图形，填充线性渐变，如图11-137、图11-138所示。

图11-135　　　　　　　图11-136

图 11-137　　　　　　图 11-138

⑪ 选取这两个图形，按Shift+Ctrl+[快捷键，将其移至底层，如图11-139所示。继续绘制另一个鞋带扣，如图11-140所示。再绘制一条竖着的鞋带，如图11-141所示，将其移至底层，如图11-142所示。

图 11-139　　图 11-140　　图 11-141　　图 11-142

⑫ 分别绘制左右两侧的鞋带，如图11-143、图11-144所示。选取所有绿色鞋带图形，如图11-145所示，按Ctrl+G快捷键编组，按Ctrl+C快捷键复制，按Ctrl+F快捷键，将其粘贴到前面，单击"路径查找器"面板中的■按钮，将图形合并在一起，如图11-146所示。

图 11-143　　图 11-144　　图 11-145　　图 11-146

⑬ 单击"色板"右上角的■按钮，打开面板菜单，选择"打开色板库"|"图案"|"基本图形_纹理"命令，选择"菱形"图案，如图11-147所示，为鞋带添加该纹理，如图11-148所示。单击鼠标右键，打开快捷菜单，选择"变换"|"缩放"命令，设置等比缩放参数为50%，选择"变换图案"选项，使图形的大小保持不变，只缩小内部填充的图案，如图11-149、图11-150所示。

⑭ 在"透明度"面板中设置图形的混合模式为"叠加"，如图11-151、图11-152所示。

图 11-147　　　　图 11-148　　　　图 11-149

图 11-150　　　　图 11-151　　　　图 11-152

⑮ 锁定该图层，再新建一个图层，拖动到"图层2"下方，如图11-153所示。使用钢笔工具 ✐ 绘制鞋的轮廓，如图11-154~11-156所示。

图 11-153　　图 11-154　　图 11-155　　图 11-156

⑯ 绘制鞋头，填充洋红色，如图11-157所示，复制该图形，原位粘贴到前面，填充"菱形"图案，在画面下方输入文字，效果如图11-158所示。

图 11-157　　　　　　　　图 11-158

11.8　时尚装饰字：剪切蒙版

⓵ 打开素材，如图11-159所示。使用钢笔工具 ✐ 绘制一个雨点状图形，单击"色板"面板中的黄色进行填充，设置描边颜色为白色，宽度为1pt，如图11-160、图11-161所示。

图 11-159　　图 11-160　　图 11-161

⑫ 使用选择工具 ▶，按住Alt键并拖动图形进行复制，如图11-162所示。单击"色板"面板中的浅褐色进行填充，如图11-163、图11-164所示。

图11-162

图11-163

图11-164

图11-172　　　　图11-173

图11-174　　　　图11-175

⑬ 再次复制图形，填充浅绿色。将光标放在定界框的右下角，当光标变为 ⤵ 状时，单击并拖动鼠标将图形旋转，如图11-165所示。用同样的方法复制雨点图形，将填充颜色修改为绿色、深蓝色、橘红色等，适当调整角度，如图11-166、图11-167所示。

图11-165

图11-166

图11-167

⑰ 在"A"图层后面单击（显示出 ■ 状图标），选择该字符，如图11-176所示，按Shift+Ctrl+] 快捷键，将它移至顶层，如图11-177所示。

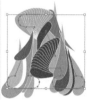
图11-176

图11-177

⑭ 下面，将雨点制作为一个具有装饰感的图案。先复制雨点图形，选择旋转工具 ↻，拖动图形旋转它使尖角朝下，如图11-168所示。将光标放在尖角的锚点上，表示将该点设置为圆心，如图11-169所示。按住Alt键单击鼠标，弹出"旋转"对话框，设置旋转角度为5°，单击"复制"按钮，旋转并复制出一个新的图形，如图11-170、图11-171所示。

tip 可以执行"视图"|"智能参考线"命令，显示智能参考线，当光标放在锚点上时，就会有"锚点"二字的高亮显示。

图11-168　　　　图11-169　　　　图11-170　　　　图11-171

⑮ 连按14次Ctrl+D快捷键，进行再次变换，生成更多的图形，如图11-172所示。使用选择工具 ▶ 选取这些图形，按Ctrl+G快捷键编组。

⑯ 将编组后的图形放在字母上面，如图11-173所示。按住Alt键并拖动该图形进行复制，调整角度，将填充颜色设置为紫色，如图11-174所示。继续复制雨点图形，修改颜色，直到图形布满字母为止，如图11-175所示。

⑱ 单击"图层1"，如图11-178所示，再单击 ▣ 按钮创建剪切蒙版，将字符以外的图形隐藏，这样缤纷的图形就被嵌入到字母中了，如图11-179所示。保持当前字符的选取状态，按Ctrl+C快捷键复制，然后在空白的区域单击鼠标，取消选择。

图11-178　　　　图11-179

⑲ 单击"图层"面板底部 ▣ 按钮，新建"图层2"，如图11-180所示。按Ctrl+F快捷键，将复制的字符贴在前面，如图11-181所示。"图层2"后面呈现高亮显示的红色方块，表示字母已位于新图层中。

图 11-180 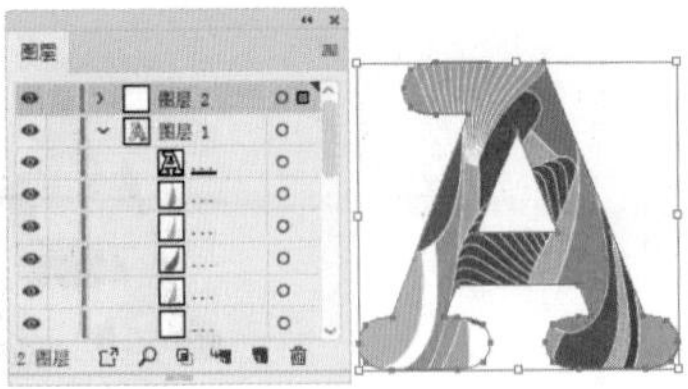　　　　　图 11-181

> **tip** 复制图形后，直接按Ctrl+F快捷键，图形粘贴在原图形前面，并位于同一图层中。如在图形以外的区域单击，取消选取状态，在"图层"面板中选择另一图层，再按Ctrl+F快捷键时，图形将粘贴在所选图层内。

⑩ 将新粘贴字母的填充颜色设置为灰色，如图11-182所示。执行"效果"|"风格化"|"内发光"命令，打开"内发光"对话框，设置模式为"滤色"，不透明度为100%，"模糊"参数为3.53mm，选择"中心"选项，如图11-183、图11-184所示。

图 11-182　　　　图 11-183 　　　　图 11-184

⑪ 执行"效果"|"风格化"|"投影"命令，添加"投影"效果，如图11-185、图11-186所示。

> **tip** 为什么要在新的图层中制作内发光与投影效果呢？因为"图层1"设置了剪切蒙版，字符以外的区域都会隐藏起来，而投影效果正是位于字符以外的，如果在"图层1"中制作，也将会被遮盖起来无法显示，因此，要在新建的"图层2"中制作。

图 11-185　　　　　图 11-186

⑫ 在"透明度"面板中设置混合模式为"正片叠底"，如图11-187所示，使当前图形与底层的彩色图形混合在一起。按Ctrl+C快捷键，复制当前的字母，按Ctrl+F快捷键，将其粘贴在前面，这样可以使立体感更强一些，如图11-188所示。在字符左侧绘制一个圆形，用同样的方法制作成彩色的立体效果，再制作一个立体的彩色文字"I"，如图11-189所示。

图 11-187　　　　　图 11-188

图 11-189

11.9 奇妙字符画：不透明度蒙版

① 打开素材，如图11-190所示。选择小白兔，单击"透明度"面板中的"制作蒙版"按钮，创建不透明度蒙版。单击蒙版缩览图，如图11-191所示，进入蒙版编辑状态。

图 11-190　　　　　图 11-191

② 选择文字工具 **T**，在画板左上角单击并向右下方拖动鼠标，创建一个与画板大小相同的文本框，输入文字，设置文字颜色为白色，大小为9pt，如图11-192所示。

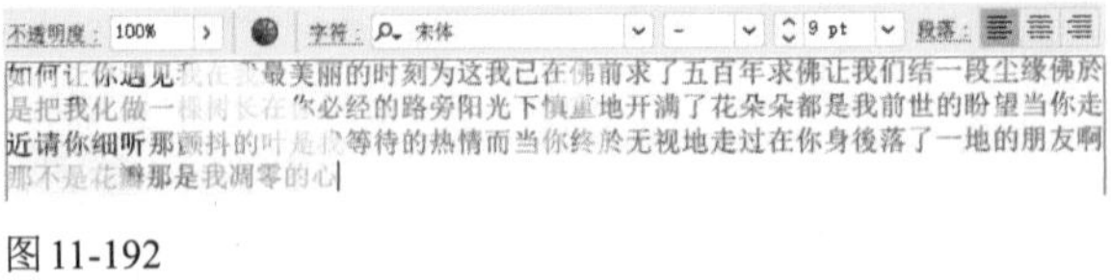

图 11-192

③ 按Ctrl+A快捷键，将文本全部选取，按Ctrl+C快捷键复制，在最后一个文字后面单击，设置插入点，如图11-193所示，连续按Ctrl+V快捷键，粘贴文本，直到文本布满画面，如图11-194所示。单击对象缩览图，结束蒙版的编辑，如图11-195所示。

④ 在"图层1"中将"图像"图层拖到面板底部的 按钮上进行复制，如图11-196所示。通过两张图像的重叠，使字符变得更加清晰，效果如图11-197所示。

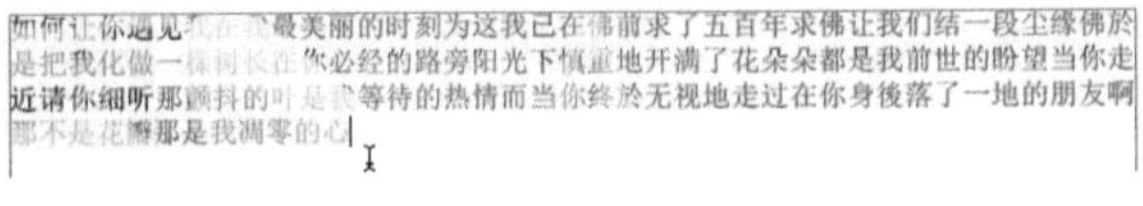

图 11-193

图 11-194　　　　图 11-195　　　　　图 11-196　　　　　图 11-197

11.10 金属特效字：不透明度蒙版

01 选择文字工具 **T**，在画板中输入文字，字体设置为"魏体"，大小设置为350pt，如图11-198所示。按Shift+Ctrl+O快捷键，将文字转换为轮廓。

图 11-198

02 执行"效果"|"3D"|"凸出和斜角"命令，在打开的对话框中设置参数，拖动光源预览框中的光源，改变其位置，单击"新建光源"按钮 ，再添加一个光源，如图11-199所示，效果如图11-200所示。

图 11-199

图 11-201

03 执行"文件"|"置入"命令，选择素材文件，取消对"链接"复选项的勾选，如图11-201所示，单击"置入"按钮，置入图像，如图11-202所示。

图 11-200

图 11-202

04 在图11-203所示的图层后面单击，将文字选取，按Ctrl+C快捷键，复制文字，在画面空白处单击鼠标，取消当前的选取状态，按Ctrl+F快捷键，将其粘贴到前面，如图11-204所示。

图 11-203　　　　　　　图 11-204

05 将文字的填充颜色设置为白色。打开"外观"面板，双击"3D凸出和斜角"属性，如图11-205所示，打开"3D凸出和斜角选项"对话框，单击光源预览框下方的 按钮，删除一个光源，将另一个光源移动到物体下方，如图11-206、图11-207所示。

图 11-205

图 11-206　　　　　　图 11-207

06 按住Ctrl+Shift快捷键的同时，在铁皮素材上单击，将

其与立体字一同选取，打开"透明度"面板，单击"制作蒙版"按钮，使用立体字对铁皮素材进行遮盖，将文字以外的图像隐藏。设置混合模式为"正片叠底"，让铁皮纹理融入立体字中，如图11-208、图11-209所示。

图11-208

图11-209

⑦ 创建一个能够将文字全部遮盖的矩形，在"渐变"面板中，添加金属质感的渐变颜色，如图11-210、图11-211所示。

图11-210

图11-211

⑧ 在"图像"图层后面单击，将铁皮纹理字选取，如图11-212所示，然后单击"透明度"面板中的蒙版缩览图，如图11-213所示，可以选取蒙版中的立体字，按Ctrl+C快捷键，复制该文字。单击图稿缩览图，返回到图像的编辑状态，如图11-214所示。在画板空白处单击鼠标以取消选择。

图11-212

图11-213

图11-214

⑨ 按Ctrl+F快捷键，将复制的立体字粘贴到前面，如图11-215所示。选取当前的立体字和后面的渐变图形，单击"透明度"面板中的"制作蒙版"按钮，设置混合模式为"颜色加深"，不透明度为45%，如图11-216、图11-217所示。

⑩ 选择铅笔工具 ✐，在文字上绘制高光图形，如图11-218所示。执行"效果"|"风格化"|"羽化"命令，设置羽化半径为2mm，如图11-219所示。在"透明度"面板中设置混合模式为"叠加"，效果如图11-220所示。

图11-215

图11-216

图11-217

图11-218

图11-219

图11-220

⑪ 在文字的边缘绘制高光图形，如图11-221所示，添加相同的羽化效果与叠加模式，效果如图11-222所示。

图11-221

图11-222

⑫ 根据文字的外形绘制投影图形，按Shift+Ctrl+[快捷键，将其移动到最底层，如图11-223所示。按Alt+Shift+Ctrl+E快捷键，打开"羽化"对话框，设置"半径"为7mm，如图11-224、图11-225所示。

图11-223

图11-224

图11-225

11.11 彩虹特效字：自定义画笔

01 新建一个210mm×297mm、CMYK模式的文件。选择矩形工具 ▢ ，在画板中单击鼠标，打开"矩形"对话框，创建一个2mm×1mm大小的矩形，如图11-226所示。

02 保持矩形的选取状态，单击鼠标右键，在打开的快捷菜单中执行"变换"|"移动"命令，设置参数，单击"复制"按钮，如图11-227所示，向下移动并复制一个矩形，这两个图形的间距正好可以再容纳两个矩形，以便为后面制作混合打下基础。

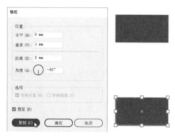

图 11-226　　　　　　　　　图 11-227

03 连按两次Ctrl+D快捷键，得到图11-228所示的4个矩形，修改矩形的颜色，如图11-229所示。按Ctrl+A快捷键全选，按Alt+Ctrl+B快捷键创建混合。双击混合工具 🔄 ，在打开的对话框中指定混合步数为2，如图11-230、图11-231所示。当前的图形之间紧密排列，没有重叠也没有空隙。

图 11-228　　图 11-229　　图 11-230　　　　　图 11-231

04 单击"画笔"面板中的 按钮，在打开的对话框中选择"图案画笔"选项，如图11-232所示，单击"确定"按钮，弹出"图案画笔选项"对话框，如图11-233所示，单击"确定"按钮，将当前图形定义为画笔，如图11-234所示。

图 11-232

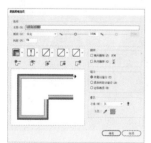
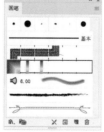

图 11-233　　　　　　　图 11-234

05 使用钢笔工具 ✒ 绘制文字状的路径，如图11-235所示。选择路径，单击"画笔"面板中的"图案画笔1"，将图案画笔应用于路径，如图11-236所示。

图 11-235　　　　　　　　　图 11-236

06 按Ctrl+A快捷键全选，按Ctrl+G快捷键编组。双击镜像工具 ▷◁ ，打开"镜像"对话框，勾选"水平"单选按钮，单击"复制"按钮，复制并翻转文字，以此作为倒影，如图11-237、图11-238所示。

图 11-237　　　　　　　　　图 11-238

07 使用矩形工具 ▢ 创建一个矩形，填充黑白线性渐变，如图11-239、图11-240所示。

图 11-239　　　　　　　　　图 11-240

08 选择渐变图形和下方的文字，如图11-241所示。单击"透明度"面板中的"制作蒙版"按钮，创建不透明度蒙版，将不透明度设置为60%，如图11-242、图11-243所示。

图 11-241　　　　　　　　　图 11-242

图 11-243

⑨ 使用光晕工具 ，在文字"m"上方单击并拖动鼠标，创建一个光晕图形，使用选择工具 ▶，按住Alt键并拖动该图形，将其复制到文字"i"上方，如图11-244所示。

⑩ 最后，创建一个矩形作为背景，填充渐变颜色，如图11-245所示。

图 11-244

图 11-245

11.12 线状特效字：混合

① 新建一个文件。使用矩形工具 ▭ 创建一个矩形，填充红色并将其作为背景。使用椭圆工具 ◯ 创建几个图形，并将其作为模板，如图11-246所示。在"图层1"的眼睛图标右侧单击，锁定图层，如图11-247所示。单击"图层"面板底部的 ◪ 按钮，新建一个图层，如图11-248所示。

图 11-246

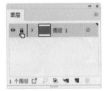

图 11-247

图 11-248

② 用钢笔工具 ✎ 绘制两条曲线，设置描边为白色，宽度为0.74pt，如图11-249、图11-250所示。

图 11-249

图 11-250

③ 用选择工具 ▶ 选取这两条线，按Alt+Ctrl+B快捷键，创建混合。双击混合工具 ▣，在打开的对话框中将"间距"设置为"指定的步数"，然后设置步数为17，如图11-251、图11-252所示。

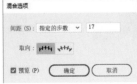

图 11-251

图 11-252

④ 采用相同的方法，绘制几组曲线，每两条为一组，创建混合，然后修改混合步数。图11-253~图11-255所示为字母G的组成线条。为了便于观察，这里单独显示每一个混合对象。

图 11-253

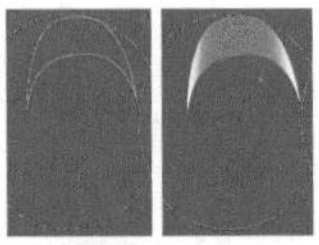

图 11-254

图 11-255

⑤ 图11-256~图11-260所示为字母O的组成线条。绘制字母的连接部分，如图11-261所示。

图 11-256

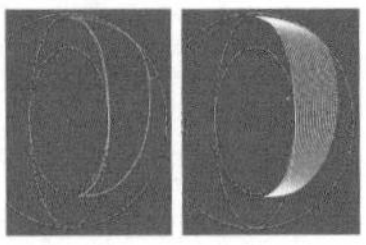

图 11-257

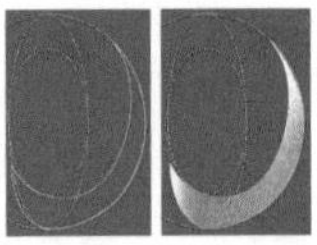

图 11-258

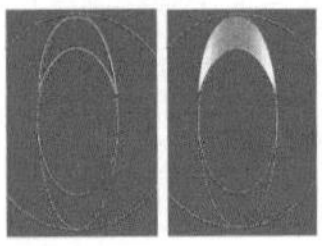

图 11-259

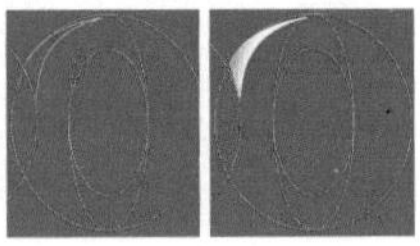

图 11-260

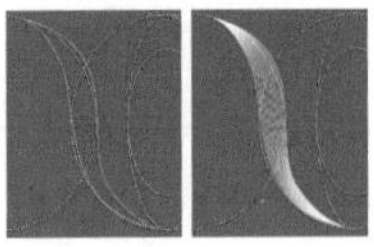

图 11-261

⑥ 在"图层1"的锁状图标 🔒 上单击，以解除锁定。在模板图形（第1步操作中绘制的几个圆形和椭圆形）的眼睛图标 👁 上单击，隐藏这些图层，如图11-262所示。最终的效果如图11-263所示。

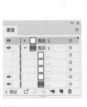

图 11-262

图 11-263

11.13 山峦特效字：混合

01 新建一个文件。选择文字工具 **T**，打开"字符"面板选择字体，设置文字大小，如图11-264所示，在画板中单击并输入文字，如图11-265所示。

SUN SHINE

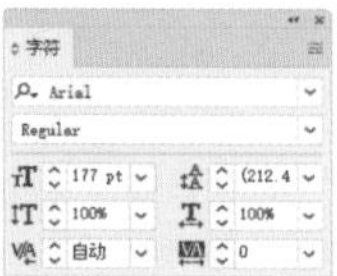

图11-264 　　　　图11-265

02 选择倾斜工具 📐，将光标放在文字右下角，单击并向左侧拖动鼠标，如图11-266所示。再向下方拖动鼠标，对文字进行倾斜处理，如图11-267所示。执行"文字"|"创建轮廓"命令，将文字转换为图形，如图11-268所示。

SUN SHINE　　SUN SHINE　　SUN SHINE

图11-266 　　　　图11-267 　　　　图11-268

03 使用矩形工具 ▢ 创建一个矩形，填充渐变作为背景，如图11-269、图11-270所示。将文字摆放到该背景上，设置填充颜色为白色，无描边，如图11-271所示。

04 选取所有文字，执行"效果"|"路径"|"位移路径"命令，设置的参数如图11-272所示，使文字向内部收缩一些，如图11-273所示。按Ctrl+C快捷键，复制文字。单击"图层"面板底部的 🔲 按钮，新建一个图层，执行"编辑"|"就地粘贴"命令，将文字粘贴到该图层中，如图11-274所示。在该图层的眼睛图标 👁 上单击以隐藏图层，如图11-275所示。

图11-269　　　　图11-270　　　　图11-271

图11-272 　　　　图11-273

图11-274　　　　　　　　图11-275

05 单击"图层1"，选择该图层。使用铅笔工具 ✏ 绘制一个图形，填充洋红色，无描边，如图11-276所示。使用选择工具 ▶，按住Shift键的同时单击字母S，将它与绘制的图形同时选取，如图11-277所示，按Alt+Ctrl+B快捷键创建混合。双击混合工具 ◐，在打开的对话框中设置参数，如图11-278、图11-279所示。

图11-276 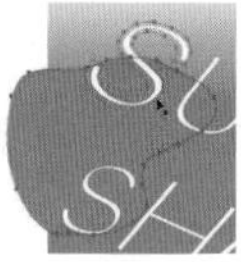　　图11-277 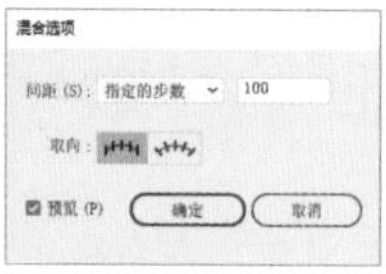　　图11-278 　　　　图11-279

06 其他文字也采用相同的方法创建混合，如图11-280~图11-285所示。

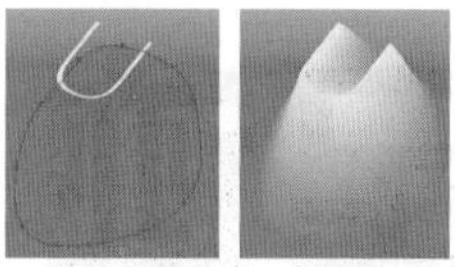

图11-280 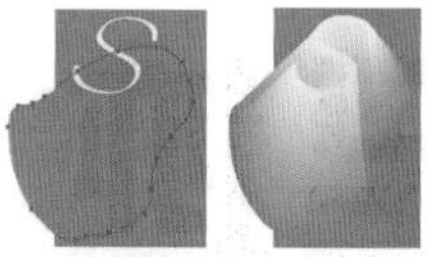　　　　　　　　图11-281

图11-282 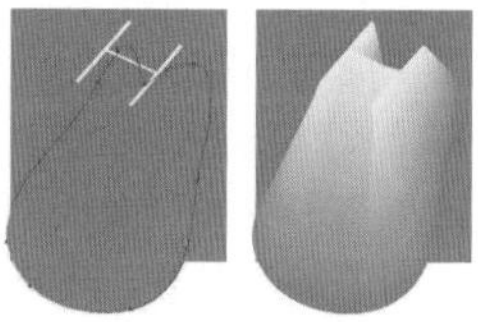　　　　　　　　图11-283

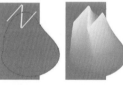

图11-284 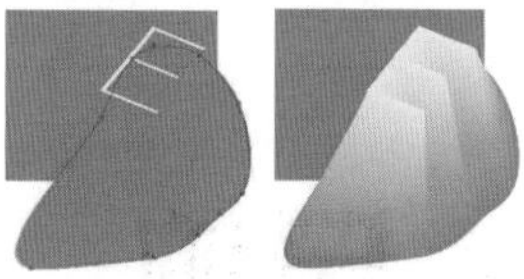　　　　　　　　图11-285

07 使用钢笔工具 ✏ 绘制几个图形，也创建同样的混合效果，如图11-286所示。当前文字的效果如图11-287所示。

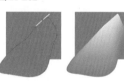

图11-286 　　　　　　　　图11-287

08 选择矩形工具 ▭，创建一个与背景图形大小相同的矩形，如图11-288所示。在"图层1"右侧的选择列（○状图标处）单击，如图11-289所示，选取该图层中的所有图形，执行"对象"|"剪切蒙版"|"建立"命令，创建剪切蒙版，将矩形之外的图形隐藏，如图11-290所示。

图 11-288　　　　　图 11-289　　　　　图 11-290

09 在"图层2"的眼睛图标 ◉ 处单击，显示该图层，如图11-291、图11-292所示。最后可以添加一些图形和文字来丰富版面，如图11-293所示。

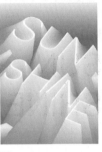
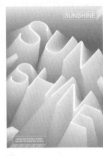

图 11-291　　　　图 11-292　　　　图 11-293

11.14 凹陷特效字：效果与混合模式

01 选择文字工具 **T**，在画板中单击，设置文字插入点，在"控制"面板中设置字体及大小，然后输入文字，如图11-294所示。按Esc键结束编辑。按Shift+Ctrl+O快捷键，将文字创建为轮廓，如图11-295所示。

图 11-294　　　　　　　图 11-295

02 使用矩形工具 ▭ 创建一个矩形，按Ctrl+[快捷键，将其移至文字下方，如图11-296所示。按Ctrl+A快捷键全选，单击"对齐"面板中的 ▤ 和 ▥ 按钮，进行水平和垂直方向的居中对齐。单击"路径查找器"面板中的 ▣ 按钮，让文字区域实现镂空效果，将填充颜色设置为白色，无描边，如图11-297所示。

图 11-296　　　　　　　图 11-297

03 执行"效果"|"3D"|"凸出和斜角"命令，在打开的对话框中设置参数，单击"更多选项"按钮，显示光源选项，单击 ▦ 按钮以添加光源，在预览框中拖动光源调整位置，如图11-298、图11-299所示。

04 执行"效果"|"风格化"|"投影"命令，为立体字添加一个投影效果，如图11-300、图11-301所示。

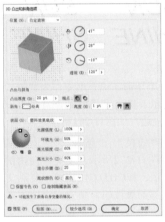
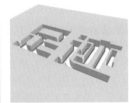

图 11-298　　　　　　　图 11-299

图 11-300　　　　　　　图 11-301

05 使用矩形工具 ▭ 创建一个矩形，如图11-302所示，单击"图层"面板底部的 ▣ 按钮，创建剪切蒙版，将矩形以外的图像隐藏，如图11-303、图11-304所示。再创建一个深灰色的矩形，按Shift+Ctrl+[快捷键，将其移至底层，如图11-305所示。

图 11-302　　　　　　　图 11-303

图 11-304

图 11-305

06 使用椭圆工具 ◯，按住Shift键的同时拖曳鼠标，创建一个圆形，填充白色到透明的径向渐变，如图11-306、图11-307所示。

图 11-306

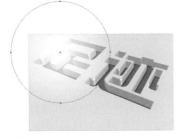

图 11-307

07 设置该图形的混合模式为"柔光"，如图11-308、图11-309所示。

图 11-308

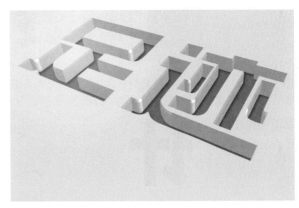

图 11-309

11.15 海报艺术字：图案库

01 按Ctrl+N快捷键，打开"新建文档"对话框，单击"打印"选项卡，选择"A4"选项，创建一个A4大小的CMYK模式文件。

02 选择文字工具 **T**，在画板中单击并输入文字，按Esc键结束文字的输入。在控制面板中设置字体及大小，如图11-310所示。再用同样的方法输入其他文字，如图11-311所示。

GRAPHIC
DESIGN

图 11-310

平面
设计
大赛

图 11-311

03 按Ctrl+A快捷键，将上述文字全选，按Shift+Ctrl+O快捷键，将文字创建为轮廓，如图11-312所示。按Shift+Ctrl+G快捷键，取消编组。使用选择工具 ▶，分别选取每个文字，为其填充不同的颜色，如图11-313所示。

04 选取文字"平"，按Ctrl+C快捷键复制，按Ctrl+F快捷键，将其粘贴在前面，如图11-314所示。执行"窗口"|"色板库"|"图案"|"基本图形"|"基本图形_纹理"命令，打开该图案库。单击面板右上角的 ≡ 按钮，打开面板菜单，选择"小列表视图"命令，以方便查找

图案。选择面板中的"点铜版雕刻"图案，用该图案填充文字，如图11-315、图11-316所示。

GRAPHIC
DESIGN
平面
设计
大赛

图 11-312

GRAPHIC
DESIGN
平面
设计
大赛

图 11-313

图 11-314

图 11-315

图 11-316

05 打开"透明度"面板，设置混合模式为"变亮"，如图11-317、图11-318所示。

图 11-317

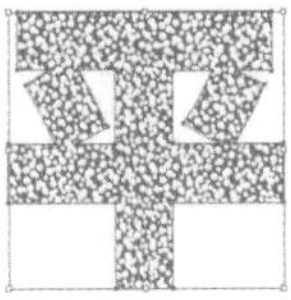

图 11-318

06 按住Shift键并选择文字"面""设"和"赛"，按Ctrl+C快捷键复制，按Ctrl+F快捷键将其粘贴在前面。单击"基本图形_纹理"面板底部的◀按钮，切换到"基本图形_点"面板，用"波浪形粗网点"图案填充文字，如图11-319、图11-320所示。

图 11-319　　　　　图 11-320

07 复制文字"计"并将其粘贴到前面，为它填充"波浪形细网点"图案，如图11-321、图11-322所示。

图 11-321　　　　　图 11-322

08 复制文字"大"并将其粘贴到前面。单击两次"基本图形_点"面板底部的▶按钮，切换到"基本图形_线条"面板，为文字填充"波浪形粗线"图案，如图11-323、图11-324所示。再用同样的方法为字母填充"波浪形粗网点"图案，效果如图11-325所示。

图 11-323　　　　图 11-324　　　　图 11-325

09 选择椭圆工具◯，按住Shift键的同时拖曳鼠标，绘制一个圆形，设置填充颜色为黄色，描边颜色为青色，描边粗细为15pt，如图11-326所示。设置混合模式为"正片叠底"，如图11-327、图11-328所示。

图 11-326　　　　图 11-327　　　　图 11-328

10 使用选择工具▶，将圆形向右侧拖动，在放开鼠标前按住Alt+Shift快捷键，可在水平方向复制出一个新的圆形，如图11-329所示。将描边颜色设置为红色，如图11-330所示。

11 用同样的方法制作出更多的圆形，分别调整填充或描边的颜色，使画面更加丰富，如图11-331所示。

图 11-329

图 11-330　　　　　图 11-331

12 在"符号"面板中选择"矢量污点"符号，如图11-332所示。将其直接拖到画面中，如图11-333所示。单击"符号"面板底部的◥按钮，断开符号的链接，如图11-334所示。

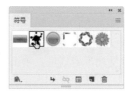

图 11-332　　　　图 11-333　　　　图 11-334

13 将填充颜色设置为品红色，将光标放在定界框的右上角，按住Shift键并向右拖动鼠标，将图形旋转90°，如图11-335所示。在画面左侧输入大赛的其他相关信息，最终的效果如图11-336所示。

图 11-335　　　　　图 11-336

11.16 图案艺术字：图案色板

01 打开素材，如图11-337所示。选择椭圆工具 ◯，在画板中单击，弹出"椭圆"对话框，设置参数如图11-338所示，创建圆形，如图11-339所示。

图11-337　　　　图11-338　　　　图11-339

02 在画板中单击鼠标，弹出"椭圆"对话框，在其中设置参数，如图11-340所示，创建一个小圆，填充黄色，无描边。执行"视图"|"智能参考线"命令，启用智能参考线。使用选择工具 ▶，将小圆拖到大圆上方，圆心对齐到大圆的锚点上，如图11-341所示。

03 保持小圆的选取状态。选择旋转工具 ↻，将光标放在大圆的圆心处，画面中会出现"中心点"3个字，如图11-342所示，按住Alt键单击，弹出"旋转"对话框，在其中设置角度，如图11-343所示，单击"复制"按钮，复制图形，如图11-344所示。连续按Ctrl+D快捷键复制图形，令其绕圆形一周，如图11-345所示。选择大圆，按Delete键将其删除。

图11-340　　　　　　　图11-341

图11-342　　　　　　　图11-343

图11-344　　　　　　　图11-345

04 选择所有圆形，按Ctrl+G快捷键编组。按Ctrl+C快捷键复制，按Ctrl+F快捷键粘贴，再按住Shift+Alt快捷键的同时拖动控制点，基于中心点向内缩小图形，如图11-

346所示。设置填充颜色为粉色，如图11-347所示。

05 按Ctrl+F快捷键粘贴图形，再按住Shift+Alt快捷键并拖动控制点，将图形缩小，设置它的填充颜色为天蓝色，如图11-348所示。再粘贴两组图形并缩小，设置填充颜色为紫色、洋红色，如图11-349所示。

图11-346　　图11-347　　图11-348　　图11-349

06 选择这几组图形，如图11-350所示，按Ctrl+G快捷键编组。按Ctrl+C快捷键复制，再按Ctrl+F快捷键粘贴。按住Shift+Alt快捷键并拖动控制点，将图形等比例缩小，如图11-351所示。重复粘贴和缩小操作，在圆形内部铺满图案，如图11-352所示。

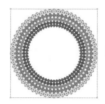

图11-350　　　　图11-351　　　　图11-352

07 选择所有圆形，如图11-353所示，将其拖动到"色板"面板中，创建为图案，如图11-354所示。

08 使用选择工具 ▶ 选取文字"S"，如图11-355所示，单击新建的图案，为文字填充该图案，如图11-356、图11-357所示。

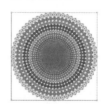
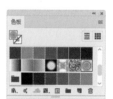

图11-353　　　　　　图11-354

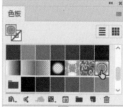

图11-355　　　图11-356　　　　图11-357

09 按住"~"键，在画板中单击并拖动鼠标来移动图案，如图11-358所示。双击比例缩放工具 ▣，打开"比例缩放"对话框，设置缩放参数为150%，选择"变换图案"选项，如图11-359、图11-360所示。采用同样的方法为其他文字填充图案，然后再用选择工具▶（按~键）移动图案，用比例缩放工具✥缩放图案，最终的效果如图11-361所示。

图11-358　　图11-359　　　　　图11-360　　　　　　图11-361

11.17　罗马艺术字：多重描边

① 打开素材，如图11-362所示。单击"图层1"，选择该图层，如图11-363所示。

② 选择椭圆工具◯，按住Shift键拖曳鼠标，创建一个圆形，如图11-364所示。使用矩形工具▢，按住Shift键的同时拖曳鼠标，创建一个方形，如图11-365所示。使用星形工具☆，按住Shift键的同时拖曳鼠标，锁定水平方向创建一个三角形（可按↓键调整边数），如图11-366所示。

图11-362　　　　　图11-363

图11-364　　　　　图11-365　　　　　图11-366

③ 按Ctrl+A快捷键，选择这几个图形，单击控制面板中的 ▛ 和 ▜ 按钮，将它们对齐。按Alt+Ctrl+B快捷键，创建混合。双击混合工具 ⬚，打开"混合选项"对话框，选择"指定的步数"选项，设置混合步数为30，如图11-367所示，效果如图11-368所示。

④ 单击"图层2"前面的 🔒 图标，解除该图层的锁定，如图11-369所示，选择该图层中的文字，如图11-370所示，设置描边颜色为琥珀色，粗细为55pt，如图11-371所示。

图11-367　　　　　　　　　　图11-368

图11-369　　　　　图11-370　　　　　图11-371

> **tip** 如果想让描边位于线条中间，可以单击"描边"面板中的"使描边居中对齐"按钮 ▙。

⑤ 在"外观"面板中将描边选项拖到 ▤ 按钮上进行复制，如图11-372所示。将描边颜色修改为灰色，粗细调整为50pt，如图11-373、图11-374所示。

图11-372　　　　　图11-373　　　　　图11-374

⑥ 单击 ▤ 按钮，再次复制描边属性，然后修改描边颜色和粗细。重复以上操作，使描边由粗到细产生变化，形成丰富的层次感，如图11-375、图11-376所示。

图 11-375　　　图 11-376

⑦ 再复制一个描边属性，修改描边颜色和粗细，如图 11-377所示。单击"描边"面板中的 ▣ 按钮，使描边位于线条的内侧，如图11-378所示。

图 11-377

图 11-378

⑧ 单击"描边"属性前面的 > 按钮以展开列表，单击"不透明度"属性，在打开的下拉面板中将混合模式设置为"柔光"，如图11-379所示。复制最上面的描边，修改其描边颜色和粗细，如图11-380所示。

图 11-379

图 11-380

⑨ 选取另一个画板中的图案，如图11-381所示，按Ctrl+X快捷键剪切。单击"图层"面板中的 ▣ 按钮，新建一个图层。按Ctrl+V快捷键粘贴花纹图案，如图11-382、图11-383所示。

图 11-381　　　图 11-382　　　图 11-383

⑩ 将图案的混合模式设置为"叠加"，如图11-384、图11-385所示。使用选择工具 ▶ 选取花纹，调整其位置和角度，按住Alt键拖动图形进行复制，使花纹布满文字，如图11-386所示。

图 11-384　　　图 11-385　　　图 11-386

⑪ 在"图层2"后面单击，选取该图层中的文字，如图11-387所示，按住Alt键的同时将其拖到"图层3"，如图11-388所示，可将文字复制到该图层中。单击"图层3"，选择该图层，单击 ▣ 按钮，创建剪切蒙版，将文字外面的图案隐藏，如图11-389所示。

图 11-387　　　　　　图 11-388

图 11-389

11.18 折叠彩条字：变形与渐变

01 选择文字工具 **T**，按Ctrl+T快捷键，打开"字符"面板，在其中设置字体和大小，如图11-390所示。在画板中单击，输入文字，如图11-391所示。

图11-390　　　　　　图11-391

02 双击工具箱中的倾斜工具 ，打开"倾斜"对话框，设置倾斜角度为38°，如图11-392、图11-393所示。

图11-392　　　　　　图11-393

03 按Shift+Ctrl+O快捷键，将文字创建为轮廓，再按Shift+Ctrl+G快捷键，取消编组，如图11-394所示。使用选择工具 选取字母，分别填充橙黄色、蓝色和绿色，如图11-395所示。

图11-394　　　　　　　　　图11-395

04 按住Alt键并向右拖动字母"P"，对它进行复制，如图11-396所示。按住Shift键并拖动定界框的一角，将文字成比例缩小，再适当调整位置，如图11-397所示。

图11-396　　　　　图11-397

05 使用直接选择工具 单击文字下方的路径段，如图11-398所示，向左下方拖动光标，直到与另一字母的底边对齐，如图11-399所示。将填充颜色设置为黄色，如图11-400所示。

图11-398　　　　图11-399　　　　图11-400

06 使用矩形工具 ，创建两个矩形，宽度与字母的笔画一致，双击渐变工具 ，打开"渐变"面板调整颜色，分别以橙色和黄色渐变填充矩形，如图11-401~图11-403所示。

图11-401　　　　　　图11-402　　　　　　图11-403

07 再来制作字母"L"的折叠效果。绘制3个矩形，填充蓝色渐变，如图11-404、图11-405所示。选取第2、3个矩形，连续按Ctrl+[快捷键，将其向下移动，直到移至字母"L"下方，如图11-406所示。

图11-404　　　　　　图11-405　　　　　　图11-406

08 使用选择工具 ，单击选取字母"L"，按住Alt键并向右拖动，进行复制。将字母填充黄色，按住Shift键并拖动定界框的右下角，将字母成比例放大，如图11-407所示。绘制矩形以表现折叠效果，并填充略深一些的黄色渐变，如图11-408所示。

图11-407　　　　　　图11-408

09 用同样的方法制作字母"A"的折叠效果，如图11-409所示。使用直接选择工具 ，选取矩形左下角的锚点，如图11-410所示，将锚点向上拖动（按住Shift键可保持在垂直方向上移动），如图11-411、图11-412所示。

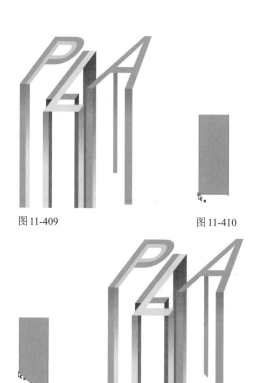

图 11-409　　　　　　　图 11-410

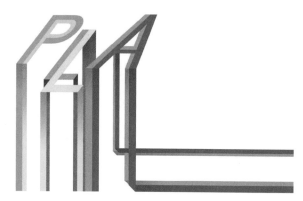

图 11-416

图 11-411　　　图 11-412

⑩ 绘制水平方向的矩形，用同样的方法调整锚点，效果如图11-413所示。

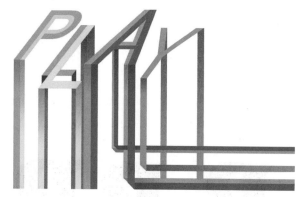

图 11-417

⑬ 复制字母"Y"，为它制作折叠字效果，如图11-418所示。

图 11-413

⑪ 选取字母"A"，按住Shift+Alt快捷键并向右拖动以进行复制，如图11-414所示。使用直接选择工具 ▷，调整锚点的位置，效果如图11-415所示。

图 11-414　　　　　　图 11-415

⑫ 绘制字母下方的折叠图形，如图11-416所示。制作字母"Y"的折叠效果时，要将第2、第3个绿色矩形移至最底层（按Shift+Ctrl+[快捷键），如图11-417所示。

图 11-418

⑭ 使用钢笔工具 ✎，在字母笔画的交叠处绘制图形，如图11-419所示。填充黑色到透明渐变，在设置该渐变时，将两个滑块都设置为黑色，单击右侧滑块，设置不透明度为0%，如图11-420所示，效果如图11-421所示。

图 1-419　　　　图 11-420　　　　图 11-421

⑮ 在其他字母上也制作出笔画交叠效果。绘制一个与画面大小相同的矩形作为背景，填充浅灰色，并在画面右下方输入文字，效果如图11-422所示。

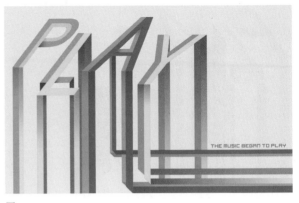

图 11-422

11.19 拼贴布艺字：效果与画笔

① 选择文字工具 **T**，在画板中单击并输入文字，在控制面板中设置文字的字体和大小，如图11-423所示。按Shift+Ctrl+O快捷键，将文字创建为轮廓，如图11-424所示。选择刻刀工具 ✏️，在文字上划过，对文字进行分割，如图11-425所示。

图 11-423　　　　　图 11-424　　　　　图 11-425

② 将文字切成6部分，如图11-426所示。文字切开后依然位于一个组中，按Shift+Ctrl+G快捷键取消编组。选择上方的图形，将填充颜色设置为黄色，如图11-427所示。改变其他图形的填充颜色，如图11-428所示。

图 11-426　　　　　图 11-427　　　　　图 11-428

③ 按Ctrl+A快捷键全选，执行"效果"|"风格化"|"内发光"命令，设置不透明度为55%，"模糊"参数为2.47mm，选择"边缘"选项，如图11-429、图11-430所示。

图 11-429　　　　　图 11-430

④ 执行"效果"|"风格化"|"投影"命令，设置不透明度为70%，X、Y位移的参数均为0.47mm，如图11-431、图11-432所示。

图 11-431　　　　　图 11-432

⑤ 执行"效果"|"扭曲和变换"|"收缩和膨胀"命令，设置参数为5%，使布块的边线呈现不规则的变化效果，如图11-433、图11-434所示。

图 11-433　　　　　图 11-434

⑥ 将"图层1"拖到面板底部的 🔲 按钮上，复制该图层，如图11-435所示。图层后面依然有 ◼ 状图标显示，说明该图层中的内容处于选取状态。打开"外观"面板，在"投影"属性上单击将其选取，如图11-436所示。按住Alt键并单击面板底部的 🗑 按钮，删除"投影"属性，如图11-437所示，使所选对象没有投影效果。

图 11-435　　　　　图 11-436　　　　　图 11-437

07 双击"外观"面板中的"内发光"属性，打开"内发光"对话框，将模式修改为"正片叠底"，颜色设置为黑色，模糊参数为4.23mm，选择"中心"选项，如图11-438、图11-439所示。

图11-438 图11-439

08 单击"外观"面板中的"不透明度"属性，弹出"透明度"面板，将不透明度设置为35%，如图11-440、图11-441所示。

图11-440 图11-441

09 下面来画一组类似缝纫线的图形，然后将它创建为画笔。在绘制路径时，应用该画笔就会产生缝纫线的效果了。先绘制一个粉色的矩形，这个图形只是作为背景衬托。使用圆角矩形工具 □ 创建一个图形，填充黑色，如图11-442所示。使用椭圆工具 ○，按住Shift键绘制圆形，填充白色，按Ctrl+[快捷键，将其移动到黑色图形的后面，如图11-443所示。

图11-442 图11-443

10 使用选择工具 ▶，按住Shift+Alt快捷键，并向下拖动白色圆形将其复制，如图11-444所示。选取这一个黑色圆角矩形和两个白色圆形，按Ctrl+G快捷键编组。再按住Shift+Alt快捷键并拖动图形进行复制，如图11-445所示。

图11-444 图11-445

11 按两次Ctrl+D快捷键，得到两个图形，如图11-446所示。使用矩形工具 □ 绘制一个矩形，将这4组图形包含在内，同时，在右侧要多出一部分，以使缝纫线不断重复时能够有一个均衡的距离。该矩形无填充与描边颜色，它只代表一个单位图案的范围，如图11-447所示。

图11-446 图11-447

12 将粉色图形删除，选取剩余的图形，如图11-448所示。打开"画笔"面板，单击 ◼ 按钮，弹出"新建画笔"对话框，选择"图案画笔"选项，如图11-449所示。单击"确定"按钮，弹出"图案画笔选项"对话框，使用系统默认的参数即可，如图11-450所示。单击"确定"按钮，将图形创建为画笔，如图11-451所示。

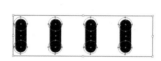

图11-448 图11-449

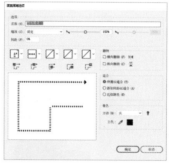
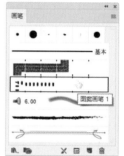

图11-450 图11-451

13 选择钢笔工具 ✏，沿文字切割处绘制一条路径，如图11-452所示。单击"画笔"面板中自定义的画笔，用它描边路径，效果如图11-453所示。

14 在"控制"面板中设置描边粗细为0.25pt，使缝纫线变小，符合文字的比例。继续绘制路径，添加画笔描边，使每个布块之间都有缝纫线连接，如图11-454所示。一个布块文字就制作完成了，将文字全部选取，按Ctrl+G快捷键编组。用上述方法制作出更多的布块文字，制作一个红色的渐变图形作为衬托，如图11-455所示。

图11-452 图11-453 图11-454

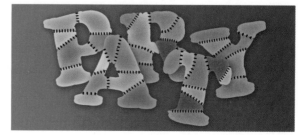

图11-455

11.20 炫彩3D字：3D与钢笔工具

① 打开素材，如图11-456所示。选择数字"3"，执行"对象"|"3D效果"|"凸出和斜角"命令，打开"3D凸出和斜角选项"对话框，指定X轴⬌、Y轴⬍和Z轴↻的旋转参数，设置凸出厚度为40pt。单击◉按钮，添加新的光源，调整光源的位置，制作出立体字的效果，如图11-457、图11-458所示。

图 11-456

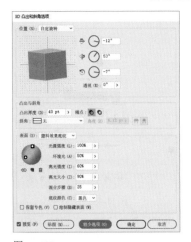

图 11-457

图 11-458

② 选择字母"D"。再次执行"凸出和斜角"命令，设置的参数如图11-459所示，效果如图11-460所示。选择数字"3"，按Ctrl+C快捷键复制，按Ctrl+F快捷键，将其粘贴到前面，如图11-461所示。

③ 在"外观"面板中选择"3D凸出和斜角"属性，如图11-462所示，将其拖到面板底部的🗑按钮上，删除该效果，如图11-463所示。将填充颜色设置为蓝色，如图11-464所示。

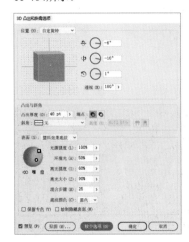

图 11-459

图 11-460

图 11-461

图 11-462

图 11-463

图 11-464

④ 执行"效果"|"3D"|"旋转"命令，打开"3D旋转选项"对话框，参考第2步操作中X轴、Y轴和Z轴的旋转参数进行设置，如图11-465、图11-466所示。

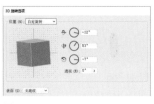

图 11-465

图 11-466

⑤ 在"图层1"的眼睛图标👁右侧单击，锁定该图层，单击按钮◪以新建"图层2"，如图11-467所示。使用钢笔工具✐绘制图11-468所示的图形。再分别绘制紫色、绿色和橙色的图形，如图11-469、图11-470所示。

图 11-467

图 11-468

图 11-469

图 11-470

⑥ 选择橙色图形，执行"效果"|"风格化"|"内发光"命令，使图形内部产生发光效果，设置的参数如图11-471所示，效果如图11-472所示。

图 11-471 　　　　　　　　图 11-472

图 11-473　　　　图 11-474　　　　图 11-475　　　　图 11-476

图 11-477　　　　　　图 11-478　　　　　　图 11-479

图 11-480　　　　　　图 11-481　　　　　　图 11-482

07 再绘制一个绿色图形，按Shift+Ctrl+E快捷键，应用"内发光"效果，如图11-473所示。选择橙色图形，按住Alt键并拖动进行复制，调整角度和大小，分别填充蓝色、紫色，使画面丰富起来，如图11-474所示。继续绘制花纹，丰富画面，如图11-475、图11-476所示。

08 在字母"D"上绘制花纹，填充不同的颜色，用同样的方法，对部分图形添加内发光效果，如图11-477~图11-482所示。

11.21 课后作业：弹簧字

本章学习了文字功能。下面通过课后作业来强化学习效果。如果有不清楚的地方，请看视频教学录像。

绘制不同颜色的圆形和曲线，用它们创建混合。之后再根据文字结构特点绘制出相应的路径，用它们替换混合轴，从而制作出形象生动、色彩明快的弹簧字。

 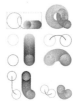

弹簧字　　　　　　　　　　　　混合效果

11.22 课后作业：毛边字

右图是一个具有毛边效果的特效字，它用到了图形编辑工具、"描边"面板、色板库等功能。可以使用本书提供的文字素材进行操作。先用刻刀工具 ✐ 将文字分割开；为它们添加虚线描边；用编组选择工具 ▷ 选择各个图形，填充不同的颜色，最后创建一个矩形并填充图案。

毛边字　　　　　　　　　　　　素材

11.23 复习题

1. 在 Illustrator 中使用其他程序创建的文本时，怎样操作能保留文本的字符和段落格式？怎样操作则不能？

2. 怎样为文字的填色和描边应用渐变颜色？

3. 在"字符"面板中，字距微调 ᶺᵥ 与字距调整 ᴴᵁ 选项有什么区别？

4. 创建文本绕排时，对文字和用于绕排的对象有什么要求？

第12章

插画设计：画笔、符号与图表

画笔工具和"画笔"面板是 Illustrator 中实现绘画效果的主要工具。用户可以使用画笔工具徒手绘制线条，也可以通过"画笔"面板为路径添加不同样式的画笔描边，来模拟毛笔、钢笔和油画笔等笔触效果。符号适合处理包含大量重复对象的图稿，如纹样、地图和技术图纸等，在平面设计和 Web 设计工作中的用处非常大，不仅可以节省绘图时间，还能显著减少文件占用的存储空间。

扫描二维码，关注李老师的微博、微信。

12.1 插画设计

插画作为一种重要的视觉传达形式，以其直观的形象性、真实的生活感和艺术感染力，在现代设计中占有特殊的地位。在欧美等国家，插画已被广泛地应用于广告、传媒、出版、影视等领域，而且还被细分为儿童类、体育类、科幻类、食品类、数码类、纯艺术类、幽默类等多种专业类型。不仅如此，插画的风格也丰富多彩。

● 装饰风格插画：注重形式美感的设计。设计者所要传达的含义都是较为隐性的，这类插画中多采用装饰性的纹样，其构图精致、色彩协调，如图12-1所示。

● 动漫风格插画：在插画中使用动画、漫画和卡通形象，以此增加插画的趣味性。采用较为流行的表现手法能够使插画的形式新颖、时尚，如图12-2所示。

图 12-1　　　　　　图 12-2

● 矢量风格插画：能够充分体现图形的艺术美感，如图12-3、图12-4所示。

图 12-3　　　　　　图 12-4

● Mix & match 风格插画：Mix 意为混合、掺杂，match 意为调和、匹配。Mix & match 风格的插画能够融合许多独立的、甚至互相冲突的艺术表现方式，使之呈现协调的整体风格，如图12-5所示。

● 儿童风格插画：多用在儿童杂志或书籍，颜色较为鲜艳，画面生动有趣。造型或简约、或可爱、或怪异，场景也会比较 Q，如图12-6所示。

● 涂鸦风格插画：具有粗犷的美感，自由、随意，且充满了个性，如图12-7所示。

● 线描风格插画：利用线条和平涂的色彩作为表现形式，具有单纯和简洁的特点，如图12-8所示。

图12-5

图12-6

图12-7

图12-8

12.2　画笔面板与绘画工具

Illustrator的绘画工具包括画笔、斑点画笔、实时上色等工具。其中，画笔工具最灵活，它可以使用不同类型的画笔进行绘画，包括书法画笔、散点画笔、艺术画笔、图案画笔和毛刷画笔等。

12.2.1　画笔面板

"画笔"面板中保存了预设的画笔样式，可以为路径添加不同风格的外观。选择一个图形，如图12-9所示。单击"画笔"面板中的一个画笔，即可对其应用画笔描边，如图12-10、图12-11所示。

图12-9

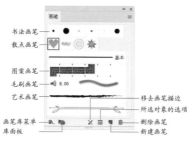
图12-10

图12-11

默认情况下，"画笔"面板中的画笔以列表视图的形式显示，即显示画笔的缩览图，不显示名称，只有将光标放在一个画笔样本上，才能显示它的名称，如图12-12所示。如果选择面板菜单中的"列表视图"选项，则可同时显示画笔的名称和缩览图，并以图标的形式显示画笔的类型，如图12-13所示。此外，也可以选择面板菜单中的一个选项，单独显示某一类型的画笔。

● 画笔类型：画笔分为5类，分别是书法画笔、散点画笔、毛刷画笔、图案画笔和艺术画笔，如图12-14所示。书法画笔可模拟传统毛笔创建书法效果的描边；散点画笔可以将一个对象（如一只瓢虫或一片树叶）沿着路径分布；毛刷画笔可创建具有自然笔触的描边；图案画笔可以将图案沿路径重复拼贴；艺术画笔可以沿着路径的长度均匀拉伸画笔或对象的形状，模拟水彩、毛笔、炭笔等效果。散点画笔和图案画笔效果比较相似。它们之间的区别在于，散点画笔会沿路径散布，如图12-15所示，而图案画笔则会完全依循路径，如图12-16所示。

图12-12

图12-13

书法画笔

散点画笔

毛刷画笔

图案画笔　　　艺术画笔

图12-14

173

图 12-15　　　　　　　图 12-16

- 画笔库菜单 **IN.**：单击该按钮，可以在下拉列表中选择系统预设的画笔库。

- 库面板 **📚**：单击该按钮，可以打开"库"面板。

- 移去画笔描边 **✕**：选择一个对象，单击该按钮，可删除应用于对象的画笔描边。

- 所选对象的选项 **▣**：单击该按钮，可以打开"画笔选项"对话框。

- 新建画笔 **▣**：单击该按钮，可以打开"新建画笔"对话框，选择新建画笔类型，创建新的画笔。如果将面板中的一个画笔拖至该按钮上，则可复制画笔。

- 删除画笔 **🗑**：选择面板中的画笔后，单击该按钮可将其删除。

技巧放送　使用画笔库资源

单击"画笔"面板底部的 **IN.** 按钮，可以在打开的下拉菜单中选择一个画笔库，如各种样式的箭头、装饰线条、边框，以及能够模拟各种绘画线条的画笔等，使用它们可以制作边框和底纹，产生水彩笔、蜡笔、毛笔、涂鸦等丰富的艺术效果。下面的涂鸦字就是使用"艺术效果_油墨"画笔库中的画笔制作的。在操作时先用画笔工具 **/** 绘制出文字图形，再添加相应的画笔描边即可。

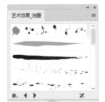

素材　　　　　　　　　　"艺术效果_油墨"画笔库

涂鸦效果艺术字

12.2.2　画笔工具

画笔工具 **/** 可以在绘制线条的同时对路径应用画笔描边，生成各种艺术线条和图案。选择该工具后，在"画笔"面板中选择一种画笔，如图 12-17 所示。单击并拖动鼠标即可绘制线条，如图 12-18 所示。如果要绘制闭合式路径，可在绘制的过程中按住 Alt 键（光标会变为 **/** 状），再放开鼠标按键。

图 12-17　　　　　　　图 12-18

双击工具面板中的画笔工具 **/**，打开"画笔工具选项"对话框，勾选"保持选定"和"编辑所选路径"选项，如图 12-19 所示。绘制路径后，路径会保持选择状态，并且可以进行编辑。将光标放在路径的端点上，如图 12-20 所示。单击并拖动鼠标可延长路径，如图 12-21 所示。将光标放在路径段上，单击并拖动鼠标，可以修改路径的形状，如图 12-22、图 12-23 所示。

图 12-19　　　　　　　图 12-20

图 12-21　　　　图 12-22　　　　图 12-23

tip 用画笔工具 **/** 绘制的线条是路径，可以使用锚点编辑工具对其进行编辑和修改，并可在"描边"面板中调整画笔描边的粗细。

12.2.3　斑点画笔工具

斑点画笔工具 **🖌** 可以绘制出用颜色或图案填充的、无描边的形状，还能够与具有相同颜色（无描边）的其他形状进行交叉与合并。例如，图 12-24 所示为一个便签图稿，用斑点画笔工具 **🖌** 绘制出一个心形，如图 12-25 所示，然后在里面用白色涂抹，所绘线条只要重合，就会自动合并为一个对象，如图 12-26 所示。

图 12-24

图 12-25

图 12-26

12.3 创建与编辑画笔

如果要创建新的画笔，可以单击"画笔"面板中的"新建画笔"按钮 🖌，在打开的"新建画笔"对话框中选择画笔类型。

12.3.1 创建书法画笔

在"新建画笔"对话框中选择"书法画笔"选项，如图 12-27 所示，单击"确定"按钮，打开图 12-28 所示的对话框，选择相应的选项后，单击"确定"按钮即可创建自定义的书法画笔，并可将其保存在"画笔"面板中。

图 12-27 图 12-28

- 名称：可输入画笔的名称。
- 画笔形状编辑器：单击并拖动黑色的圆形调杆可以调整画笔的圆度，如图 12-29 所示，单击并拖动窗口中的箭头可以调整画笔的角度，如图 12-30 所示。

图 12-29 图 12-30

- 画笔效果预览窗：用来观察画笔的调整结果。如果将画笔的角度和圆度的变化方式设置为"随机"，则在画笔效果预览窗中会出现 3 个画笔，中间显示的是修改前的画笔，左侧的是随机变化最小范围的画笔，右侧的是随机变化最大范围的画笔。
- 角度/圆度/大小：用来设置画笔的角度、圆度和直径。在这 3 个选项右侧的下拉列表中包含了"固定""随机"和"压力"等选项，它们决定了画笔角度、圆度和直径的变化方式。

12.3.2 创建散点画笔

创建散点画笔前，应先准备好画笔所使用的图形，如图 12-31 所示。选择图形后，单击"画笔"面板中的"新建画笔"按钮 🖌，打开"新建画笔"对话框，选择"散点画笔"选项，弹出图 12-32 所示的对话框。

 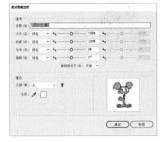

图 12-31 图 12-32

- 大小/间距/分布：可以设置散点图形的大小、间距，以及图形偏离路径的距离。
- 旋转相对于：在该选项下拉列表中选择"页面"选项，图形会以页面的水平方向为基准旋转，如图 12-33 所示。选择"路径"选项，图形则会按照路径的走向旋转，如图 12-34 所示。

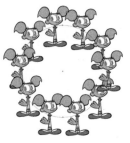 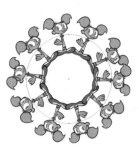

图 12-33 图 12-34

- 方法：可设定图形的颜色处理方法，包括"无""色调""淡色和暗色""色相转换"等选项。想要了解各个选项的具体区别，可单击提示按钮 💡 进行查看。

● **主色**：用来设置图形中最突出的颜色。如果要修改主色，可选择对话框中的 ✏ 工具，在右下角的预览框中单击样本图形，将单击点的颜色定义为主色。

> **tip** 创建散点画笔、艺术画笔和图案画笔前，必须先准备好要使用的图形，并且该图形不能包含渐变、混合、画笔描边、网格、位图图像、图表、置入的文件和蒙版。

12.3.3 创建毛刷画笔

毛刷画笔可以创建具有自然毛刷画笔所画外观的描边。例如，图12-35所示为使用各种不同毛刷画笔绘制的插图。在"新建画笔"对话框中选择"毛刷画笔"选项，打开图12-36所示的对话框，可以创建毛刷类画笔。

图 12-35

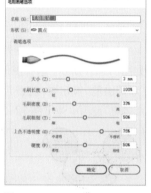

图 12-36

12.3.4 创建图案画笔

图案画笔的创建方法与前面几种画笔有所不同，由于要用到图案，因此，在创建画笔前先要创建图案，并将其保存在"色板"面板中，如图12-37所示。然后单击"画笔"面板中的"新建画笔"按钮 🖌，在弹出的对话框中选择"图案画笔"选项，打开图12-38所示的对话框。

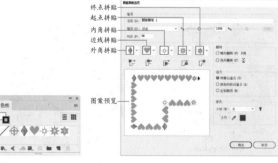

图 12-37   图 12-38

● **设置拼贴**：单击拼贴选项右侧的·按钮，打开下拉列表可以选择图案，如图12-39、图12-40所示。

● **缩放**：用来设置图案样本相对于原始图形的缩放程度。

● **间距**：用来设置图案之间的间隔距离。

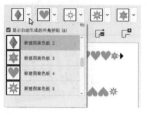

图 12-39   图 12-40

● **翻转选项组**：用来控制路径中图案画笔的方向。选择"横向翻转"选项时，图案沿路径的水平方向翻转；选择"纵向翻转"选项时，图案沿路径的垂直方向翻转。

● **适合选项组**：用来调整图案与路径长度的匹配程度。选择"伸展以适合"选项，可拉长或缩短图案以适合路径的长度，如图12-41所示。选择"添加间距以适合"选项，可在图案之间增加间距，使其适合路径的长度，图案保持不变形，如图12-42所示。选择"近似路径"选项，可在保持图案形状的同时，使其接近路径的中间部分，该选项仅用于矩形路径，如图12-43所示。

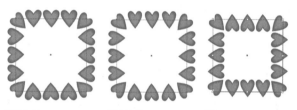

图 12-41   图 12-42   图 12-43

12.3.5 创建艺术画笔

创建艺术画笔前，先要准备好用作画笔的图形，并且图形中不能包含文字。将其选择后，单击"画笔"面板中的"新建画笔"按钮 🖌，在弹出的对话框中选择"艺术画笔"选项，即可在打开的对话框中设置相应的选项内容。

12.3.6 移去画笔

在使用画笔工具绘制线条时，Illustrator会自动将"画笔"面板中的描边应用到绘制的路径上，如果不想添加描边，可以单击"画笔"面板中的"移去画笔描边"按钮 ✖。如果要取消一个图形的画笔描边，可以选择该图形，再单击"移去画笔描边"按钮 ✖。

12.3.7 将画笔描边扩展为轮廓

为对象添加画笔描边后，如果想要编辑描边线条上的各个图形，可以选择对象，执行"对象"|"扩展外观"命令，将画笔描边转换为轮廓，使描边内容从对象中剥离出来。

画笔操作技巧如下表所示。

技巧	操作方法
将画笔样本创建为图形	在"画笔"面板或画笔库中，将一个画笔拖到画板中，它就会成为一个可编辑的图形
将画笔描边创建为图形	使用画笔描边路径后，如果要编辑描边线条上的图形，可以选择对象，执行"对象"|"扩展外观"命令，将描边扩展为图形，再进行编辑操作
删除多个画笔	如果要删除一个或者多个画笔，可按住Ctrl键并单击这些画笔，将它们选择，然后再将它们拖到删除画笔按钮 🗑 上
删除所有未使用的画笔	单击画笔库中的一个画笔，它就会自动添加到"画笔"面板中。如果要删除面板中所有未使用的画笔，可执行面板菜单中的"选择所有未使用的画笔"命令，将这些画笔选择，再单击 🗑 按钮进行删除
修改画笔	如果要修改由散布画笔、艺术画笔或图案画笔绘制的画笔样本，可以将画笔拖到画板中，再对图形进行修改，修改完成后，按住 Alt 键将画笔重新拖回"画笔"面板的原始画笔上，即可更新原始画笔。如果文档中有使用该画笔描边的对象，则应用到对象中的画笔描边也会随之更新。如果只想修改使用画笔绘制的线条而不更新原始画笔，可以选择该线条，单击"画笔"面板中所选对象的选项按钮 🔲，在打开的对话框中修改当前对象上的画笔描边选项参数

技巧放送 ｜ 画笔描边缩放与修改技巧

●同时缩放对象和描边：选择画笔描边的对象，双击比例缩放工具 🔁，打开"比例缩放"对话框，设置缩放参数，并勾选"比例缩放描边和效果"复选框，可以同时缩放对象和描边。

●仅缩放对象：在"比例缩放"对话框中，取消对"比例缩放描边和效果"复选框的选择时，则仅缩放对象，描边比例保持不变。此外，通过拖动定界框上的控制点缩放对象时，也可以仅缩放对象，描边的比例保持不变。

选择对象

"比例缩放"对话框

同时缩放对象和描边

仅缩放对象

●仅缩放描边：选择对象后，单击"画笔"面板中所选对象的选框按钮 🔲，在打开的对话框中设置缩放比例，可以单独缩放描边，不会影响对象。

设置描边缩放比例

仅缩放描边

●反转描边方向：选择一条画笔描边的路径，使用钢笔工具单击路径的端点，可以翻转画笔描边的方向。

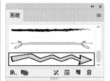

将光标放在路径端点

单击鼠标反转描边方向

12.4 符号

在平面设计工作中，经常要绘制大量的重复的对象，如花草、地图上的标记等，Illustrator 为这样的任务提供了一项简便的功能，那就是符号。将一个对象定义为符号后，可通过符号工具生成大量相同的对象（它们称为符号实例）。所有的符号实例都与"符号"面板中的符号样本保持链接，当修改符号样本时，实例会自动更新，因此，使用符号可以节省绘图时间，并且能显著减小文件的大小。

12.4.1 符号面板

打开一个文件，如图 12-44 所示。在这幅插画中用到了 9 种符号，它们保存在"符号"面板中，如图 12-45 所示。通过该面板还可以创建、编辑和管理各种符号。

图 12-44

图 12-45

- 符号库菜单 ▐▲ ：单击该按钮，可以打开下拉菜单，选择一个预设的符号库。

- 置入符号实例 ↳ ：选择面板中的一个符号，单击该按钮，可以在画板中创建该符号的一个实例。

- 断开符号链接 ✂ ：选择画板中的符号实例，单击该按钮，可以断开它与面板中符号样本的链接，该符号实例便成为可单独编辑的对象。

- 符号选项 ▤ ：单击该按钮，可以打开"符号选项"对话框。

- 新建符号 ◥ ：选择画板中的一个对象，单击该按钮，可将其定义为符号。

- 删除符号 🗑 ：选择面板中的符号样本，单击该按钮可将其删除。

12.4.2 创建符号组

Illustrator 的工具面板中包含 8 种符号工具，如图 12-46 所示。符号喷枪工具 🗋 用于创建符号实例，其他工具用于编辑符号实例。在"符号"面板中选择一个符号样本，如图 12-47 所示。使用符号喷枪工具 🗋 在画板中单击即可创建一个符号实例，如图 12-48 示。

单击并按住鼠标按键，可以创建一个符号组，符号会以单击点为中心向外扩散；单击并拖动鼠标，则会沿鼠标运行的轨迹创建符号，如图 12-49 所示。

图 12-46

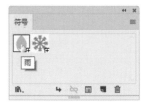

图 12-47

图 12-48

图 12-49

如果要在一个符号组中添加新的符号，可以选择该符号组，然后在"符号"面板中选择另外的符号样本，如图 12-50 所示，再使用符号喷枪工具 🗋 在组中添加该符号，如图 12-51 所示。如果要删除符号，可按住 Alt 键在它上方单击。

图 12-50

图 12-51

tip 使用任意一个符号工具时，按键盘中的] 键，可增加工具的直径；按 [键，则减小工具的直径；按 Shift+] 快捷键，可增加符号的创建强度；按 Shift+[快捷键，则减小创建强度。此外，在画板中，符号工具光标外侧的圆圈代表了工具的直径，圆圈的深浅代表了工具的强度，颜色越浅，强度值越低。

12.4.3 编辑符号实例

编辑符号前，首先要选择符号组，然后在"符号"面板中选择要编辑的符号所对应的样本。如果一个符号组中包含多种符号，就需要选择不同的符号样本，再分别对它们进行处理。

- 符号位移器工具 ：在符号上单击并拖曳鼠标可以移动符号，如图12-52、图12-53所示。按住Shift键单击一个符号，可将其调整到其他符号的上面；按住Shift+Alt快捷键单击一个符号，可将其调整到其他符号的下面。

图12-52   图12-53

- 符号紧缩器工具 ：在符号组上单击或移动鼠标，可以聚拢符号，如图12-54所示。按住Alt键操作，可以使符号扩散开，如图12-55所示。

图12-54   图12-55

- 符号缩放器工具 ：在符号上单击可以放大符号，如图12-56所示。按住Alt键单击则缩小符号，如图12-57所示。

图12-56   图12-57

- 符号旋转器工具 ：在符号上单击或拖曳鼠标可以旋转符号，如图12-58所示。旋转时，符号上会出现一个带有箭头的方向标志，通过它可以观察符号的旋转方向和角度。

- 符号着色器工具 ：在"色板"或"颜色"面板中设置一种填充颜色，如图12-59所示，选择符号组，使用该工具在符号上单击可以为符号着色；连续单击可增加颜色的浓度，如图12-60所示。如果要还原符号的颜色，可按住Alt键单击符号。

图12-58   图12-59   图12-60

- 符号滤色器工具 ：在符号上单击可以使符号呈现透明效果，如图12-61所示。按住Alt键单击可还原符号的不透明度。

- 符号样式器工具 ：在"图形样式"面板中选择一种样式，如图12-62所示，然后选择符号组，使用该工具在符号上单击，可以将所选样式应用到符号中，如图12-63所示。按住Alt键单击，可清除符号中添加的样式。

图12-61   图12-62   图12-63

12.4.4 同时编辑多种符号

如果符号组中包含多种类型的符号，则使用符号工具编辑符号时，仅影响"符号"面板中选择的符号样本所创建的实例，如图12-64所示。如果要同时编辑符号组中的多种实例或所有实例，可以先在"符号"面板中按住Ctrl键并单击各个符号样本，将它们同时选择，然后再进行处理，如图12-65所示。

选择一个样本的着色结果   选择两个样本的着色结果

图12-64   图12-65

12.4.5 一次替换同类的所有符号

使用选择工具 选取符号实例，如图12-66所示，在"符号"面板中选择另外一个符号样本，如图12-67所示，执行面板菜单中的"替换符号"命令，可以使用该符号替换当前符号组中所有的符号实例，如图12-68所示。

图12-66   图12-67   图12-68

12.4.6 重新定义符号

如果符号组中使用了不同的符号，但只想替换其中的一种符号，可通过重新定义符号的方式来进行操作。首先，将符号样本从"符号"面板拖到画板中，如图 12-69 所示。单击 ✎ 按钮，断开符号实例与符号样本的链接，此时可以对符号实例进行编辑和修改，如图 12-70 所示。修改完成后，执行面板菜单中的"重新定义符号"命令，将它重新定义为符号，文档中所有

使用该样本创建的符号实例都会更新，其他符号实例保持不变，如图 12-71 所示。

| 图 12-69 | 图 12-70 | 图 12-71 |

12.5 图表

图表可以直观地反映各种统计数据的比较结果，在工作中的应用非常广泛。

12.5.1 图表的种类

Illustrator 提供了 9 个图表工具，即柱形图工具 ⊞、堆积柱形图工具 ⊞、条形图工具 ⊟、堆积条形图工具 ⊟、折线图工具 ⊿、面积图工具 ⊿、散点图工具 ▦、饼图工具 ◉ 和雷达图工具 ◉，它们可以创建 9 种类型的图表，如图 12-72 所示。

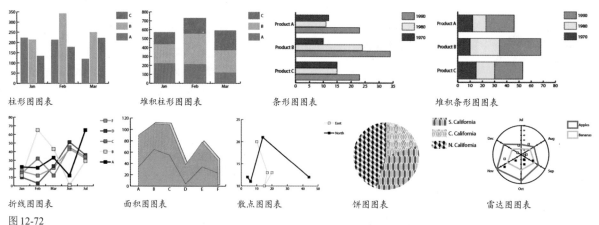

柱形图图表　　　　堆积柱形图图表　　　　条形图图表　　　　堆积条形图图表

折线图图表　　　　面积图图表　　　　散点图图表　　　　饼图图表　　　　雷达图图表

图 12-72

12.5.2 创建图表

选择任意一个图表工具，在画板中单击并拖出一个矩形框，即可创建该矩形框大小的图表。如果按住 Alt 键拖动鼠标，可以从中心绘制图表。按住 Shift 键，则可以将图表限制为一个正方形。如果要创建具有精确宽度和高度的图表，可在画面中单击，打开"图表"对话框并输入数值，如图 12-73 所示。定义好图表的大小后，就会弹出图表数据对话框，如图 12-74 所示。单击一个单元格，然后在顶行输入数据，它便会出现在所选的单元格中，如图 12-75 所示。

图 12-73

图 12-74

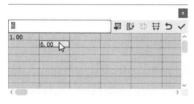

图 12-75

tip 选择一个单元格后，按↑、↓、←、→键可以切换单元格；按 Tab 键可以输入数据，并选择同一行中的下一单元格。按 Enter 键可以输入数据，并选择同一列中的下一单元格。

单元格的左列用于输入类别标签，如年、月、日。如果要创建只包含数字的标签，则需要使用直式双引号将数字引起来。例如，2012 年应输入"2012"，如果输入全角引号"2012"，则引号也会显示在年份中。数据输入完成后，单击 ✓ 按钮即可创建图表，如图 12-76、图 12-77 所示。

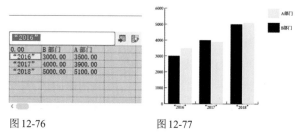

图 12-76　　　　　　　　图 12-77

图表数据对话框中还有几个按钮，单击"导入数据"按钮 ▦，可导入应用程序创建的数据；单击"换位行/列"按钮 ▦，可转换行与列中的数据；创建散点图图表时，单击"切换 x/y"按钮 ⟲，可以对调 x 轴和 y 轴的位置；单击"单元格样式"按钮 ▤，可在打开的"单元格样式"对话框中定义小数点后面包含几位数字，以及调整图表数据对话框中每一列数据间的宽度，以便在对话框中可以查看更多的数字，但不会影响图表；单击"恢复"按钮 ↺，可以将修改的数据恢复到初始状态。

12.5.3 设置图表类型选项

选择一个图表，如图 12-78 所示，双击任意一个图表工具，打开"图表类型"对话框，在"类型"选项中单击一个图表按钮，即可将图表转换为该种类型，如图 12-79、图 12-80 所示。

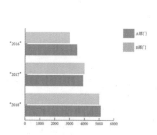

图 12-78 　　　　　　　　图 12-79

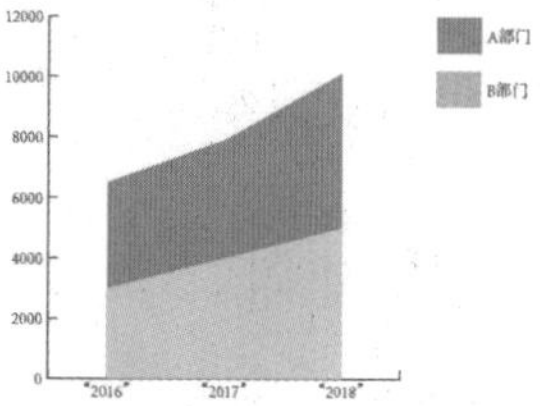

图 12-80

● 添加投影：选择该复选项后，可以在图表中的柱形、条形或线段后面，以及对整个饼图图表应用投影，如图

12-81 所示。

● 在顶部添加图例：默认情况下，图例显示在图表的右侧水平位置，选择该复选项后，图例将显示在图表的顶部，如图 12-82 所示。

● 第一行在前：当"簇宽度"大于 110% 时，可以控制图表中数据的类别或群集重叠的方式。使用柱形或条形图时此复选项最有帮助。图 12-83、图 12-84 所示是设置"簇宽度"为 120% 并选择该复选项时的图表效果。

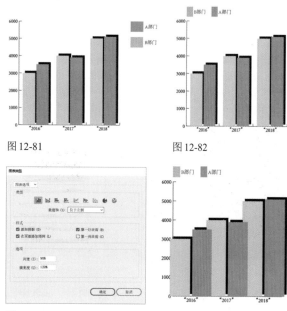

图 12-81　　　　　　　　图 12-82

图 12-83　　　　　　　　图 12-84

● 第一列在前：可在顶部的"图表数据"窗口中放置与数据第一列相对应的柱形、条形或线段。该复选项还决定在"列宽"大于 110% 时，柱形和堆积柱形图中哪一列位于顶部。图 12-85、图 12-86 所示是设置"列宽"为 120% 并选择该选项时的图表效果。

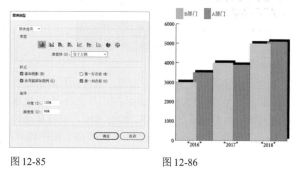

图 12-85　　　　　　　　图 12-86

12.5.4 修改图表数据

创建图表后，如图 12-87 所示，如果想要修改数据，可以用选择工具 ▶ 选择图表，然后执行"对象"|"图表"|"数据"命令，打开"图表数据"对话框，输入新的数据，如图 12-88 所示，单击对话框右上角的应用按钮 ✓ 即可更新数据，如图 12-89 所示。

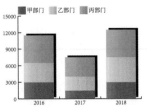
图 12-87

图 12-88

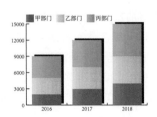
图 12-89

12.6 画笔实例：海报艺术字

01 打开素材，如图12-90所示。在"图层1"前面单击，将其锁定。单击面板底部的 ▦ 按钮，新建"图层2"，如图12-91所示。执行"窗口"|"画笔库"|"艺术效果"|"艺术效果_画笔"命令，加载该画笔库，如图12-92所示。

图 12-90　　　　图 12-91　　　　图 12-92

02 选择画笔工具 ✐，单击"艺术效果_画笔"面板中的"画笔1"，如图12-93所示。在画面中按住鼠标拖曳，书写"秋"字的一撇，设置描边颜色为白色，粗细为2pt，如图12-94所示。

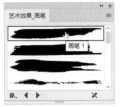
图 12-93　　　　图 12-94

03 按住Ctrl键在画面的空白处单击，取消路径的选取状态。单击"画笔3"，如图12-95所示。书写短横，笔势略向上挑。手写字要自然一些，切勿呆板。设置描边粗细为1pt，如图12-96所示。继续写其他笔画，如图12-97所示。在书写时我们借鉴了行书的写法，注重文字的动态表现，没有像写楷书那样横平竖直、端正肃穆。

图 12-95　　　　图 12-96　　　　图 12-97

04 单击"画笔2"，如图12-98所示。将"火"字旁的两点连起来书写，如图12-99所示。然后，再选择"画笔1"，写撇和捺，如图12-100所示。这样书写的文字，笔画富于变化，姿态生动，如图12-101所示。

05 将文字全部选取，执行"效果"|"风格化"|"投影"命令，添加投影效果，如图12-102、图12-103所示。其他文字则使用文字工具 T 输入即可，如图12-104所示。

图 12-98　　　　图 12-99　　　　图 12-100

图 12-101

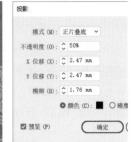
图 12-102

图 12-103

图 12-104

12.7 符号实例：花样高跟鞋

01 打开素材，如图12-105所示。选择鞋面图形，单击"色板"面板中的图案，为鞋面图形填充图案，无描边，如图12-106、图12-107所示。

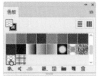

图12-105　　　　　图12-106　　　　　图12-107

02 双击比例缩放工具，打开"比例缩放"对话框，设置缩放比例为50%，仅勾选"变换图案"复选项，如图12-108所示，缩小图案，如图12-109所示。选择鞋帮，也为它填充图案，如图12-110、图12-111所示。

图12-108　　　　　图12-109

图12-110　　　　　图12-111

03 鞋样制作完成后，就可以使用符号工具制作花团，并用来装饰鞋子了。执行"窗口"|"符号库"|"花朵"命令，打开该符号库，在白色雏菊符号上单击，该符号会加载到"符号"面板中，如图12-112、图12-113所示。

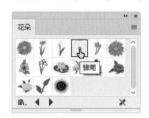
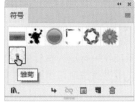

图12-112　　　　　图12-113

04 选择符号喷枪工具，在鞋子上面单击鼠标，创建符号组，符号数量围绕光标位置逐渐增多，如图12-114、图12-115所示。放开鼠标后符号组的效果如图12-116所示，按住Ctrl键的同时，在画面的空白位置单击，以取消选择状态。在鞋子上方按下鼠标，再创建一个新的符号组，如图12-117所示。

图12-114　　　　　图12-115

图12-116　　　　　图12-117

05 选取这两个符号组，如图12-118所示，单击"花朵"面板中的紫菀符号，如图12-119所示，将该符号加载到"符号"面板中。打开"符号"面板菜单，执行"替换符号"命令，用紫菀符号替换画板中的雏菊符号，如图12-120所示。

06 选择符号紧缩器工具，在符号上单击，使符号排列更加紧密，如图12-121所示。再使用符号喷枪工具单击，在符号组中继续添加符号，如图12-122所示。将符号组编辑完成后，根据符号的颜色，将鞋子的黑色改为紫色，如图12-123所示。

图12-118　　　　　图12-119

图12-120　　　　　图12-121

图 12-122

图 12-123

07 "花朵"符号库中包含各种花朵符号，如图12-124所示，用它们可以组成一个鞋子。制作时将面板中的花朵符号直接拖入到画面中，调整好角度与位置即可，如图12-125所示。

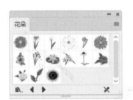

图 12-124

图 12-125

08 加载其他符号库，可以制作出不同风格的效果，如图12-126~图12-129所示。

图 12-126

图 12-127

图 12-128

图 12-129

12.8 图表实例：替换图例

01 打开素材。使用选择工具 ▶ 选择女孩素材，如图12-130所示，执行"对象"|"图表"|"设计"命令，打开"图表设计"对话框，单击"新建设计"按钮，将它保存为一个新建的设计图案，如图12-131所示，单击"确定"按钮关闭对话框。选择男孩，也将它定义为设计图案，如图12-132、图12-133所示。

图 12-130

图 12-131

图 12-132

图 12-133

02 选择柱形图工具 📊，在画板中单击并拖出一个矩形范

围框，放开鼠标后，在弹出的对话框中输入数据，如图12-134所示（年份使用直式双引号，如2018年应输入"2018"），单击 ✔ 按钮创建图表，如图12-135所示。

图 12-134

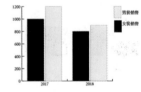

图 12-135

03 使用编组选择工具 ▷ 在黑色的图表图例上单击3下，选择这组图形，如图12-136所示。执行"对象"|"图表"|"柱形图"命令，打开"图表列"对话框，单击新建的设计图案，在"列类型"下拉列表中选择"垂直缩放"选项，如图12-137所示，单击"确定"按钮关闭对话框，使用女孩替换原有的图形，如图12-138所示。

04 使用编组选择工具 ▷ 在灰色的图表图例上单击3下，如图12-139所示。执行"对象"|"图表"|"柱形图"命令，用男孩替换该组图形，如图12-140、图12-141所示。

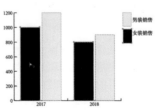

图 12-136

图 12-137

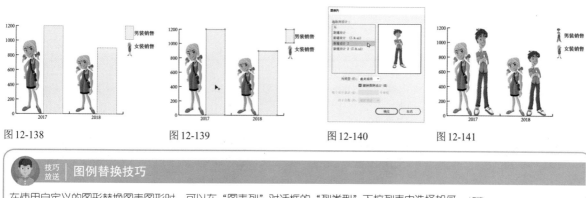

图12-138   图12-139   图12-140   图12-141

技巧
放送　**图例替换技巧**

在使用自定义的图形替换图表图形时，可以在"图表列"对话框的"列类型"下拉列表中选择如何缩放与排列图案。

●选择"垂直缩放"选项，可根据数据的大小在垂直方向伸展或压缩图案，但图案的宽度保持不变；选择"一致缩放"选项，可根据数据的大小对图案进行等比例缩放。

●选择"重复堆叠"选项，对话框下面的选项将被激活。在"每个设计表示"文本框中可以输入每个图案代表几个单位。例如，输入1000，表示每个图案代表1000个单位，Illustrator会以该单位为基准自动计算使用的图案数量。单位设置完成后，需要在"对于分数"选项中设置不足一个图案时如何显示图案。选择"截断设计"选项，表示不足一个图案时使用图案的一部分，该图案将被截断；选择"缩放设计"选项，表示不足一个图案时图案将被等比例缩小，以便将其完整显示。

●选择"局部缩放"选项，会对局部图案进行缩放。

"图表列"对话框

垂直缩放　　　　　一致缩放　　　　选择"截断设计"选项　　选择"缩放设计"选项

12.9 插画设计实例：秘密花园

01 打开素材，如图12-142所示。选择符号喷枪工具，单击"符号"面板中的白色花朵符号，如图12-143所示，在画面中单击鼠标，创建符号组，符号数量围绕光标位置逐渐增多，如图12-144所示，放开鼠标后符号组的效果如图12-145所示。

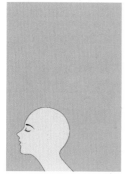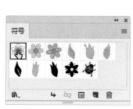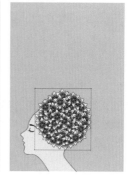

图12-142   图12-143   图12-144   图12-145

02 选择符号位移器工具，在符号上单击并向上拖动鼠标，移动符号的位置，如图12-146、图12-147所示。使用符号缩放器工具，按住Alt键并在符号上单击，缩小符号，如图12-148所示。继续在符号组中添加符号，并调整符号的大小和位置。按住Ctrl键在画面的空白处单击，取消对符号组的选择，如图12-149所示。

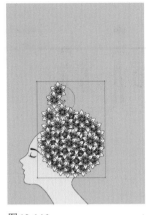

图 12-146

图 12-147

图 12-152

图 12-153

图 12-148

图 12-149

⑤ 选择绿叶符号，创建符号组，并将其移至最底层，再添加一些花朵符号，使画面内容更丰富，如图12-154所示。最后用"绚丽矢量包"面板中的符号装饰画面，如图12-155所示。尝试修改人物及背景的颜色，制作出图12-156、图12-157所示的效果。

③ 单击"符号"面板中的 ▥. 按钮，在打开的菜单中选择"绚丽矢量包"命令，加载该符号库，选择图12-150所示的符号，它像弯曲的藤蔓一样，很有装饰性，将它直接拖入画面中。单击"符号"面板底部的 ◕ 按钮，断开链接，使其成为可单独编辑的对象。单击"工具"面板中的"默认填色和描边"按钮 ◲，效果如图12-151所示。

图 12-154

图 12-155

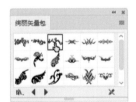

图 12-150

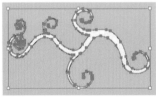

图 12-151

④ 将藤蔓图形放在人物头部，使用选择工具 ▶，按住Alt键的同时，拖动图形进行复制。调整其位置、大小和角度，按Ctrl+[快捷键，将其移至符号组后面，如图12-152所示。选择"符号"面板中的绿色花朵符号，在藤蔓上创建符号组，并调整符号的位置和大小，如图12-153所示。

图 12-156

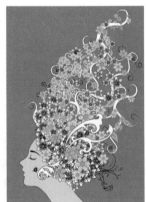

图 12-157

12.10 插画设计实例：唯美风格插画

12.10.1 制作上衣

01 打开素材，如图12-158、图12-159所示。

图12-158　　　　　　图12-159

02 执行"文件"|"置入"命令，选择本书提供的PSD素材文件，取消对"链接"复选项的勾选，如图12-160所示。单击"置入"按钮，将图像置入文档中，如图12-161所示。

图12-160　　　　　　图12-161

03 双击矩形网格工具▦，在打开的对话框中设置参数，如图12-162所示，单击"确定"按钮，创建一个网格图形，如图12-163所示。

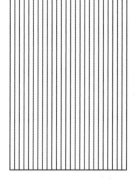

图12-162　　　　　　图12-163

04 单击"路径查找器"面板中的"分割"按钮▣，将网格图形分割成各自独立的矩形。使用编组选择工具▷选取矩形，填充洋红色，再将所有矩形的描边颜色设置为无，如图12-164所示。使用钢笔工具✒绘制衣服，如图12-165所示。

图12-164　　　　　　图12-165

05 使用选择工具▶，按住Alt键并拖动这一组条纹图形，将其复制到人物衣服上，按Ctrl+[快捷键，将其移至衣服图形后面。按住Shift键的同时，单击衣服图形，将其一同选取，如图12-166所示。按Ctrl+7快捷键，创建剪切蒙版。单击"图层2"前面的❯图标，展开图层列表，在"剪切组"的"编组"子图层后面单击，如图12-167所示。选取条纹图形，如图12-168所示。

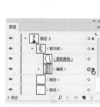

图12-166　　　　图12-167　　　　图12-168

06 双击变形工具▨，在打开的对话框中设置工具的大小，如图12-169所示。在条纹图形上拖动鼠标，根据衣服的结构对条纹进行变形处理，如图12-170所示。

图12-169　　　　　　图12-170

07 当前图层的颜色为默认的红色，在选择图形时，边缘及定界框都显示为红色，与背景的颜色相近，编辑时不能够看得很清晰。下面将图层颜色改变一下。双击"图层2"，打开"图层选项"对话框，在"颜色"下拉列表中选择"绿色"选项，如图12-171所示。在"图层2"的子图层中找到右侧衣服图形，在该图层后面单击以将其选取，如图12-172所示。

图 12-171

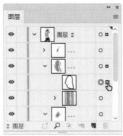
图 12-172

08 按Ctrl+C快捷键复制，按Ctrl+F快捷键将图形粘贴到前面，如图12-173所示，为该图形填充白色。使用网格工具在图形上单击，添加网格点，填充浅灰色，如图12-174所示。

图 12-173

图 12-174

09 设置混合模式为"正片叠底"，以表现衣服的暗部，如图12-175、图12-176所示。

图 12-175

图 12-176

10 使用钢笔工具，在左侧手臂下方绘制一个图形，通过渐变网格来表现明暗效果，如图12-177所示。设置混合模式为"正片叠底"，使其与衣服能够很好地融合在一起，如图12-178所示。

图 12-177

图 12-178

11 绘制图12-179所示的图形，按Ctrl+C快捷键复制。执行"窗口"|"色板库"|"图案"|"自然"|"自然_叶子"命令，载入该图案库，选择"野花颜色"，如图12-180所示，用该图案填充图形，如图12-181所示。

图 12-179

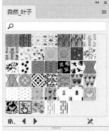
图 12-180

图 12-181

12 应用图案库中的图案后，该图案会自动添加到"色板"面板中，双击"色板"面板中的"野花颜色"图案，如图12-182所示，进入图案的编辑状态，在蓝色框内单击，选取图案的背景，如图12-183所示。

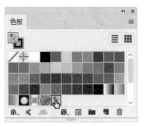
图 12-182

图 12-183

13 在"颜色"面板中将颜色设置为浅蓝色，如图12-184所示。单击文档窗口左上角的按钮，或在画面空白处双击，退出隔离模式，完成对图案的编辑，效果如图12-185所示。

图 12-184

图 12-185

14 执行"效果"|"风格化"|"内发光"命令，添加内发光效果，如图12-186、图12-187所示。

图12-186　　　　　　　图12-187

⑮ 按Ctrl+F快捷键，将复制的图形粘贴到前面。在"渐变"面板中调整渐变颜色，填充线性渐变，用该图形来表现手臂的投影，如图12-188、图12-189所示。

图12-188　　　　　　　图12-189

⑯ 选择铅笔工具 ✐，在衣服边缘绘制图形，如图12-190、图12-191所示。

图12-190　　　　　　　图12-191

⑰ 选择魔棒工具 ✺，在其中的一个图形上单击，可将与其相似的图形全部选取，如图12-192所示，按Ctrl+G快捷键编组，按Ctrl+[快捷键，将所选图形向下移动，直到移至衣服下方，如图12-193所示。

图12-192　　　　　　　图12-193

12.10.2 表现背景

⓵ 将"符号"面板中的金鱼拖入画板中，如图12-194、图12-195所示。

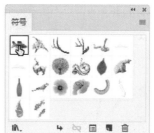

图12-194　　　　　　　图12-195

⓶ 在"透明度"面板中设置混合模式为"叠加"，如图12-196、图12-197所示。

图12-196　　　　　　　图12-197

⓷ 使用选择工具 ▸，按住Alt键的同时拖动金鱼进行复制，然后调整其大小，并让它们分布在画面的不同位置。将"符号"面板中的其他装饰图形也拖入画面中，调整大小与角度，注意图形的前后排列位置，如图12-198~图12-201所示。

图12-198　　　　　　　图12-199

图12-200　　　　　　　图12-201

04 将鹦鹉放在人物肩膀上，鹿角和蛇装饰在人物的头发上，连续按Ctrl+[快捷键，将其堆叠顺序调整到人物的后方，如图12-202所示。

图 12-202

05 使用钢笔工具 ✐ 绘制发丝路径（从发根向发梢绘制），填充线性渐变，如图12-203、图12-204所示。

图 12-203

图 12-204

06 在人物面部绘制一个装饰图形，填充白色，用渐变网格表现图形的明暗，如图12-205所示。执行"效果"|"风格化"|"投影"命令，添加投影，效果如图12-206所示。

图 12-205

图 12-206

07 用"符号"面板中的其他样本装饰人物的手臂和衣服，使画面细节更加丰富，效果如图12-207所示。

图 12-207

08 选择矩形工具 ▢ ，在画板的左上角单击鼠标，打开"矩形"对话框，设置宽度与高度，如图12-208所示，单击"确定"按钮，创建一个与文档大小相同的矩形。单击"图层"面板底部的 ▣ 按钮，创建剪切蒙版，如图12-209所示，将画面以外的图形隐藏，完成后的效果如图12-210所示。

图 12-208

图 12-209

图 12-210

12.11 课后作业：水彩笔画

本章学习了画笔、符号与图表功能。下面通过课后作业来强化学习效果。如果有不清楚的地方，请看视频教学录像。

Illustrator的画笔库提供了丰富的画笔样式，可以模拟出各种绘画效果。例如，右图是模拟的水彩笔画，它是使用"毛刷画笔库"中的画笔绘制出来的，可以看到，作为矢量对象的路径也惟妙惟肖地再现了绘画笔触和色彩效果。

该实例的制作方法是，先用钢笔工具 ✎ 绘制出小鸟的轮廓；打开"毛刷画笔库"（执行"窗口"|"画笔库"|"毛刷画笔"|"毛刷画笔库"命令），选择"划线""蓬松形"画笔，将它们添加到"画笔"面板中；再用这两种画笔对路径进行描边。

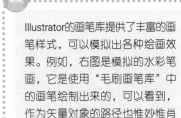

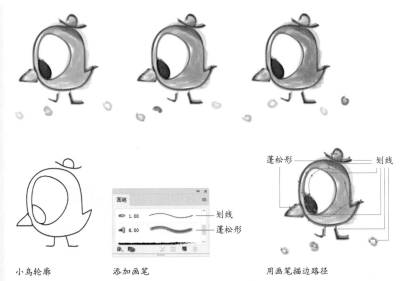

小鸟轮廓　　　　　添加画笔　　　　　用画笔描边路径

12.12 课后作业：将不同类型的图表组合在一起

在 Illustrator 中，除了散点图图表之外，可以将任何类型的图表与其他图表组合，创建出更具特色的图表。

打开图表素材。选择编组选择工具 ▷，在蓝色柱形数据上单击3次鼠标，选择数据，双击工具面板中的图表工具，打开"图表类型"对话框，单击"折线图"按钮，即可将所选数据组改为折线图。

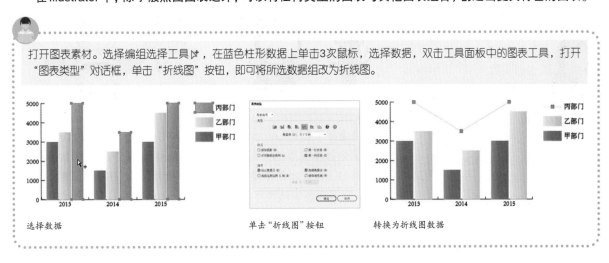

选择数据　　　　　　　单击"折线图"按钮　　　　　　转换为折线图数据

12.13 复习题

1. 散点画笔与图案画笔的效果有什么区别？
2. 哪些图形不能用于创建散点画笔、艺术画笔和图案画笔？
3. 如果要编辑一个符号组，或在其中添加新的符号，该怎样操作？

第13章

卡通和动漫设计：图像描摹与高级上色

图像描摹是从位图中生成矢量图的一种快捷方法。它可以让照片、图片等瞬间变为矢量插画，也可基于一幅位图快速绘制出矢量图。实时上色是一种为图形上色的特殊方法。它的基本原理是通过路径将图稿分割成多个区域，每一个区域都可以上色，每个路径段都可以描边。上色和描边过程就有如在涂色簿上填色，或是用水彩为铅笔素描上色。

扫描二维码，关注李老师的微博、微信。

13.1 关于卡通和动漫

卡通是英语"cartoon"的汉语音译。卡通作为一种艺术形式，最早起源于欧洲。17世纪的荷兰，画家的笔下首次出现了含卡通夸张意味的素描图轴。17世纪末，英国的报刊上出现了许多类似卡通的幽默插图。随着报刊出版业的繁荣，到了18世纪初，出现了专职卡通画家。20世纪是卡通发展的黄金时代，这一时期美国卡通艺术的发展水平居于世界的领先地位，期间诞生了超人、蝙蝠侠、闪电侠和潜水侠等超级英雄形象。二次大战后，日本卡通如火如荼地展开，从手冢治虫的漫画发展出来的日本风味的卡通，再到宫崎骏的崛起，在全世界形成一股强烈的旋风。图13-1所示为各种版本的哆啦A梦趣味卡通形象。

图 13-1

动漫属于CG（ComputerGraphics简写）行业，主要是指通过漫画、动画结合故事情节，以平面二维、三维动画、动画特效等表现手法，形成特有的视觉艺术创作模式。它包括前期策划、原画设计、道具与场景设计、动漫角色设计等环节。动漫及其衍生品有着非常广阔的市场，而且，现在动漫也已经从平面媒体和电视媒体扩展到游戏机、网络、玩具等众多领域。

13.2 图像描摹

图像描摹是从位图中生成矢量图的一种快捷方法。通过这项功能可以将照片、图片等瞬间变为矢量插画，也可基于一幅位图快速绘制出矢量图。

13.2.1 描摹位图图像

在 Illustrator 中打开或置入一幅位图图像，如图 13-2 所示，将它选择，单击控制面板中"图像描摹"右侧的 ˇ 按钮，在打开的下拉列表中选择一个选项，如图 13-3 所示，即可按照预设的要求自动描摹图像，如图 13-4 所示。保持描摹对象的选择状态，单击控制面板中的 ˇ 按钮，在下拉列表中可以选择其他的描摹样式，以此修改描摹结果，如图 13-5、图 13-6 所示。

图 13-3　　　　图 13-4

图 13-2

图 13-5　　　　图 13-6

13.2.2 调整对象的显示状态

图像描摹的对象由原始图像（位图）和描摹结果（矢量图稿）两部分组成。在默认情况下，只能看到描摹结果，如图 13-7 所示。如果想要查看矢量轮廓，可

以选择对象，在控制面板中单击"视图"选项右侧的 ˇ 按钮，在打开的下拉列表中选择一个显示选项即可，如图 13-8 所示。

图 13-7　　　　　　　图 13-8

13.2.3 扩展描摹对象

选择图像描摹的对象，如图 13-9 所示，单击控制面板中的"扩展"按钮，可以将它转换为矢量图形。图 13-10 所示为扩展后选择的部分路径段。如果想要在描摹对象的同时自动扩展对象，可以执行"对象"|"图像描摹"|"建立并扩展"命令。

图 13-9　　　　　　　图 13-10

13.2.4 释放描摹对象

描摹图像后，如果希望放弃描摹但保留置入的原始图像，可以选择描摹的对象，然后执行"对象"|"图像描摹"|"释放"命令。

tip 如果要使用默认的描摹选项描摹图像，可以单击控制面板中的"图像描摹"按钮，或执行"对象"|"图像描摹"|"建立"命令。

13.3 实时上色

实时上色是一种为图形上色的高级方法。它的基本原理是通过路径将图稿分割成多个区域，每一个区域都可以上色，而不论它的边界是由单条路径还是多条路径段确定的。上色过程就有如在涂色簿上填色，或是用水彩为铅笔素描上色。

13.3.1 创建实时上色组

选择图形及用于分割它的路径，如图 13-11 所示，执行"对象"|"实时上色"|"建立"命令，将它们创建为一个实时上色组。实时上色组中有两种对象，一种是表面，另一种是边缘。表面是一条边缘或多条边缘围成的区

域，边缘则是一条路径与其他路径交叉后处于交点之间的路径。表面可以填色，边缘可以描边，如图13-12所示。实时上色组中每一条路径都可以单独编辑、移动或调整路径的形状时，填色和描边也会随之更改，如图13-13所示。

图13-11　　　　　图13-12　　　　　图13-13

tip 有些对象不能直接转换为实时上色组。如果是文字对象，可以执行"文字"|"创建轮廓"命令，将文字创建为轮廓，再将生成的路径转换为实时上色组。对于其他对象，可以执行"对象"|"扩展"命令，将对象扩展，再转换为实时上色组。

13.3.2 为表面上色

在"颜色""色板"或"渐变"面板中设置颜色后，如图13-14所示，选择实时上色工具 ，将光标放在对象上，检测到表面时会显示红色的边框，如图13-15所示，同时，工具上面会出现当前设定的颜色（如果是图案或颜色色板，可以按"←"键或"→"键，切换到相邻的颜色），单击鼠标即可填充颜色，如图13-16所示。

图13-14　　　　　图13-15　　　　　图13-16

tip 对单个图形表面进行着色时不必选择对象，如果要对多个表面着色，可以使用实时上色选择工具 ，同时按住Shift键单击这些表面，将其选择，然后再进行处理。

13.3.3 为边缘上色

如果要为边缘上色，可以使用实时上色选择工具 单击边缘以将其选择（按住Shift键单击可以选择多个边缘），如图13-17所示，此时可在"色板"面板或其他颜色面板中修改边缘的颜色，如图13-18、图13-19所示。

图13-17　　　　　图13-18　　　　　图13-19

tip 实时上色选择工具 可以选择实时上色组中的各个表面和边缘；选择工具 可以选择整个实时上色组；直接选择工具 可以选择实时上色组内的路径。

13.3.4 释放实时上色组

选择实时上色组，如图13-20所示，执行"对象"|"实时上色"|"释放"命令，可以释放实时上色组，对象会变为0.5pt黑色描边、无填色的普通路径，如图13-21所示。

13.3.5 扩展实时上色组

选择实时上色组，执行"对象"|"实时上色"|"扩展"命令，可以将其扩展为由多个图形组成的对象，用编组选择工具 可以选择其中的路径以进行编辑。图13-22所示为删除部分路径后的效果。

图13-20　　　　　图13-21　　　　　图13-22

13.3.6 向实时上色组中添加路径

创建实时上色组后，可以向其中添加路径，从而生成新的表面和边缘。选择实时上色组和要添加的路径，如图13-23所示，单击控制面板中的"合并实时上色"按钮。合并路径后，可以对新生成的表面和边缘填色和描边，如图13-24所示。也可以修改实时上色组中的路径，实时上色区域会随之改变，如图13-25、图13-26所示。

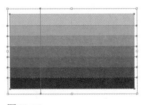 

图13-23　　　　　　　　图13-24

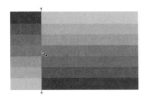

图 13-25

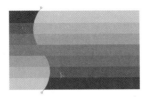

图 13-26

13.3.7 封闭实时上色组中的间隙

在进行实时上色时，如果颜色出现渗透，或不应该上色的表面涂上了颜色，则可能是由于图稿中存在间隙，即路径之间有空隙，没有封闭成完整的图形。例如，图 13-27 所示为一个实时上色组，图 13-28 所示为填色效果。可以看到，由于顶部出现缺口，为其中的一个图形填色时，颜色也渗透到另一侧的图形中。

选择实时上色对象，执行"对象"|"实时上色"|"间隙选项"命令，打开"间隙选项"对话框，在"上色停止

在"下拉列表中选择"大间隙"选项，即可封闭路径间的空隙，如图 13-29 所示。图 13-30 所示为重新填色的效果，此时空隙虽然存在，但颜色没有出现渗漏。

图 13-27

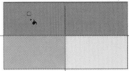

图 13-28

图 13-29

图 13-30

13.4 专色

印刷色由 C（青色）、M（洋红色）、Y（黄色）、K（黑色）按照不同的百分比混合而成。专色是指在印刷时，不是通过印刷 C、M、Y、K 四色合成某种颜色，而是专门用一种特定的油墨来印该颜色。印刷时会有专门的色板对应。使用专色可以降低成本。例如，一个文件只需要印刷橙色，如果用四色来印的话，就需要两种油墨，即用黄色和红色混合成橙色。如果用专色，只需橙色一种油墨即可。此外，专色还可以表现特殊的颜色，如金属色、荧光色、霓虹色等。

Illustrator 提供了大量的色板库，包括专色、印刷四色油墨等。单击"色板"面板底部的 ■ 按钮，打开"色标簿"下拉菜单，在其中可以找到它们，如图 13-31～图 13-33 所示。使用专色可以使颜色更准确。但在计算机的显示器上无法精准地显示颜色，设计师一般通过标准颜色匹配系统的预印色卡来判断颜色在纸张上的准确效果，如PANTONE 彩色匹配系统就创建了很详细的色卡。

图 13-31

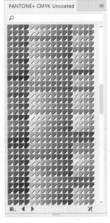

图 13-32

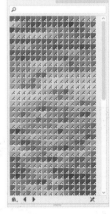

图 13-33

tip PANTONE简称PMS。印刷、出版、包装、纺织等行业常用PANTONE色卡来指导颜色配比。PANTONE的每个颜色都有其唯一的编号，例如，PANTONE印刷色卡中颜色的编号以3位数字或4位数字加字母C或U构成（如pantone 100c或100u），字母C代表了这个颜色在铜版纸（coated）上的表现，字母U表示是这个颜色在胶版纸（uncoated）上的表现。每个PANTONE颜色均有相应的油墨调配配方，这样十分方便配色。

13.5 色彩实例：使用全局色

Illustrator 中有一种叫作"全局色"的色板，它们是一类非常特别的颜色，修改此类颜色时，文档中所有使用了它们的对象都会与之同步更新。

01 打开素材。在"颜色"面板中调整颜色，如图13-34所示。单击"色板"底部的 ◧ 按钮，打开"色板选项"对话框，选择"全局色"选项，将当前颜色设置为全局色，如图13-35所示。

定"按钮以关闭对话框，文档中所有使用该色板的对象都会改变颜色，如图13-39所示。

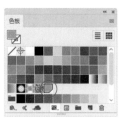

图13-34   图13-35

图13-36   图13-37

02 选择魔棒工具 ⚲，单击人物后面的圆形背景，将其选择，单击全局色色板以进行填色，如图13-36、图13-37所示。在空白处单击鼠标，取消选择。

03 双击"色板"面板中的全局色，打开"色板选项"对话框，在其中调整颜色数值，如图13-38所示。单击"确

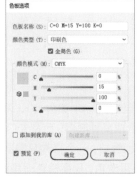

图13-38   图13-39

13.6 图像描摹实例：将照片制作成艺术人像

01 Illustrator允许用户用指定的颜色来描摹图像。在这个实例中，我们将对照片进行描摹处理，制作出艺术化的人像效果。执行"文件"|"打开"命令，打开素材，如图13-40所示。单击"色板"面板中的 ◧ 按钮，在打开的下拉菜单中选择"艺术史"|"流行艺术风格"命令，如图13-41所示，加载该色板库，如图13-42所示。

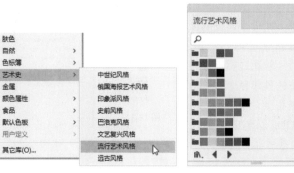

图13-40   图13-41   图13-42

02 使用选择工具 ▶ 单击人物图像，打开"图像描摹"面板，在"模式"下拉列表中选择"彩色"选项，在"调板"下拉列表中选择"流行艺术风格"选项，单击"描摹"按钮，如图13-43所示，用该色板库中的颜色描摹图像，如图13-44所示。

图13-43

图13-46   图13-47

图13-44

⑬ 单击"控制"面板中的"扩展"按钮，将图像转换为矢量图形，如图13-45所示。

图13-48   图13-49

⑮ 使用编组选择工具▷，创建一个矩形选框，选取画面左侧的背景区域，如图13-50所示，单击"流行艺术风格"面板中的黄色，对图形进行填充，如图13-51所示。

图13-45

⑭ 下面，将通过修改背景的颜色，使人物在画面中显得更加突出。在修改前，要保证人物与背景彻底分隔，没有相连的色块。仔细观察一下画面，找到3个相连接的色块，如图13-46所示。选择刻刀工具✐，先处理人物鼻子的区域。根据鼻子的外观画出一条分割线，将鼻子与背景色块完全分割开，如图13-47所示。松开鼠标后，可以看到路径的分割效果，如图13-48所示。按住Ctrl键，在画面的空白处单击鼠标，取消路径的显示。再用同样的方法分割帽子与背景的连接部分，如图13-49所示。

图13-50   图13-51

⑯ 选取其他背景图形，全部填充黄色，制作出一幅冷暖色彩对比强烈的人像作品，如图13-52所示。

图13-52

⑰ 使用魔棒工具✐在背景图形上单击，将其全部选取，如图13-53所示。单击"路径查找器"面板中的■按钮，将图形合并为一个整体，如图13-54所示。尝试使用"流行艺术风格"面板中的其他颜色填充背景，效果如图13-55、图13-56所示。

图 13-53

图 13-55

图 13-54

图 13-56

13.7 实时上色实例：飘逸的女孩

01 选择椭圆工具 ◯，按住Shift键的同时拖曳鼠标，创建一个圆形。用钢笔工具 ✐ 在它下面绘制一个图形，如图13-57所示。继续绘制人物的衣服，如图13-58所示。

图 13-59

图 13-60

图 13-57

图 13-58

02 绘制胳膊和头发，如图13-59、图13-60所示。绘制女孩的五官，再绘制两个椭圆作为她的耳环，如图13-61、图13-62所示。

图 13-61

图 13-62

03 单击"图层"面板中的 ▣ 按钮，新建一个图层。用钢笔工具 ✐ 绘制3个相互重叠的树叶状图形，作为人物的裙子，如图13-63～图13-65所示。

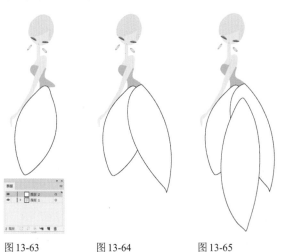

图13-63　　　　图13-64　　　　图13-65

04 用选择工具 ▶ 选取裙子，如图13-66所示。选择实时上色工具 ▧，调整填充颜色，将光标放在图13-67所示的图形上，单击鼠标以填充颜色，如图13-68所示。

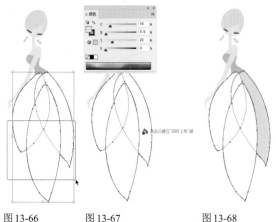

图13-66　　　　图13-67　　　　图13-68

05 修改颜色，如图13-69所示，为裙子填充该颜色。采用同样的方法为裙子的其余部分填充颜色，如图13-70所示。在控制面板中设置图形为无描边，如图13-71所示。

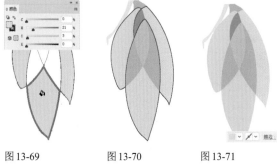

图13-69　　　　图13-70　　　　图13-71

06 使用钢笔工具 ✐ 绘制一条闭合式路径，以此作为飘带，如图13-72所示。用实时上色工具 ▧ 为飘带填充颜色，然后取消它的描边。用椭圆工具 ⬭ 绘制一组圆形，填充不同的颜色，如图13-73所示。

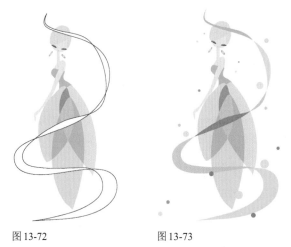

图13-72　　　　　　　　图13-73

07 选择"图层1"，如图13-74所示，用椭圆工具 ⬭ 绘制几个椭圆形，如图13-75所示。选择这几个椭圆形，按Ctrl+G快捷键编组，图形的效果如图13-76所示。

图13-74　　　　　　　图13-75

图13-76

13.8 卡通设计实例：平台玩具设计

01 使用钢笔工具 ✐ 绘制一条路径，如图13-77所示。设置描边颜色为白色。执行"效果"|"3D"|"绕转"命令，打开"3D绕转选项"对话框，设置的参数如图13-78所示，制作出立体的玩具模型效果，如图13-79所示。

02 下面制作胳膊。绘制一条路径，如图13-80所示。按Alt+Shift+Ctrl+E快捷键，打开"3D绕转选项"对话框，设置的参数如图13-81所示，制作出玩具的胳膊模型，如图13-82所示。

03 使用选择工具 ▶，按住Alt键并拖动胳膊进行复制，按Shift+Ctrl+[快捷键，将其移动到底层，如图13-83所示。双击"外观"面板中的"3D绕转"属性，如图13-84所示，打开"3D绕转选项"对话框，调整X、Y、Z轴的旋转角度，如图13-85所示，制作出另一只胳膊，如图13-86所示。

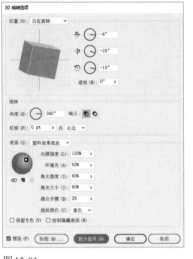

图 13-81　　　　　　　　　　　　　图 13-82

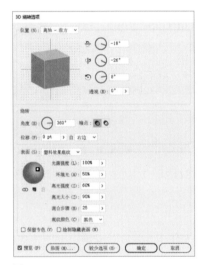

图 13-77　　　　　　　图 13-78

图 13-83

图 13-84

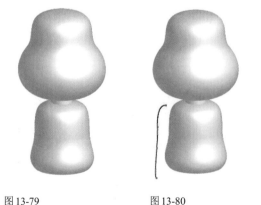

图 13-79　　　　　　　图 13-80

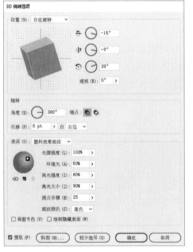

图 13-85　　　　　　　　　　　　　图 13-86

04 再制作出玩具的两条腿，如图13-87所示。它的3D效果参数与头部是一样的，制作时可先绘制出腿部路径，然后使用吸管工具 ✐ 在玩具的头部单击，为腿部复制相同的效果。

05 绘制耳朵，如图13-88所示。将描边设置为无，只保留白色的填充就可以了。执行"效果"|"3D"|"凸出和斜角"命令，设置的参数如图13-89所示，使耳朵产生一定的厚度，如图13-90所示。

图13-91

图13-92

图13-93

图13-94

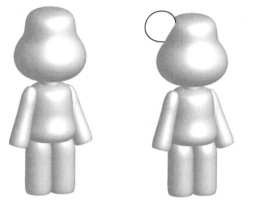

图13-87

图13-88

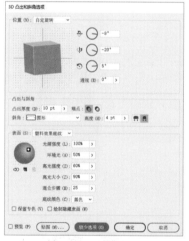

图13-89

图13-90

06 保持耳朵图形的选取状态，选择镜像工具 ▶I，按住Alt键并在画面中单击，打开"镜像"对话框，选择"垂直"选项，单击"复制"按钮，如图13-91所示，镜像并复制耳朵图形，再按Shift+Ctrl+[快捷键，将其移至底层，如图13-92所示。

07 使用矩形工具 ▢ 绘制一个矩形，如图13-93所示。使用选择工具 ▶，按住Shift+Alt快捷键并向下拖动矩形，将其复制，如图13-94所示。按Ctrl+D快捷键（"对象"|"变换"|"再次变换"命令），复制出更多的矩形，如图13-95所示。为每个矩形填充不同的颜色，如图13-96所示。

图13-95

图13-96

08 选取这些矩形，通过移动与复制操作，制作出更多的图形，如图13-97所示。选取所有矩形，拖入"符号"面板中，同时弹出"符号选项"对话框，如图13-98所示。单击"确定"按钮，将图形创建为符号，在"符号"面板中显示了刚刚创建的符号，如图13-99所示。

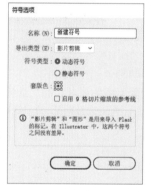

图13-97

图13-98

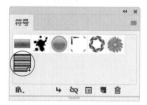

图13-99

09 选择玩具的头部和身体图形，双击"外观"面板中的"3D绕转"属性，打开"3D绕转选项"对话框，勾选"预览"复选项，单击"贴图"按钮，打开"贴图"对话框，单击 ▶ 按钮，选择要贴图的面，切换到7/9表面时，玩具的身体部分显示为红色参考线，如图13-100、图13-101所示。

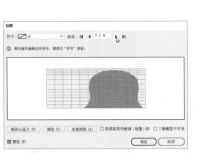

图13-100　　　　　　　图13-101

图13-106　　　　　　　图13-107

⑩ 单击 ▾ 按钮，在"符号"下拉面板中选择自定义的符号，勾选"贴图具有明暗调"复选项，使贴图在三维对象上呈现明暗变化，如图13-102、图13-103所示。

⑬ 符号库中提供了丰富的符号，可以用这些符号来制作衣服的贴图，再给玩具设计出不同的表情和发型，如图13-108、图13-109所示。

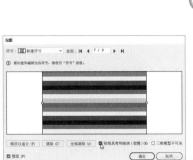

图13-102　　　　　　　图13-103

⑪ 不要关闭对话框，继续单击 ▶ 按钮，切换到9/9表面，为头部做贴图，如图13-104、图13-105所示。

图13-108

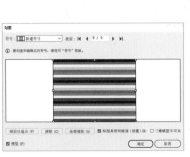

图13-104　　　　　　　图13-105

⑫ 用同样的方法给四肢做贴图，如图13-106所示。选择耳朵图形，将填充颜色设置为黄色。再用椭圆工具 ◯ 画一个圆形的鼻子，用吸管工具 ✐ 在耳朵上单击，将耳朵图形的效果复制到鼻子上，再给鼻子填充深红色，完成平台玩具的制作，效果如图13-107所示。

图13-109

13.9 课后作业：制作名片和三折页

本章学习了图像描摹和实时上色等功能。下面通过课后作业来强化学习效果。如果有不清楚的地方，请看视频教学录像。

名片的尺寸通常为55mm×90mm，制作好之后要用于印刷并进行裁切，所以颜色应设置为CMYK模式，为使裁切后不出现白边，在设计时上、下、左、右四边都各留出1~3mm的剩余量（即"出血"）。

新建一个大小为55mm×90mm、CMYK模式的文档。将素材中的人物拷贝并粘贴到当前文件中，按Ctrl+G快捷键编组。在名片上输入姓名、职务、公司名称、地址、邮编、电话等信息。选择矩形工具□，在画板左上角单击，打开"矩形"对话框，设置矩形的大小为"61mm×96mm"（包括出血），单击"确定"按钮，创建一个矩形，按Shift+Ctrl+[快捷键，将矩形移到底层。按Ctrl+A快捷键全选，单击控制面板中的"水平居中对齐"按钮➡，将人物和文字对齐到画面的中心。

制作好名片后，可以用它作为主要图形元素来制作三折页。

新建文档

创建矩形

制作名片

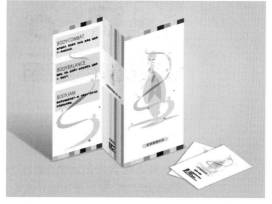

制作三折页

13.10 复习题

1. 如果对象不能直接转换为实时上色组，该怎样操作？

2. 当实时上色组中的表面或边缘不够用时，该怎样处理？

3. 当很多图形都使用了一种或几种颜色，并且经常要修改这些图形的颜色时，有什么简便的方法？

第14章

网页和动画设计：AI与其他软件的协作

Illustrator 提供了制作切片、优化图像和输出图像的网页编辑工具，可以帮助用户设计和优化单个 Web 图形或整个页面布局，轻松创建网页的组件。设计 Web 图形需要使用 Web 安全颜色，平衡图像品质和文件大小，以及为图形选择最佳文件格式。Illustrator 强大的绘图功能为动画制作提供了非常便利的条件，画笔、符号、混合等都可以简化动画的制作流程。此外，Illustrator 也可以制作简单的图层动画。

扫描二维码，关注李老师的微博、微信。

14.1 关于网页和动画设计

网页设计是根据企业希望向浏览者传递的信息（包括产品、服务、理念、文化），进行的网站功能策划和页面设计美化工作。网页设计的要素包括版面设计、色彩、动画效果以及图标设计等。图14-1所示为 Tokidoki 网站页面效果。

动画（Animation）有赋予生命的意思，它是将平面的视觉形象通过处理产生动态的三维视觉效果。角色设计是动画设计的核心部分，角色的造型应体现动画要表达的主题、思想和内涵。创造一个有生命的动画角色，不仅是使其动起来，更重要的是使整个动画富有强烈的艺术表现力和感染力。图14-2所示为动画《海贼王》中路飞的角色设计图稿。

图 14-1

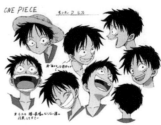

图 14-2

14.2 Illustrator 网页设计工具

网页包含许多元素，如 HTML 文本、位图图像和矢量图形等。在 Illustrator 中，可以使用切片来定义图稿中不同 Web 元素的边界。例如，如果图稿包含需要以 JPEG 格式进行优化的位图图像，而图像其他部分更适合作为 GIF 文件进行优化，可以使用切片工具 ✐ 划分出切片以隔离图像，再执行"文件"|"导出"|"存储为 Web 所用格式"命令，打开"存储为 Web 所用格式"对话框，对不同的切片进行优化，如图14-3所示，使文件变小。创建较小的文件非常重要，一方面 Web 服务器能够更高效地存储和传输图像，另一方面用户也能够更快地下载图像。

在"属性"面板中，还可以指定图像的 URL 链接地址，设置图像映射区域，如图14-4所示。创建图像映射后，在浏览器中将光标移至该区域时，光标会变为 ♨ 状，浏览器下方会显示链接地址。

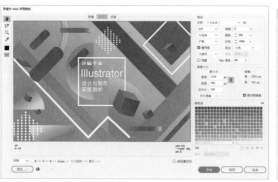

> **tip** 不同类型的图像应使用不同的格式存储才能利于使用。通常位图使用JPEG格式；如果图像中含有大面积的单色、文字和图形等，选择GIF格式可获得理想的压缩效果，这两种格式都可将图像压缩成为较小的文件，比较适合在网上传输；文本和矢量图形可使用SVG格式，简单的动画则可保存为SWF格式。

图14-3　　　　　　　　　　　　　　图14-4

14.3 Illustrator 动画制作工具

　　Illustrator强大的绘图功能为动画制作提供了非常便利的条件，画笔、符号、混合等都可以简化动画的制作流程。Illustrator本身也可以制作简单的图层动画。

　　使用图层创建动画是将每一个图层作为动画的一帧或一个动画文件，再将图层导出为Flash帧或文件，这样就可以使之动起来了。此外，也可以执行"文件"|"导出"命令，打开"导出"对话框，在"保存类型"下拉列表中选择*.SWF格式，将文件导出为SWF格式，以便在Flash中制作动画。

14.4 软件总动员

　　在实际工作中，设计项目往往要靠多个软件协同处理。例如，有些商业插画的装饰图形用Illustrator绘制，图片合成则在Photoshop中完成。因此，了解各个软件之间的相互关系是非常必要的。

14.4.1 Illustrator 与 Photoshop

　　Illustrator与Photoshop是互补性非常强的两个软件，Illustrator是矢量图领域的翘楚，Photoshop则是位图领域的绝对霸主，它们之间一直有着良好的兼容性，PSD、EPS、TIFF、AI、JPEG等都是它们通用的文件格式。

　　Photoshop文件以PSD格式保存后，在Illustrator中打开时，图层和文字等都可以继续编辑。例如，图14-5所示为一个Photoshop图像文件，在Illustrator中执行"文件"|"打开"命令，打开该文件，会弹出一个对话框，勾选"将图层转换为对象"选项，然后单击"确定"按钮打开文件，图层、文字可以编辑，如图14-6所示。此外，矢量图形可以直接从Illustrator拖入Photoshop，或者从Photoshop拖入Illustrator中。

图14-5　　　　　　　　　　　　　　　　　　　　图14-6

完成，然后再将其直接拖入 InDesign 中使用。图形在 InDesign 中还可以继续编辑。

14.4.4 Illustrator 与 Acrobat

Adobe Acrobat 用于编辑和阅读 PDF 格式文档。PDF 是一种通用文件格式，它支持矢量数据和位图数据，具有良好的文件信息保存功能和传输能力，已成为网络传输的主要格式。在 Illustrator 中不仅可以编辑 PDF 文件，还可以将文件以 PDF 格式保存。

在 Illustrator 中执行"文件" | "置入"命令，可以置入 PDF 格式的文件。执行"文件" | "存储"命令，打开"存储为"对话框，在"保存类型"下拉列表中选择"*.PDF"选项，可以将文件保存为 PDF 格式。

14.4.5 Illustrator 与 AutoCAD

AutoCAD 是 Autodesk 公司出品的自动计算机辅助设计软件，用于二维绘图、建筑施工图、工程机械图和基本的三维设计。Illustrator 支持大多数 AutoCAD 数据，包括 3D 对象、形状和路径、外部引用、区域对象、键对象（映射到保留原始形状的贝塞尔对象）、栅格对象和文本对象。

在 Illustrator 中执行"文件" | "置入"命令，可以导入从 2.5 版至 2007 版的 AutoCAD 文件。在"置入"对话框中勾选"显示导入选项"，如图 14-7 所示。在导入的过程中，可以指定缩放、单位映射（用于解释 AutoCAD 文件中的所有长度数据的自定单位）、是否缩放线条粗细、导入哪一种布局，以及是否将图稿居中等。图 14-8 所示为导入 AutoCAD 文件时的对话框，图 14-9 所示为导入的平面图。

图 14-7

将 Illustrator 中的图形拖入 Photoshop 时，会转换为智能对象。智能对象是一个嵌入在 Photoshop 文档中的文件，双击这样的图层时，会运行 Illustrator，并打开原始的图形文件，对其进行修改并保存后，Photoshop 中的智能对象也会自动更新为与之相同的效果。

Illustrator 中的图形

Photoshop 中的图像

将图形拖入 Photoshop 中

用 Illustrator 修改图形颜色

14.4.2 Illustrator 与 Flash

Flash 是一款大名鼎鼎的网络动画软件，也是目前使用最为广泛的动画制作软件之一。它提供了跨平台、高品质的动画，其图像体积小，可嵌入字体与影音文件，可用于制作网页动画、多媒体课件、网络游戏、多媒体光盘等。

从 Illustrator 中可以导出与从 Flash 导出的 SWF 文件的品质和压缩相匹配的 SWF 文件。在进行导出操作时，可以从各种预设中进行选择以确保获得最佳的输出效果，并且可以指定如何处理符号、图层、文本以及蒙版。例如，可以指定将 Illustrator 符号导出为影片剪辑还是图形，或者可以选择通过 Illustrator 图层来创建 SWF 符号。

14.4.3 Illustrator 与 InDesign

InDesign 是专业的排版软件，它几乎能制作所有的出版物，还可以将内容快速地发布到网络上。InDesign 中虽然也有一些矢量工具，但其功能较为简单。如果需要绘制复杂的图形，可以在 Illustrator 中

图 14-8

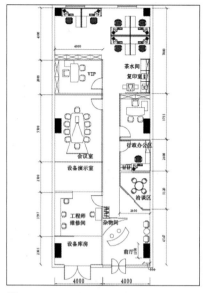

图14-9

在Illustrator中执行"文件"|"导出"命令，可以将图形输出为DWG格式。在Auto CAD中打开这样的文件后，文件中单色填充图形的颜色、路径和文字可以被继续编辑，如果图形填充了图案，则在Auto CAD中会以系统默认的图案将其替换。

14.4.6 Illustrator 与 3ds Max

3ds Max是国内使用率最高的三维动画软件，它也支持AI格式。将Illustrator中创建的路径保存为AI格式后，可以在3ds Max中导入，在打开时可以设置所有路径合并为一个对象，或保持各自独立并处在不同的图层中。输入后的路径可继续编辑或通过Extrude、Bevel、Lathe等修改命令创建为模型。在3ds Max中创建的二维线形对象可以输出为AI格式的文件，在Illustrator中可以打开继续使用。

14.5 动画实例：舞动的线条

① 按Ctrl+N快捷键，新建一个文档。使用矩形工具▢创建一个矩形，填充洋红色，如图14-10所示。单击"图层"面板底部的▤按钮，创建一个图层，如图14-11所示。使用椭圆工具◯创建一个椭圆形，设置描边为白色，宽度为1pt，如图14-12所示。

② 选择锚点工具⌐，将光标放在椭圆上方的锚点上，如图14-13所示，单击鼠标，将其转换为角点，如图14-14所示。在下方锚点上也单击一下，进行同样的转换，如图14-15所示。

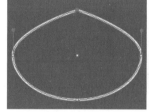
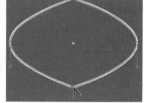

图14-14　　　　　　　　　图14-15

③ 选择旋转工具↻。将光标放在图形正下方，与其间隔大概一个图形的距离，如图14-16所示，按住Alt键单击，弹出"旋转"对话框，设置角度为60°，单击"复制"按钮，复制图形，如图14-17、图14-18所示。

④ 按4下Ctrl+D快捷键，复制出一组图形，如图14-19所示。使用选择工具▶，按住Ctrl键并单击这几个图形（不包括背景的矩形），将它们选取，按Ctrl+G快捷键编组。双击旋转工具↻，在弹出的对话框中设置角度为90°，单击"复制"按钮，复制图形，如图14-20、图14-21所示。

图14-10

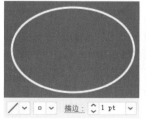

图14-11

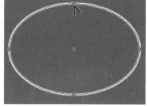

图14-12　　　　　　　　　图14-13

图14-16

图14-17

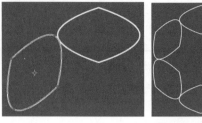

图 14-18　　　　　　　　　图 14-19

图 14-20　　　　　　　　　图 14-21

05 选择这两组图形，按Ctrl+G快捷键编组。按Ctrl+C快捷键复制，按Ctrl+F快捷键将其粘贴到前面。执行"效果"|"扭曲和变换"|"收缩和膨胀"命令，设置的参数如图14-22所示，效果如图14-23所示。

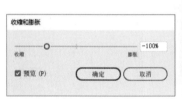

图 14-22　　　　　　　　　图 14-23

06 按Ctrl+C快捷键，复制这组添加了效果的图形，按Ctrl+F快捷键，将其粘贴到前面。打开"外观"面板，双击"收缩和膨胀"效果，如图14-24所示，在弹出的对话框中修改参数，如图14-25、图14-26所示。

图 14-24　　　　　　　　　图 14-25

图 14-26

07 采用相同的方法，再复制出3组图形，每复制出一组，便修改它的"收缩和膨胀"效果参数，如图14-27~图14-32所示。对最后两组图形可通过按住Shift键并拖动定界框上的控制点的方法，将图形适当缩小。

图 14-27　　　　　　　　　图 14-28

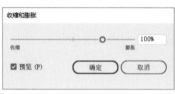

图 14-29　　　　　　　　　图 14-30

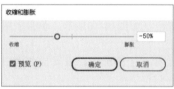

图 14-31　　　　　　　　　图 14-32

08 打开"图层"面板菜单，选择"释放到图层（顺序）"命令，将这些对象释放到单独的图层上，如图14-33所示。

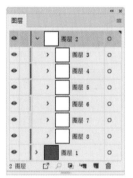

图 14-33

tip 执行"图层"面板菜单中的"释放到图层（顺序）"命令，可以将对象释放到单独的图层中。如果执行面板菜单中的"释放到图层（累积）"命令，则释放到图层中的对象是递减的，因此，每个新建的图层中将包含一个或多个对象。

09 执行"文件"|"导出"命令，打开"导出"对话框，在"保存类型"下拉列表中选择Flash（*.SWF）选项，如图14-34所示。单击"导出"按钮，弹出"SWF选项"对话框，在"导出为"下拉列表中选择"AI图层到SWF帧"选项，如图14-35所示。单击"高级"按钮，显示高级选项，设置帧速率为8帧/秒，勾选"循环"复选项，使导出的动画能够循环不停地播放；勾选"导出静态图

层"复选项，并选择"图层1"，使其作为背景出现，如图14-36所示。单击"确定"按钮以导出文件。按照导出的路径找到该文件，双击它即可播放该动画，可以看到画面中的线条在不断变化，其效果生动、有趣。

图 14-34

图 14-35

图 14-36

14.6 动画实例：动感立体字

01 按Ctrl+N快捷键，新建一个文档。选择文字工具 **T**，在画面中单击输入文字"AI"，在"色板"中单击橙红色，作为文字的填充颜色，如图14-37、图14-38所示。

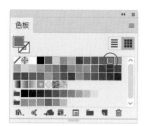

图 14-37

图 14-38

02 执行"效果"|"3D"|"凸出和斜角"命令，在打开的对话框中设置参数，制作出立体字效果，如图14-39、图14-40所示。

03 按Ctrl+C快捷键复制文字，按Ctrl+F快捷键粘贴，单击"色板"中的橙色，如图14-41所示，对文字进行填充。单击"外观"面板中的"3D凸出和斜角"属性，如图14-42所示，打开"凸出和斜角"对话框，在"斜角"下拉列表中选择"复杂3"选项，如图14-43、图14-44所示。

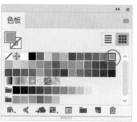

图 14-41

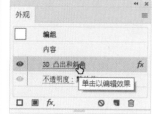

图 14-42

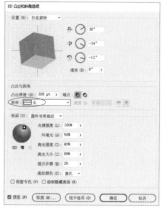

图 14-39

图 14-40

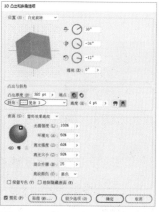

图 14-43

图 14-44

④ 按Ctrl+F快捷键，将之前复制的文字再次粘贴到画面中，通过"外观"面板打开"3D凸出和斜角"对话框，在"斜角"下拉列表中选择"锯齿形"选项，如图14-45所示，修改文字的颜色为橙黄色，如图14-46、图14-47所示。

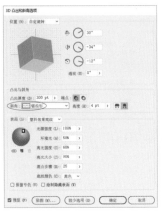

图14-45

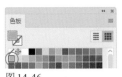

图14-46

图14-47

⑤ 重复前面的操作，再制作一款立体字。更改"斜角"为"滚动"，并将填充颜色设置为橙色，如图14-48、图14-49所示。

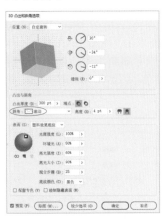

图14-48

图14-49

⑥ 打开素材，使用选择工具 ▶ 选取背景，复制并粘贴到立体字文档中，按Shift+Ctrl+[快捷键，将其移至底层，如图14-50所示。

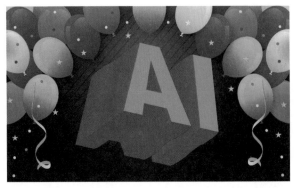

图14-50

⑦ 打开"图层"面板菜单，选择"释放到图层（顺序）"命令，如图14-51所示，将立体字释放到单独的图层上，如图14-52所示。

图14-51

图14-52

⑧ 执行"文件"|"导出"命令，打开"导出"对话框，在"保存类型"下拉列表中选择Flash（*.SWF）选项，如图14-53所示。单击"导出"按钮，弹出"SWF选项"对话框，在"导出为"下拉列表中选择"AI图层到SWF帧"选项，如图14-54所示。单击"高级"按钮，显示高级选项，设置帧速率为2帧/秒，勾选"循环"复选项，使导出的动画能够循环不停地播放；勾选"导出静态图层"复选项，并选择"图层6"，使其作为背景出现，如图14-55所示。单击"确定"按钮以导出文件。按照导出的路径，找到该文件，双击它即可播放动画，如图14-56所示。

图14-53

图14-54

图 14-55

图 14-56

14.7 课后作业：用符号制作滑雪动画

本章学习了网页和动画功能。下面通过课后作业来强化学习效果。如果有不清楚的地方，请看视频教学录像。

用右图的素材制作出一个滑雪者从山上向下滑行的动画。该图稿中包含两个图层，"图层1"是雪山背景，"图层2"中有3个不同的滑雪者，首先对这3个滑雪者进行混合（用"对象"|"混合"|"建立"命令操作），生成多个滑雪者；再执行"对象"|"混合"|"扩展"命令，扩展混合对象；然后执行"图层"面板菜单中的"释放到图层（顺序）"命令，将对象释放到单独的图层中；再用这些图形制作动画。为了减小文件大小，笔者已将滑雪者创建为符号。详细制作过程，请参阅视频录像。

素材

通过混合生成多个图形

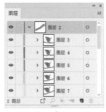

将对象释放到单独的图层

> **tip** 如果在一个动画文件中，需要大量地使用某些图形，不妨将它们创建为符号，这样做的好处在于，画面中的符号实例都与"符号"面板中的一个或几个符号样本建立链接，因此，可以减小文件占用的存储空间，并且也减小了导出的SWF文件的大小。

14.8 复习题

1. 设计 Web 图形需要使用 Web 安全颜色。怎样设置 Web 安全颜色？

2. 如果一个动画文件中需要大量地使用某些图形，怎样才能使图形的修改更加便捷，并减小文件占用的存储空间？

附录

附录 A Illustrator CC 2018 快捷键速查表

工具 / 快捷键	工具/快捷键	工具/快捷键
选择工具 ▶ （V）	直接选择工具 ▷ （A）	编组选择工具 ▷
魔棒工具 ✦ （Y）	套索工具 ⊚ （Q）	钢笔工具 ✎ （P）
添加锚点工具 ✦ （+）	删除锚点工具 ✎ （–）	锚点工具 ⊦ （Shift+C）
曲率工具 ✎	文字工具 T （T）	直排文字工具 ⊥T
区域文字工具 ⊤	直排区域文字工具 ⊤	路径文字工具 ✎
直排路径文字工具 ✎	修饰文字工具 ⊞ （Shift +T）	直线段工具 ╱ （\）
弧形工具 ⌒	螺旋线工具 ◎	矩形网格工具 ▦
极坐标网格工具 ◉	矩形工具 □ （M）	圆角矩形工具 ▢
椭圆工具 ◯ （L）	多边形工具 ◯	星形工具 ☆
光晕工具 ✦	画笔工具 ✎ （B）	斑点画笔工具 ✎ （Shift+ B）
整形器工具 ✔ （Shift+ N）	铅笔工具 ✎ （N）	平滑工具 ✎
路径橡皮擦工具 ✎	连接工具 ✎	橡皮擦工具 ◆ （Shift+E）
剪刀工具 ✂ （C）	刻刀工具 ✎	旋转工具 ↻ （R）
镜像工具 ▷◁ （O）	比例缩放工具 ⊡ （S）	倾斜工具 ◰
整形工具 ↘	宽度工具 ✦ （Shift+W）	变形工具 ◼ （Shift+R）
旋转扭曲工具 ◉	缩拢工具 ✦	膨胀工具 ✦
扇贝工具 ⊫	晶格化工具 ✦	皱褶工具 ⋒
操控变形工具 ✦	自由变换工具 ⊞ （E）	形状生成器工具 ◉ （Shift+M）
实时上色工具 ✦ （K）	实时上色选择工具 ⊡ （Shift+L）	透视网格工具 ⊩ （Shift+P）
透视选区工具 ▶◉ （Shift+V）	网格工具 ⊞ （U）	渐变工具 ▥ （G）
吸管工具 ✎ （I）	度量工具 ✎	混合工具 ✦ （W）
符号喷枪工具 ⊡ （Shift+S）	符号位移器工具 ✦	符号紧缩器工具 ✦
符号缩放器工具 ✦	符号旋转器工具 ✦	符号着色器工具 ✦
符号滤色器工具 ◉	符号样式器工具 ◉	柱形图工具 ⊞ （J）
堆积柱形图工具 ⊞	条形图工具 ⊫	堆积条形图工具 ⊫
折线图工具 ⊠	面积图工具 ⊵	散点图工具 ⊠
饼图工具 ◉	雷达图工具 ◈	画板工具 ⊡ （Shift+O）
切片工具 ✎ （Shift+K）	切片选择工具 ✎	抓手工具 ✋ （H）
打印拼贴工具 ⊡	缩放工具 ◯ （Z）	默认填色和描边 ⊡ （D）
互换填色和描边 ↻ （Shift+X）	颜色 □ （<）	渐变 ▥ （>）
无 ⊘ （/）	正常绘图 ◉ （Shift+D）	背面绘图 ◉ （Shift+D）
内部绘图 ◉ （Shift+D）	更改屏幕模式 ⊡ （F）	

面板/快捷键	面板/快捷键	面板/快捷键
工具	控制	CSS属性
SVG交互	信息（Ctrl+F8）	分色预览
动作	变换（Shift+F8）	变量
图像描摹	图层（F7）	图形样式（Shift+F5）
图案选项	外观（Shift+F6）	对齐（Shift+F7）
导航器	属性（Ctrl+F11）	库
拼合器预览	描边（Ctrl+F10）	OpenType（Alt+Shift+Ctrl+T）
制表符（Shift+Ctrl+T）	字形	字符（Ctrl+T）
字符样式	段落（Alt+Ctrl+T）	段落样式
文档信息	渐变（Ctrl+F9）	画板
画笔（F5）	符号（Shift+Ctrl+F11）	色板
资源导出	路径查找器（Shift+Ctrl+F9）	透明度（Shift+Ctrl+F10）
链接	颜色（F6）	颜色主题
颜色参考（Shift+F3）	魔棒	

菜单命令/快捷键	菜单命令/快捷键	菜单命令/快捷键
文件 | 新建（Ctrl+N）	文件 | 从模板新建（Shift+Ctrl+N）	文件 | 打开（Ctrl+O）
文件 | 在 Bridge 中浏览（Alt+Ctrl+O）	文件 | 关闭（Ctrl+W）	文件 | 存储（Ctrl+S）
文件 | 存储为（Shift+Ctrl+S）	文件 | 存储副本（Alt+Ctrl+S）	文件 | 恢复（F12）
文件 | 置入（Shift+Ctrl+P）	文件 | 打包（Alt+Shift+Ctrl+P）	文件 | 文档设置（Alt+Ctrl+P）
文件 | 文件信息（Alt+Shift+Ctrl+I）	文件 | 打印（Ctrl+P）	文件 | 退出（Ctrl+Q）
编辑 | 还原（Ctrl+Z）	编辑 | 重做（Shift+Ctrl+Z）	编辑 | 剪切（Ctrl+X）
编辑 | 复制（Ctrl+C）	编辑 | 粘贴（Ctrl+V）	编辑 | 贴在前面（Ctrl+F）
编辑 | 贴在后面（Ctrl+B）	编辑 | 就地粘贴（Shift+Ctrl+V）	编辑 | 在所有画板上粘贴（Alt+Shift+Ctrl+V）
编辑 | 拼写检查（Ctrl+I）	编辑 | 颜色设置（Shift+Ctrl+K）	编辑 | 键盘快捷键（Alt+Shift+Ctrl+K）
对象 | 变换 | 再次变换（Ctrl+D）	对象 | 变换 | 分别变换（Alt+Shift+Ctrl+D）	对象 | 排列 | 置于顶层（Shift+Ctrl+]）
对象 | 排列 | 前移一层（Ctrl+]）	对象 | 排列 | 后移一层（Ctrl+[）	对象 | 排列 | 置于底层（Shift+Ctrl+[）
对象 | 编组（Ctrl+G）	对象 | 取消编组（Shift+Ctrl+G）	对象 | 锁定 | 所选对象（Ctrl+2）
对象 | 全部解锁（Alt+Ctrl+2）	对象 | 隐藏 | 所选对象（Ctrl+3）	对象 | 显示全部（Alt+Ctrl+3）
对象 | 路径 | 连接（Ctrl+J）	对象 | 混合 | 建立（Alt+Ctrl+B）	对象 | 混合 | 释放（Alt+Shift+Ctrl+B）
对象 | 封套扭曲 | 用变形建立（Alt+Shift+Ctrl+W）	对象 | 封套扭曲 | 用网格建立（Alt+Ctrl+M）	对象 | 封套扭曲 | 用顶层对象建立（Alt+Ctrl+C）
对象 | 实时上色 | 建立（Alt+Ctrl+X）	对象 | 剪切蒙版 | 建立（Ctrl+7）	对象 | 剪切蒙版 | 释放（Alt+Ctrl+7）
文字 | 创建轮廓（Shift+Ctrl+O）	选择 | 全部（Ctrl+A）	选择 | 取消选择（Shift+Ctrl+A）
选择 | 重新选择（Ctrl+6）	效果 | 应用上一个效果（Shift+Ctrl+E）	效果 | 上一个效果（Alt+Shift+Ctrl+E）
视图 | 预览（Ctrl+Y）	视图 | 放大（Ctrl++）	视图 | 缩小（Ctrl+-）
视图 | 画板适合窗口大小（Ctrl+0）	视图 | 全部适合窗口大小（Alt+Ctrl+0）	视图 | 实际大小（Ctrl+1）
视图 | 隐藏边缘（Ctrl+H）	视图 | 隐藏画板（Shift+Ctrl+H）	视图 | 标尺 | 显示标尺（Ctrl+R）
视图 | 隐藏定界框（Shift+Ctrl+B）	视图 | 显示透明度网格（Shift+Ctrl+D）	视图 | 参考线 | 隐藏参考线（Ctrl+;）
视图 | 参考线 | 锁定参考线（Alt+Ctrl+;）	视图 | 智能参考线（Ctrl+U）	视图 | 透视网格 | 显示网格（Shift+Ctrl+I）
帮助 | Illustrator帮助（F1）		

附录B 印刷基本常识

印刷的种类

印刷的种类	
凸版印刷	凸版印刷是把油墨涂在凸起的印刷图文上，然后通过压力，将油墨印在纸张和其他的承印物上。凸版印刷的机器有压盘型、平台型和滚筒型。凸版印刷组版灵活，方便校版，小批量印刷时成本较低，但不适合印刷幅面较大的印刷品
平版印刷	平版印刷也称为胶印，它是利用油墨与水的排斥原理进行印刷的。平版印刷表面的文字图像并不凸起，它是在有文字和图像的地方吸附油墨排斥水，在空白区域吸附水排斥油墨，在印刷时，印版的两个滚筒相接触，一个上水，另一个则上油墨。平版印刷在拼版和制版上比较灵活，适合印刷大幅面的海报、地图和包装材料，是使用最广泛的印刷工艺
凹版印刷	凹版印刷是通过线条图文在印版版面凹陷的深浅和宽窄程度来体现画面层次的，图文凹陷越深，填入的油墨越多，印刷出的色调也就越浓，而凸版和平版印刷，则是通过网点面积的大小和网线的粗细来体现画面的
孔版印刷	孔版印刷是印版图文可透过油墨漏印至承印物的印刷方法，它包括丝网印刷、打字蜡版印刷、镂空版喷刷和誊写版印刷等

印刷用纸张的种类和用途

常用的印刷用纸包括新闻纸、胶版纸、铜版纸、凸版纸、字典纸、白卡纸、书皮纸等。

印刷用纸张的种类和用途	
新闻纸	新闻纸也叫白报纸，主要用于报纸和一些质量要求较低的期刊和书籍，新闻纸的纸质松软，具有良好的吸墨性
胶版纸	胶版纸主要用来印制较为高级的彩色印刷品，如彩色画报、画册、商标和宣传画等。胶版纸的伸缩性小，吸墨均匀，平滑度好，抗水性能较强。胶版纸有单面和双面之分，还有超级压光和普通压光两个等级
铜版纸	铜版纸又称印刷涂料纸，它是在原纸的表面涂布一层白色的浆料，经压光制成的高级印刷用纸。铜版纸具有较好的弹性和较强的抗水性，纸张表面光洁、纸质纤维分布均匀，主要用于印刷精致的画册、彩色商标、明信片和产品样本等。铜版纸有单面铜和双面铜之分
凸版纸	凸版纸主要用于印刷书刊、课本和表册
字典纸	字典纸是一种高级的薄型凸版印刷纸，主要用于印刷字典、工具书和袖珍手册等
白卡纸	白卡纸的伸缩性较小，折叠时不易断裂，主要用于印刷名片、请柬和包装盒等
书皮纸	书皮纸是作为封皮的用纸，常用来印刷书籍和杂志的封面

不同纸张的重量和规格

纸张按照重量可划分为两类，$250g/m^2$ 以下的称为纸，$250g/m^2$ 以上的称为纸板。纸张的规格包括形式、尺寸和定量3个方面，其中形式主要是指平版纸和卷筒纸；尺寸分为两种，平版纸的尺寸是指纸张的长度和宽度，而卷筒纸的尺寸则是指纸张的幅宽；定量指的是单位面积的重量，一般以每平方米纸张的重量为多少克来表示，例如60g胶版纸表示这种纸每平方米的重量为60g，克数越大，纸张越厚。

种类	质量 g/m^2	平版纸规格／（mm×mm）	卷筒纸规格／mm
新闻纸	（49~52）± 2	787×1092、850×1168、880×1230	宽度：787、1092、1575 长度：6000~8000
胶版纸	50、60、70、80、90、100、120、150、180	787×1092、850×1168、880×1230	宽度：787、1092、850
铜版纸	70、80、100、105、115、120、128、150、157、180、200、210、240、250	648×953、787×970、787×1092、889×1194	
凸版纸	（49~60）± 2	787×1092、850×1168、880×1230	宽度：787、1092、1575 长度：6000~8000
字典纸	25~40	787×1092	
白卡纸	220、240、250、280、300、350、400	787×787、787×1092、1092×1092	
书皮纸	80、100、120	690×960、787×1092	

附录C VI视觉识别系统手册的主要内容

应用设计系统	
事物用品类	名片、信纸、信封、便笺、文件袋、资料袋、薪金袋、卷宗袋、报价单、各类商业表格和单据、各类证卡、年历、月历、日历、工商日记、奖状、奖牌、茶具、办公用品等
包装产品类	包装箱、包装盒、包装纸（单色、双色、特别色）、包装袋、专用包装（指特定的礼品、活动宣传用的包装）、容器包装、手提袋、封口胶带、包装贴纸、包装用绳、产品吊牌、产品铭牌等
环境、标识类	室内外标识（室内外直式招牌、立地招牌、大楼屋顶招牌、楼层招牌、悬挂式招牌、柜台后招牌、路牌等）、室内外指示系统（表示禁止的指示、公共环境指示、机构、部门标示牌等）、主要建筑物外观风格、建筑内部空间装饰风格、大门入口设计风格、室内形象墙、环境色彩标志等
运输工具类	营业用工具（服务用轿车、客货两用车、吉普车、展销车、移动店铺、汽船等）、运输用工具（大巴、中巴、大小型货车、厢式货柜车、平板车、工具车、货运船、客运船、游艇、飞机等）、作业用工具（起重机车、升降机、推土车、清扫车、垃圾车、消防车、救护车、电视转播车等）、车身装饰设计
广告、公关类	报纸杂志广告、招贴、电视广告、年度报告、报表、企业出版物、直邮DM广告、POP促销广告、通知单、征订单、明信片等
店铺类	店铺平面图、立体图、施工图、材料规划、空间区域色彩风格、功能设备规划（水电、照明等）、环境设施规划（柜台、桌椅、盆栽、垃圾桶、烟灰缸等环境风格）
制服类	工作服、制服、徽章、名牌、领带、领带夹、领巾、皮带、衣扣、安全帽、工作帽、毛巾、雨具等
产品类	企业相关产品
展览展示类	展示会场设计、橱窗设计、展示台、商品展示架、展板造型、展示参观指示、舞台设计、照明规划等

基础设计系统	
标志	包括企业自身的标志和商品标志
企业、组织机构的名称	相关企业、组织机构的名称
标准字	包括企业名称、产品和商标名称的标准字
标准色	对标准色的使用应做出数值化的规范设定，如印刷色数值等
辅助图形	包括企业造型、象征图案和版面编排3个设计方面
象征造型	配合企业标志、标准字体用的辅助图形，如色带、图案、吉祥物等
宣传标语、口号	相关宣传标语、口号

附录D 复习题答案

第1章

1. 位图由像素组成，可以精确地表现颜色的细微过渡，也容易在各种软件之间交换。存储空间较大。受到分辨率的制约，进行缩放时图像的清晰度会下降。主要用于Web、数码照片、扫描的图像。矢量图由数学对象定义的直线和曲线构成，占用的存储空间小，与分辨率无关，任意旋转和缩放图形都会保持清晰、光滑。对于将在各种输出媒体中按照不同大小使用的图稿，例如徽标和图标等，矢量图形是最佳选择。

2. 可以保留所有Illustrator数据的文件格式，包括AI、PDF、EPS和SVG。

3. 保存为AI格式，图稿可随时修改，其他矢量软件也可以使用。与Photoshop交换文件时，保存为PSD格式，图层、文字、蒙版等都可以在Photoshop中编辑。

4. 图稿用于打印和印刷，选择"打印"选项，相应的颜色模式为CMYK；用于Web选择"Web"选项，相应的颜色模式为RGB；用于Ipad、Iphone等，选择"移动设备"选项；用于视频，选择"胶片和视频"选项。

第2章

1. 选择直线段、矩形、椭圆和星形等工具后，在画板中单击，在弹出的对话框中可以设置图形的精确尺寸。

2. 使用标尺、参考线、智能参考线和网格等辅助工具；使用"对齐"面板；选择对象后，双击选择工具，在弹出的对话框中的"水平"和"垂直"选项中输入数值，定位图稿在画板上的精确位置；选择对象后，通过"变换"面板中的"X"（水平）、"Y"（垂直）选项定位图稿在画板上的位置。

第3章

1. 直接单击各个形状模式按钮，所选图形会组合为一个图形。按住Alt键并单击，可以创建复合形状，图形的各自轮廓得以保留，执行"路径查找器"面板菜单中的

"释放复合形状"命令，可以将原有图形重新分离开来。

2. 选择对象后，可通过两种方法操作：双击变换工具（如旋转工具），在打开的对话框中选择"变换图案"选项；或者在"变换"面板菜单中选择"仅变换图案"选项，然后在面板中设置变换参数，并按Enter键确认。

3 可以进行斜切、扭曲和透视变换。

第4章

1. 直接选择工具 ▷ 可同时调整平滑点两侧的路径段，锚点工具 ⎺ 只调整方向线一侧的路径段。

2. 执行"编辑"|"首选项"|"选择和锚点显示"命令，在"为以下对象启用橡皮筋"选项中设置。

3. 使用直接选择工具 ▷，单击角点以将其选择，通过3种方法操作。一是单击工具选项栏中的"将所选锚点转换为平滑"按钮 ﹁；二是使用直接选择工具 ▷，拖动实时转角构件；三是使用锚点工具 ⎺，拖动角点。

第5章

1. 选择网格点或片面，单击工具面板底部的"填色"按钮，切换到填色编辑状态。

2. 网格点可以接受颜色。

3. 选择对象，执行"对象"|"扩展"命令，选择"填充"和"渐变网格"两个选项。

第6章

1. 在 Illustrator 中创建的任何图形，包括位图图像等都可以定义为图案。用作图案的基本图形可以使用渐变、混合和蒙版等效果。

2. 单击"色板"面板中需要修改的图案，执行"对象"|"图案"|"编辑图案"命令，可以打开"图案选项"面板，并重新编辑图案。

3. 按Ctrl+R快捷键，以显示标尺，执行"视图"|"标尺"|"更改为全局标尺"命令，将光标放在窗口左上角，单击并拖出十字线，将其放在希望作为图案起始点的位置上，即可调整图案的拼贴位置。

第7章

1. 图稿非常复杂，或者需要选择的图形被其他图形遮盖。

2. 选择一个对象，单击"图层"面板中的"定位对象"按钮 ⭘。

3. 选择对象，在"外观"面板中单击"填色"或"描边"属性，然后在"透明度"面板中修改不透明度和混合模式。

4. 不透明度蒙版通过蒙版图形的灰度遮盖对象，使其产生透明效果，灰色越深越透明。剪切蒙版通过蒙版图形的形状遮盖对象，使位于蒙版图形以外的对象完全被隐藏，该蒙版不会生成透明效果。

第8章

1. 图形、文字、路径和混合路径，以及使用渐变和图案填充的对象。

2. 图表、参考线和链接的对象。

3. 执行"对象"|"封套扭曲"|"封套选项"命令，打开"封套选项"对话框，通过"扭曲图案填充"选项进行控制。

第9章

1. "外观"面板。

2. 选择要进行组合或分割的多个图形，按Ctrl+G快捷键编组，之后才能添加路径查找器效果。

3. 包括填色、描边、透明度和各种效果。

第10章

1. 从"左边"开始绕转。

2. 塑料效果底纹（在"表面"下拉列表中）。

3. 符号（需要先将贴图保存在"符号"面板中，之后才能用作贴图）。

第11章

1. 使用"文件"|"打开"命令或"文件"|"置入"命令操作，可保留文本格式。直接拷贝其他程序中的文字，然后将其粘贴到 Illustrator 中不能保留文本格式。

2. 先执行"文字"|"创建轮廓"命令，将文字转换为轮廓，之后才能填充渐变。

3. "字距微调"功能 ⅤⅤ 用来调整这两个字符的间距；"字距调整"功能 ㎟ 用来调整多个字符的间距。

4. 需要将文字与用于绕排的对象放到同一个图层中，且文字位于下方。

第12章

1. 散点画笔沿路径散布；图案画笔完全依循路径。

2. 包含渐变、混合、画笔描边、网格、位图图像、图表、置入的文件和蒙版的对象。

3. 需要先选择该符号组，然后在"符号"面板中单击相应的符号样本，再进行编辑操作。如果一个符号组中包含多种符号，则应选择不同的符号样本，再分别对它们进行处理。

第13章

1. 如果是文字对象，可以执行"文字"|"创建轮廓"命令，再转换为实时上色组。对于其他对象，可以执行"对象"|"扩展"命令，再转换为实时上色组。

2. 可以向实时上色组中添加路径，生成新的表面和边缘。

3. 对图形应用全局色。修改全局色时，画板中所有使用了它的对象都会自动更新到与之相同的状态。

第14章

1. 在"颜色"面板菜单中选择"Web安全RGB"选项。

2. 先将图形创建为符号，再通过符号生成大量的图形。画板中的符号实例都与"符号"面板中的符号样本链接，这样修改起来就非常方便，也减小了导出的SWF文件的大小。